软件开发微视频讲堂

# Android 从入门到精通

## （微视频精编版）

明日科技　编著

清华大学出版社

北　京

# 内 容 简 介

本书从初、中级读者角度出发，通过通俗易懂的语言、丰富多彩的实例，详细介绍了使用 Android 要掌握的知识。全书分为 3 篇 20 章，包括走近 Android，搭建 Android 开发环境，第一个 Android 应用，用户界面设计基础，初级 UI 组件，中级 UI 组件，高级 UI 组件，基本程序单元 Activity，Android 应用核心 Intent，Android 事件处理和手势，Android 应用的资源，消息、通知、广播与闹钟，Android 中的动画，播放音频与视频，数据存储技术，Handler 消息处理，Service 应用，传感器，网络编程的应用和静待花开项目等内容。书中所有知识都结合具体实例进行介绍，涉及的程序代码给出了详细的注释，可以使读者轻松领会 Android 程序开发的精髓，快速提高开发技能。

本书除了纸质内容之外，配书资源包中还给出了海量开发资源库，主要内容如下：

☑ 微课视频讲解：总时长 19 小时，共 108 集　　　☑ 实例资源库：436 个实例及源码详细分析
☑ 技术资源库：600 页专业参考文档　　　　　　　☑ 能力测试题库：138 道能力测试题目
☑ 面试资源库：369 道企业面试真题

本书适合有志于从事软件开发的初学者、高校计算机相关专业的学生和毕业生，也可作为软件开发人员的参考手册，或者高校的教学参考书。

本书封面贴有清华大学出版社防伪标签，无标签者不得销售。
版权所有，侵权必究。举报：010-62782989，beiqinquan@tup.tsinghua.edu.cn。

图书在版编目（CIP）数据

Android 从入门到精通：微视频精编版/明日科技编著．—北京：清华大学出版社，2020.6（2022.8重印）
（软件开发微视频讲堂）
ISBN 978-7-302-51881-5

Ⅰ. ①A… Ⅱ. ①明… Ⅲ. ①移动终端-应用程序-程序设计 Ⅳ. ①TN929.53

中国版本图书馆 CIP 数据核字（2018）第 283075 号

责任编辑：贾小红
封面设计：魏润滋
版式设计：文森时代
责任校对：马军令
责任印制：丛怀宇

出版发行：清华大学出版社
网　　址：http://www.tup.com.cn，http://www.wqbook.com
地　　址：北京清华大学学研大厦A座　　邮　　编：100084
社 总 机：010-83470000　　　　　　　　邮　　购：010-62786544
投稿与读者服务：010-62776969，c-service@tup.tsinghua.edu.cn
质量反馈：010-62772015，zhiliang@tup.tsinghua.edu.cn

印　刷　者：北京富博印刷有限公司
装　订　者：北京市密云县京文制本装订厂
经　　销：全国新华书店
开　　本：203mm×260mm　　印　张：22.75　　字　数：623 千字
版　　次：2020 年 6 月第 1 版　　　　　　　印　次：2022 年 8 月第 3 次印刷
定　　价：79.80 元

产品编号：079172-01

# 前 言
*Preface*

　　Android 是由 Google 公司发布的专门为移动设备所开发的、完全免费的平台，使用它不需要授权费，可以完全定制。另外，由于 Android 底层框架使用开源的 Linux 操作系统，同时开放了应用程序开发工具，使所有程序开发人员都可以在统一的、开放的平台上进行开发，从而保证了 Android 应用程序的可移植性。因此，Android 已经成为全球最受欢迎的智能手机平台，受到越来越多编程爱好者的青睐。

## 本书内容

　　本书从初、中级读者的角度出发，设计科学合理，全书分为 3 篇 20 章，全面讲述了使用 Android 进行程序开发必备的知识和技能，大体结构如下图所示。

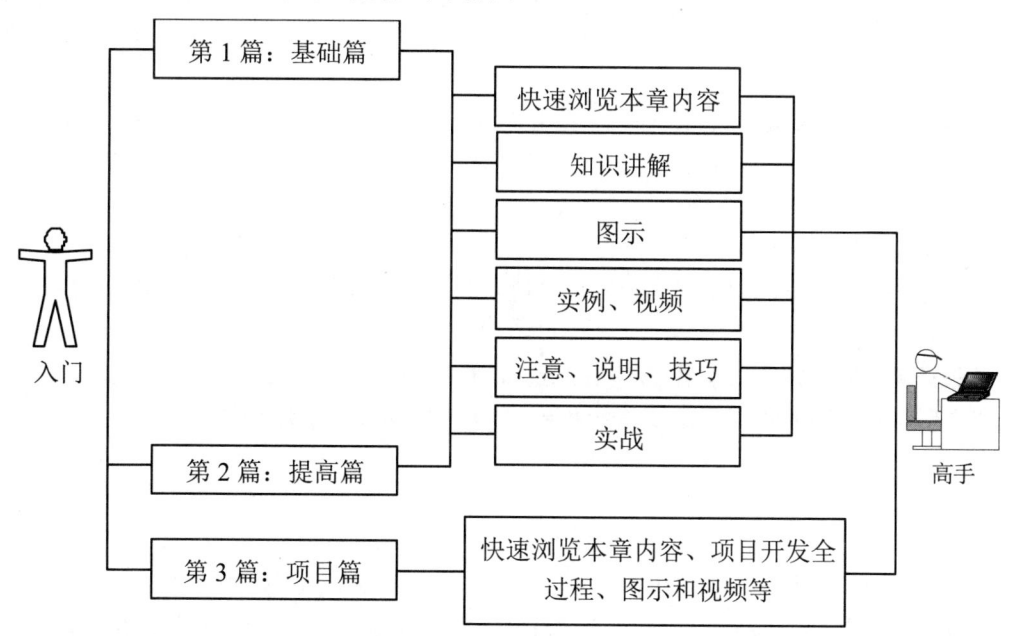

　　**第 1 篇：基础篇（第 1～11 章）**。本篇通过搭建 Android 开发环境、创建 Android 应用、用户界面设计、各种常用控件、基本程序单元 Activity、Android 应用核心 Intent、Android 事件处理和手势、Android 应用的资源等内容的介绍，并结合大量的图示、实例、视频和实战等，使读者快速掌握 Android 的基础，为以后编程奠定坚实的基础。

　　**第 2 篇：提高篇（第 12～19 章）**。本篇介绍了消息、通知、广播与闹钟，Android 中的动画，播放音频与视频，数据存储技术，Handler 消息处理，Service 应用，传感器，网络编程的应用等内容。学习完本篇，能够开发一些中小型的应用程序。

第 3 篇：项目篇（第 20 章）。本篇通过一个完整的动画项目控制用户自己对手机的使用时间，用户不接触手机的时间越长，种的花就越多，当用户退出该界面，花就会枯萎。运用软件工程的设计思想，让读者学习如何进行软件项目的实践开发。书中按照"需求分析→功能结构→业务流程→公共类设计→项目主要功能模块的实现"的流程进行介绍，带领读者亲身体验开发项目的全过程。

## 本书特点

- ☑ **由浅入深，循序渐进**。本书以初、中级程序员为对象，先从 Android 常用控件学起，再学习如何使用 Android 进行动画、Service 以及网络编程等高级技术，最后学习开发一个完整的项目。讲解过程步骤详尽，版式新颖，使读者在阅读时一目了然，从而快速掌握书中内容。
- ☑ **微课视频，讲解详尽**。为便于读者直观感受程序开发的全过程，书中大部分章节都配备了教学微视频，使用手机扫描正文小节标题一侧的二维码，即可观看学习，能快速引导初学者入门，感受编程的快乐和成就感，进一步增强学习的信心。
- ☑ **实例典型，轻松易学**。通过实例学习是最好的学习方式，本书通过"一个知识点、一个例子、一个结果、一段评析、一个综合应用"的模式，透彻详尽地讲述了实际开发中所需的各类知识。另外，为了便于读者阅读程序代码，快速学习编程技能，书中几乎每行代码都提供了注释。
- ☑ **精彩栏目，贴心提醒**。本书根据需要在各章安排了很多"注意""说明""技巧"等小栏目，让读者可以在学习的过程中更轻松地理解相关知识点及概念，更快地掌握个别技术的应用技巧。
- ☑ **实战练习，巩固所学**。书中主要章都提供了两个实战，读者可以根据所学的知识，亲自动手实现这些实战项目，如果在实现过程中遇到问题，可以从资源包中获取相应实战的源码进行解读。
- ☑ **紧跟潮流，流行技术**。本书采用 AndroidStudio 开发工具实现 Android 程序的开发，使读者能够紧跟技术发展的脚步，让读者更快更好地学习 Android 的流行技术应用。

## 本书资源

为帮助读者学习，本书配备了长达 19 个小时（共 108 集）的微课视频讲解。除此以外，还为读者提供了"Java 开发资源库"系统，以全方位地帮助读者快速提升编程水平和解决实际问题的能力。本书和开发资源库配合学习流程如图所示。

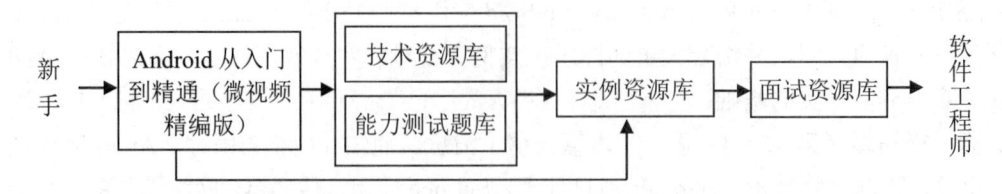

"Java 开发资源库"系统的主界面如图所示。

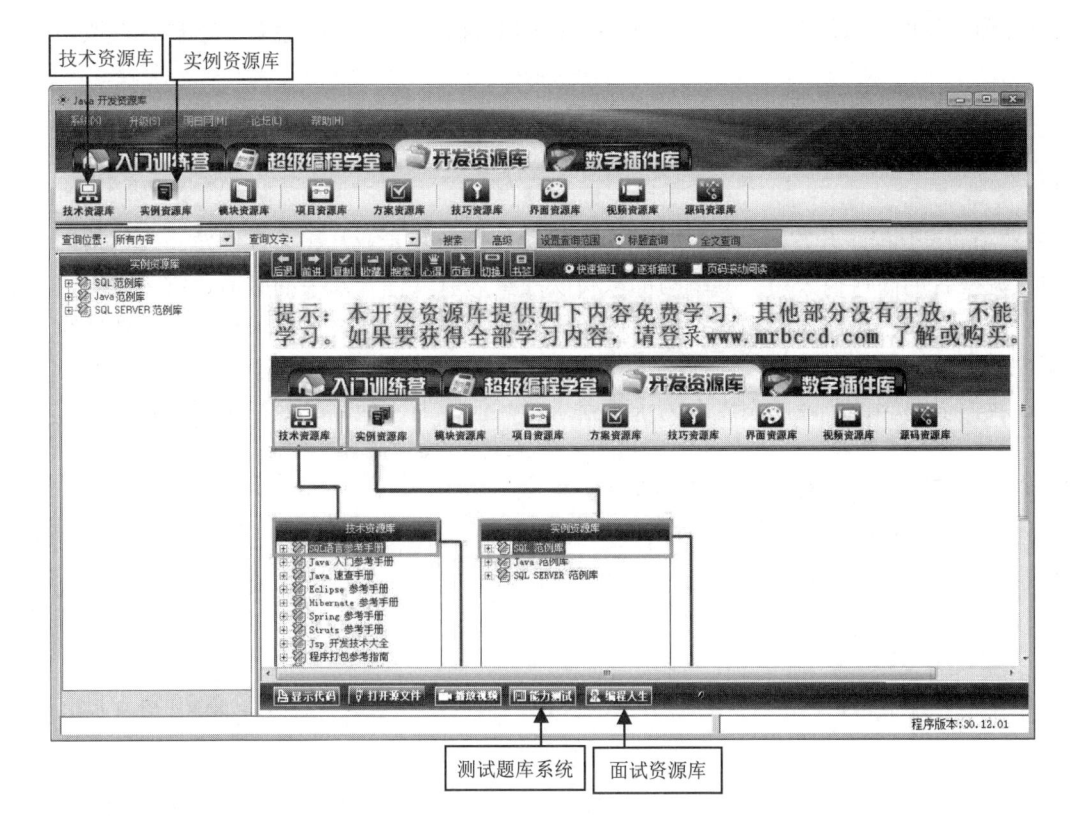

在学习本书的过程中，可以选择技术资源库、实例资源库的相应内容，全面提升个人综合编程技能和解决实际开发问题的能力，为成为软件开发工程师打下坚实基础。

对于数学逻辑能力和英语基础较为薄弱的读者，或者想了解个人数学逻辑思维能力和编程英语基础的用户，本书提供了数学及逻辑思维能力测试和编程英语能力测试供练习和测试。

面试资源库提供了大量国内外软件企业的常见面试真题，同时还提供了程序员职业规划、程序员面试技巧、虚拟面试系统等精彩内容，是程序员求职面试的绝佳指南。

## 读者对象

- ☑ 初学编程的自学者
- ☑ 大中专院校的老师和学生
- ☑ 做毕业设计的学生
- ☑ 程序测试及维护人员
- ☑ 编程爱好者
- ☑ 相关培训机构的老师和学员
- ☑ 初、中级程序开发人员
- ☑ 参加实习的"菜鸟"程序员

## 读者服务

学习本书时，请先扫描封底的权限二维码（需要刮开涂层）获取学习权限，然后即可免费学习书中的所有线上线下资源。本书所附赠的各类学习资源，读者可登录清华大学出版社网站（www.

tup.com.cn），在对应图书页面下获取其下载方式。也可扫描图书封底的"文泉云盘"二维码，获取其下载方式。

## 致读者

　　本书由明日科技 Android 程序开发团队组织编写，明日科技是一家专业从事软件开发、教育培训以及软件开发教育资源整合的高科技公司，其编写的教材既注重选取软件开发中的必需、常用内容，又注重内容的易学、方便以及相关知识的拓展，深受读者喜爱。其编写的教材多次荣获"全行业优秀畅销品种""中国大学出版社优秀畅销书"等奖项，多个品种长期位居同类图书销售排行榜的前列。

　　在编写过程中，我们以科学、严谨的态度，力求精益求精，但错误、疏漏之处在所难免，敬请广大读者批评指正。

　　感谢您购买本书，希望本书能成为您编程路上的领航者。

　　"零门槛"编程，一切皆有可能。

　　祝读书快乐！

编　者
2020 年 6 月

# 目录
Contents

# 第1篇 基础篇

第1章 走近Android .................. 2
　　视频讲解：21分钟
　1.1 智能手机操作系统 .................. 3
　1.2 Android发展史 .................. 4
　1.3 Android应用领域 .................. 5
　1.4 小结 .................. 6

第2章 搭建Android开发环境 .................. 7
　　视频讲解：22分钟
　2.1 开发环境概述 .................. 8
　　2.1.1 系统需求 .................. 8
　　2.1.2 软件需求 .................. 8
　　2.1.3 Android开发环境的下载与安装过程 .................. 8
　2.2 集成Android开发环境的下载 .................. 9
　2.3 集成Android开发环境的安装 .................. 12
　2.4 小结 .................. 21

第3章 第一个Android应用 .................. 22
　　视频讲解：51分钟
　3.1 创建Android应用程序 .................. 23
　3.2 Android项目结构 .................. 29
　　3.2.1 manifests节点 .................. 30
　　3.2.2 java节点 .................. 31
　　3.2.3 res节点 .................. 32
　3.3 使用Android模拟器 .................. 35
　3.4 运行Android应用 .................. 39
　3.5 小结 .................. 39

第4章 用户界面设计基础 .................. 40
　　视频讲解：2小时47分钟
　4.1 UI设计相关的概念 .................. 41

　　4.1.1 View .................. 41
　　4.1.2 ViewGroup .................. 42
　4.2 控制UI界面 .................. 43
　　4.2.1 使用XML布局文件控制UI界面 .................. 43
　　4.2.2 开发自定义的View .................. 46
　4.3 布局管理器 .................. 49
　　4.3.1 相对布局管理器 .................. 49
　　4.3.2 线性布局管理器 .................. 52
　　4.3.3 帧布局管理器 .................. 56
　　4.3.4 表格布局管理器 .................. 59
　　4.3.5 网格布局管理器 .................. 62
　　4.3.6 布局管理器的嵌套 .................. 65
　4.4 实战 .................. 68
　　4.4.1 开发一个抓不到我的小游戏 .................. 68
　　4.4.2 实现模拟QQ联系人列表界面 .................. 68
　4.5 小结 .................. 68

第5章 初级UI组件 .................. 69
　　视频讲解：1小时59分钟
　5.1 文本类组件（初级） .................. 70
　　5.1.1 文本框 .................. 70
　　5.1.2 编辑框 .................. 73
　5.2 按钮类组件（初级） .................. 76
　　5.2.1 普通按钮 .................. 77
　　5.2.2 图片按钮 .................. 80
　5.3 图像类组件 .................. 83
　　5.3.1 图像视图 .................. 84
　　5.3.2 网格视图 .................. 86
　5.4 实战 .................. 90
　　5.4.1 实现手机相机中的拍照按钮 .................. 90

|     5.4.2  实现模拟淘宝首页分类栏 ............... 90
|     5.5   小结 ............................................. 90

## 第 6 章  中级 UI 组件 ........................ 91
### 视频讲解：1 小时 48 分钟
|     6.1   按钮类组件（中级） ........................ 92
|       6.1.1  单选按钮 .............................. 92
|       6.1.2  复选框 .................................. 96
|     6.2   进度条类组件 ................................... 99
|       6.2.1  进度条 .................................. 99
|       6.2.2  拖动条 ................................ 103
|       6.2.3  星级评分条 ........................ 106
|     6.3   实战 ............................................. 109
|       6.3.1  模拟 12306 添加乘客界面 ...... 109
|       6.3.2  模拟美团评价界面 ............... 109
|     6.4   小结 ........................................... 109

## 第 7 章  高级 UI 组件 ...................... 110
### 视频讲解：58 分钟
|     7.1   列表类组件 ................................... 111
|       7.1.1  下拉列表框 ........................ 111
|       7.1.2  列表视图 ............................ 114
|     7.2   切换类组件 ................................... 118
|       7.2.1  翻页组件（ViewPager） ..... 118
|       7.2.2  翻页的标题栏（PagerTabStrip） ..... 122
|     7.3   通用组件 ....................................... 126
|       7.3.1  滚动视图 ............................ 126
|       7.3.2  选项卡 ................................ 129
|     7.4   实战 ............................................. 132
|       7.4.1  模拟内涵段子首页列表 ...... 132
|       7.4.2  模拟淘宝商品排序 ............... 132
|     7.5   小结 ........................................... 132

## 第 8 章  基本程序单元 Activity ..................... 133
### 视频讲解：1 小时 27 分钟
|     8.1   Activity 概述 ................................. 134
|     8.2   创建、配置、启动和关闭 Activity ..... 135
|       8.2.1  创建 Activity ...................... 135
|       8.2.2  配置 Activity ...................... 137
|       8.2.3  启动和关闭 Activity ........... 138

|     8.3   多个 Activity 的使用 ..................... 141
|       8.3.1  使用 Bundle 在 Activity 之间交换数据 ...... 141
|       8.3.2  调用另一个 Activity 并返回结果 ............. 144
|     8.4   使用 Fragment ............................. 147
|       8.4.1  Fragment 的生命周期 ........ 148
|       8.4.2  创建 Fragment .................... 149
|       8.4.3  在 Activity 中添加 Fragment ...... 149
|     8.5   实战 ............................................. 154
|       8.5.1  实现 3 个界面切换的运行效果 ..... 154
|       8.5.2  模拟中国工商银行 App ...... 154
|     8.6   小结 ........................................... 154

## 第 9 章  Android 应用核心 Intent ................. 155
### 视频讲解：25 分钟
|     9.1   初识 Intent .................................... 156
|       9.1.1  Intent 概述 ........................ 156
|       9.1.2  Intent 的基本应用 ............. 157
|     9.2   Intent 种类 .................................... 158
|       9.2.1  显式 Intent ........................ 158
|       9.2.2  隐式 Intent ........................ 159
|     9.3   Intent 过滤器 ................................ 162
|       9.3.1  配置<action>标记 ............. 162
|       9.3.2  配置<data>标记 ................ 163
|       9.3.3  配置<category>标记 ......... 164
|     9.4   实战 ............................................. 167
|       9.4.1  通过隐式 Intent 实现一个打开手机相册的运行效果 ...... 167
|       9.4.2  通过 Intent 过滤器实现一个打开手机拨号面板的运行效果 ...... 167
|     9.5   小结 ........................................... 167

## 第 10 章  Android 事件处理和手势 ............. 168
### 视频讲解：1 小时 2 分钟
|     10.1  事件处理概述 ............................. 169
|       10.1.1 基于监听的事件处理 ......... 169
|       10.1.2 基于回调的事件处理 ......... 169
|     10.2  物理按键事件处理 ....................... 170
|     10.3  触摸屏事件处理 ........................... 172
|       10.3.1 单击事件 ............................ 172

| 10.3.2 长按事件 ........................................ 173 | 11.2.2 定义颜色资源文件 .................... 184 |
| --- | --- |
| 10.3.3 触摸事件 ........................................ 175 | 11.2.3 使用颜色资源 ............................ 185 |
| 10.4 手势检测 ........................................ 177 | 11.3 尺寸（dimen）资源 .......................... 185 |
| 10.5 实战 ................................................ 180 | 11.3.1 Android 支持的尺寸单位 ........... 186 |
| 10.5.1 实现屏蔽返回物理按键 .............. 180 | 11.3.2 使用尺寸资源 ............................ 186 |
| 10.5.2 长按文字显示对话框 .................. 180 | 11.4 布局（layout）资源 .......................... 190 |
| 10.6 小结 ................................................ 180 | 11.5 数组（array）资源 ............................ 190 |
| | 11.5.1 定义数组资源文件 ..................... 190 |
| 第 11 章 Android 应用的资源 ..................... 181 | 11.5.2 使用数组资源 ............................ 191 |
| 📹 视频讲解：1 小时 18 分钟 | 11.6 样式（style）资源 ............................ 193 |
| 11.1 字符串（string）资源 ...................... 182 | 11.7 菜单（menu）资源 ........................... 195 |
| 11.1.1 定义字符串资源文件 .................. 182 | 11.7.1 定义菜单资源文件 ..................... 196 |
| 11.1.2 使用字符串资源 ............................ 183 | 11.7.2 使用菜单资源 ............................ 196 |
| 11.2 颜色（color）资源 .......................... 183 | 11.8 小结 ................................................ 201 |
| 11.2.1 颜色值的定义 .............................. 183 | |

# 第 2 篇 提 高 篇

| 第 12 章 消息、通知、广播与闹钟 ............. 204 | 13.2 补间动画 ........................................ 225 |
| --- | --- |
| 📹 视频讲解：1 小时 23 分钟 | 13.2.1 旋转动画（Rotate Animation） .... 225 |
| 12.1 通过 Toast 类显示消息提示框 ........... 205 | 13.2.2 缩放动画（Scale Animation） ..... 226 |
| 12.2 使用 AlertDialog 实现对话框 ............ 206 | 13.2.3 平移动画（Translate Animation） ... 227 |
| 12.3 使用 Notification 在状态栏上显示 | 13.2.4 透明度渐变动画（Alpha Animation） ... 228 |
| 通知 ................................................ 211 | 13.3 实战 ................................................ 232 |
| 12.4 BroadcastReceiver 使用 ..................... 214 | 13.3.1 通过逐帧动画实现一个爆炸的动画 |
| 12.4.1 BroadcastReceiver 简介 ................ 214 | 效果 ........................................... 232 |
| 12.4.2 BroadcastReceiver 应用 ................ 215 | 13.3.2 通过补间动画实现一个雷达扫描的 |
| 12.5 使用 AlarmManager 设置闹钟 ........... 217 | 动画 ........................................... 232 |
| 12.5.1 AlarmManager 简介 ...................... 217 | 13.4 小结 ................................................ 232 |
| 12.5.2 设置一个简单的闹钟 .................. 218 | |
| 12.6 实战 ................................................ 221 | 第 14 章 播放音频与视频 ............................ 233 |
| 12.6.1 模拟 58 同城退出对话框 ............. 221 | 📹 视频讲解：37 分钟 |
| 12.6.2 模拟通知栏后台下载进度条 ........ 221 | 14.1 使用 MediaPlayer 播放音频 ............... 234 |
| 12.7 小结 ................................................ 221 | 14.2 使用 SoundPool 播放音频 .................. 238 |
| | 14.3 使用 VideoView 播放视频 ................. 242 |
| 第 13 章 Android 中的动画 ......................... 222 | 14.4 实战 ................................................ 244 |
| 📹 视频讲解：13 分钟 | 14.4.1 模拟网易云音乐播放与暂停 ........ 244 |
| 13.1 逐帧动画 ........................................ 223 | 14.4.2 实现锁屏与唤醒时播放音乐 ........ 244 |

VII

14.5 小结 .................................................. 244

## 第 15 章 数据存储技术 .................................. 245
### 视频讲解：1 小时 24 分钟
15.1 SharedPreferences 存储 ................. 246
　　15.1.1 获得 SharedPreferences 对象 ..... 246
　　15.1.2 向 SharedPreferences 文件存储数据 ......... 246
　　15.1.3 读取 SharedPreferences 文件中存储的数据 ...................................... 247
15.2 文件存储 .......................................... 249
　　15.2.1 内部存储 ................................... 250
　　15.2.2 外部存储 ................................... 254
15.3 数据库存储 ...................................... 255
　　15.3.1 创建数据库 ............................... 256
　　15.3.2 数据操作 ................................... 256
15.4 实战 .................................................. 262
　　15.4.1 通过 SharedPreferences 实现一个可以保存复选框状态 ........................ 262
　　15.4.2 通过内部存储实现一个可以记录进入应用次数 ................................... 262
15.5 小结 .................................................. 262

## 第 16 章 Handler 消息处理 ......................... 263
### 视频讲解：34 分钟
16.1 Handler 消息传递机制 ..................... 264
　　16.1.1 Handler 类简介 ......................... 265
　　16.1.2 Handler 类中的常用方法 ........... 265
16.2 Handler 与 Looper、MessageQueue 的关系 ............................................... 267
16.3 消息类（Message） ......................... 268
16.4 循环者（Looper） ........................... 271
16.5 实战 .................................................. 272
　　16.5.1 通过 Handler 实现从明日学院 App 闪屏界面跳转到主界面 ............. 272
　　16.5.2 通过 Message 实现动态改变文字颜色 ... 272
16.6 小结 .................................................. 273

## 第 17 章 Service 应用 .................................. 274
### 视频讲解：34 分钟
17.1 Service 概述 ..................................... 275

17.1.1 Service 的分类 ........................... 275
17.1.2 Service 的生命周期 ................... 275
17.2 Service 的基本用法 .......................... 277
　　17.2.1 创建与配置 Service .................. 277
　　17.2.2 启动和停止 Service .................. 280
17.3 Bound Service ................................. 283
17.4 使用 IntentService .......................... 286
17.5 实战 .................................................. 287
　　17.5.1 通过启动和停止 Service 实现可以在后台播放音乐的播放器 ............. 287
　　17.5.2 通过 Bound Service 实现模拟下载进度 .... 288
17.6 小结 .................................................. 288

## 第 18 章 传感器 .............................................. 289
### 视频讲解：50 分钟
18.1 Android 传感器概述 ........................ 290
　　18.1.1 Android 的常用传感器 ............. 290
　　18.1.2 开发步骤 ................................... 291
18.2 磁场传感器 ...................................... 296
18.3 加速度传感器 .................................. 298
18.4 实战 .................................................. 300
　　18.4.1 通过重力传感器实现移动的小球 .......... 300
　　18.4.2 通过加速度传感器实现摇晃手机更换音乐 ........................................ 300
18.5 小结 .................................................. 300

## 第 19 章 网络编程的应用 .............................. 301
### 视频讲解：41 分钟
19.1 通过 HTTP 访问网络 ....................... 302
　　19.1.1 发送 GET 请求 .......................... 302
　　19.1.2 发送 POST 请求 ........................ 306
19.2 解析 JSON 格式数据 ........................ 310
　　19.2.1 JSON 简介 ................................. 310
　　19.2.2 解析 JSON 数据 ........................ 311
19.3 实战 .................................................. 314
　　19.3.1 通过 POST 请求向服务器提交注册信息 ................................................ 314
　　19.3.2 通过解析 JSON 数据，模拟应用宝导航栏文字 ................................... 314
19.4 小结 .................................................. 314

# 第3篇 项 目 篇

第20章 静待花开 .................................... 316
　　▶ 视频讲解：5分钟
20.1 开发背景 ........................................... 319
20.2 系统功能设计 ................................... 319
　20.2.1 系统功能结构 ............................. 319
　20.2.2 业务流程 ..................................... 319
20.3 本章目标 ........................................... 320
20.4 开发准备 ........................................... 321
　20.4.1 导入工具类等资源文件 ............. 321
　20.4.2 创建MyDataHelper数据帮助类 ... 321
20.5 实现大雁飞翔的效果 ....................... 323
　20.5.1 设置大雁的逐帧动画 ................. 323
　20.5.2 实现大雁飞翔的效果 ................. 324
20.6 实现蒲公英飘落的效果 ................... 326
　20.6.1 创建数据模型DandelionModel类 ... 326
　20.6.2 创建DandelionView类 ............... 327
　20.6.3 初始化绘制数据 ......................... 327
　20.6.4 重写SurfaceHolder的回调方法 ... 329
　20.6.5 绘制降落的蒲公英 ..................... 329

20.6.6 实现飘落的效果 ......................... 331
20.7 实现花开的效果 ............................... 332
　20.7.1 创建Plant类 ................................ 332
　20.7.2 添加子控件 ................................. 333
　20.7.3 测量控件并设置宽高 ................. 334
　20.7.4 摆放Plant中的子控件 ................ 336
　20.7.5 设置组合动画 ............................. 339
　20.7.6 设置接口回调 ............................. 343
　20.7.7 设置用于控制动画效果的方法 ... 344
　20.7.8 静待花开 ..................................... 345
20.8 实现背景颜色渐变的效果 ............... 347
　20.8.1 创建属性动画xml文件 .............. 347
　20.8.2 设置背景渐变动画 ..................... 347
20.9 其他主要功能的展示 ....................... 349
　20.9.1 名人名言列表 ............................. 349
　20.9.2 说明界面 ..................................... 349
　20.9.3 选择要分享的花 ......................... 350
　20.9.4 种花界面花枯萎的效果 ............. 350
20.10 本章总结 ......................................... 351

# 第1篇

# 基础篇

- ▶▶ 第1章 走近 Android
- ▶▶ 第2章 搭建 Android 开发环境
- ▶▶ 第3章 第一个 Android 应用
- ▶▶ 第4章 用户界面设计基础
- ▶▶ 第5章 初级 UI 组件
- ▶▶ 第6章 中级 UI 组件
- ▶▶ 第7章 高级 UI 组件
- ▶▶ 第8章 基本程序单元 Activity
- ▶▶ 第9章 Android 应用核心 Intent
- ▶▶ 第10章 Android 事件处理和手势
- ▶▶ 第11章 Android 应用的资源

本篇通过搭建 Android 开发环境，创建 Android 应用，用户界面设计，各种常用控件，基本程序单元 Activity，Android 应用核心 Intent，Android 事件处理和手势，Android 应用的资源等内容的介绍，并结合大量的图示、实例、视频和实战等，使读者快速掌握 Android 的基础，为以后编程奠定坚实的基础。

# 第 1 章

## 走近 Android

（ 视频讲解：21 分钟 ）

随着移动设备的不断普及与发展，相关软件的开发也越来越受到程序员的青睐。目前，移动开发领域以 Android 的发展最为迅猛。作为 Android 开发的起步，本章将先对学习 Android 需要了解的一些基础内容进行简单介绍。

## 1.1 智能手机操作系统

对于智能手机大家都不陌生,现在大多数人使用的都是智能手机。而智能手机操作系统,就是智能手机所使用的系统,它和计算机的操作系统类似。目前,智能手机操作系统主要包括 Android、iOS、Windows Mobile、Windows Phone、BlackBerry、Symbian、PalmOS 和 Linux 等,各操作系统占据的市场份额如图 1.1 所示。

图 1.1 各智能手机操作系统的市场份额

下面将对主流的智能手机操作系统分别进行介绍。

1. Android

Android 是 Google(谷歌)公司发布的基于 Linux 内核的专门为移动设备开发的平台,其中包含了操作系统、中间件和核心应用等。Android 是一个完全免费的手机平台,使用它不需要授权费,可以完全定制。另外,由于 Android 底层架构使用开源的 Linux 操作系统,同时开放了应用程序开发工具,使所有程序开发人员都可以在统一的、开放的平台上进行开发,从而保证了 Android 应用程序的可移植性。

由于 Android 使用 Java 作为其主要的程序开发语言,所以不少 Java 开发人员加入此开发阵营,这无疑加快了 Android 队伍的发展速度。

2. iOS

iOS 是苹果公司开发的移动操作系统,主要应用在 iPhone、iPad、iPod touch、MacBook Air 以及 Apple TV 等产品上。iOS 使用 Objective-C 和 Swift 作为程序开发语言,并且苹果公司提供了 SDK(开发工具包),为 iOS 应用程序开发、测试、运行和调试提供工具。

3. Windows

Windows 手机操作系统是 Microsoft(微软)公司推出的移动设备操作系统。开始时命名为 Windows Mobile。由于其界面类似于计算机中使用的 Windows 操作系统,所以用户操作起来比较容易上手。后来,微软公司又推出了 Windows Phone,它是微软公司于 2010 年 10 月推出的新一代移动操作系统。

该系统与 Windows Mobile 有很大不同，它具有独特的"方格子"用户界面，并且增加了多点触控和动力感应功能，同时还集成了 Xbox Live 游戏和 Zune 音乐功能。现在，Microsoft 公司又推出了 Windows 10 Mobile，该系统是迄今为止最好的 Windows 手机操作系统。

### 4．BlackBerry

BlackBerry（黑莓）操作系统是由加拿大的 RIM 公司推出的与黑莓手机配套使用的系统，它提供了手提电脑、文字短信、互联网传真、网页浏览以及其他无线信息服务功能。其中，最主要的特色就是支持电子邮件推送功能，邮件服务器主动将收到的邮件推送到用户的手持设备上，用户不必频繁地连接网络查看是否有新邮件。黑莓系统主要针对商务应用，具有很高的安全性和可靠性。

## 1.2　Android 发展史

Android（发音 [ˈænˌdrɔɪd]）本意是指"机器人"，标志也是一个机器人，如图 1.2 所示。它是 Google 公司专门为移动设备开发的平台。Android 最早由 Andy Rubin 创办，于 2005 年被搜索巨人 Google 公司收购。2007 年 11 月 5 日，Google 公司正式发布了 Android 1.0 手机操作系统。在 2010 年年底，Android 超越称霸 10 年的诺基亚 Symbian 系统，成为全球最受欢迎的智能手机平台。

图 1.2　Android 的标志

在 Android 的发展过程中，已经经历了十多个主要版本的变化，每个版本的代号都是以甜点来命名的，该命名方法开始于 Android 1.5 版本，并按照首字母排序：纸杯蛋糕、甜甜圈、松饼、冻酸奶、姜饼、蜂巢……Android 迄今为止发布的主要版本如图 1.3 所示。

图 1.3　Android 发布的主要版本

## 1.3　Android 应用领域

Android 作为移动设备开发的平台不仅可以作为手机的操作系统，而且还可以作为可穿戴设备（如智能手表）和 Android 电视等的操作系统，下面分别进行介绍。

### 1．Phones/Tablets（手机/平板电脑）

Phones/Tablets 是 Google 为智能手机/平板电脑打造的操作系统，如图 1.4 所示。它是一个完全免费的开放平台，允许第三方厂商加入和定制。目前，采用 Android 平台的手机厂商主要包括 Google Nexus、HTC、Samsung、LG、Sony、华为、联想和中兴等。

### 2．Android Wear（可穿戴设备）

Android Wear 是 Google 为智能手表等可穿戴设备打造的智能平台。和 Android 一样，Android Wear 也是一个开放平台，它允许第三方厂商加入进来生产各式各样的 Android Wear 兼容设备。目前主要是指智能手表，如图 1.5 所示。

图 1.4　Android Phones/Tablets　　　　图 1.5　Android Wear

### 3．Android TV（智能电视）

Android TV 是 Google 在 I/O 会议上宣布的一种名为谷歌电视（Google TV）的替代品，如图 1.6 所示。经过 Google 精心优化的 Android TV 支持 Google Now 语音输入和 D-Pad 遥控，甚至可以连接和匹配游戏手柄。另外，Android TV 完美集成 Google 服务于一体，尤其是 Google Play 上的多媒体内容。例如，Google Play 中成千上万的电影、电视节目和音乐都是 Android TV 的基础内容。

### 4．Android Auto（智能车载）

Android Auto 是 Google 推出的专门为汽车设计的、需要连接 Android 手机使用的设备，旨在取代汽

车制造商的原生车载系统来执行 Android 应用与服务，并访问和存取 Android 手机内容，如图 1.7 所示。

图 1.6　Android TV

图 1.7　Android Auto

## 1.4　小　　结

本章首先对常用的智能手机操作系统进行了简要介绍，然后介绍了 Android 的发展史，以及 Android 发布以来重要的版本，最后介绍了 Android 系统的应用领域。本章内容主要是为了让大家对 Android 有一个基础的了解。

# 第 2 章

## 搭建 Android 开发环境

（视频讲解：22 分钟）

"工欲善其事，必先利其器"，在学习 Android 开发之前，必须先熟悉并搭建所需要的开发环境。本章将详细介绍如何搭建 Android 开发环境。

## 2.1 开发环境概述

进行 Android 应用开发需要具备两方面的环境要求。一个是硬件方面，要求 CPU 和内存尽量大。由于开发过程中需要反复重启模拟器，如果每次重启都会消耗几分钟的时间（视机器配置而定），那么将严重影响工作和学习的效率，因此，推荐使用高配置的机器。另一个是软件方面，它需要有相应的开发环境、SDK 及开发工具。下面将从系统需求和软件需求两个方面进行介绍。

### 2.1.1 系统需求

要进行 Android 应用开发，需要有合适的系统环境。表 2.1 中列出了进行 Android 开发所必需的系统环境需求。

表 2.1 进行 Android 开发所必需的系统环境需求

| 操作系统 | 系统版本 | 内 存 | 屏幕分辨率 |
| --- | --- | --- | --- |
| Windows | Microsoft Windows 7/8/10（32 位或 64 位） | 最小 4GB，推荐 8GB | 1280×800 |
| Mac OS | Mac OS X 10.10（Yosemite）或更高版本，最高为 10.12（macOS Sierra） | 最小 4GB，推荐 8GB | 1280×800 |
| Linux | Linux GNOME 或 KDE（K 桌面环境） | 最小 4GB，推荐 8GB | 1280×800 |

### 2.1.2 软件需求

要进行 Android 应用开发，除了要有合适的系统环境，还需要有一些软件的支持。通常情况下，需要如图 2.1 所示的这些软件支持。

在进行 Android 应用开发时，首先需要有 JDK 和 Android SDK 的支持。然后还需要准备合适的开发工具，目前 Android 官方网站推荐的是使用 Android Studio 进行开发。从 Android Studio 2.2 开始在安装 Android Studio 时会自动包含 JDK 和 Android SDK。

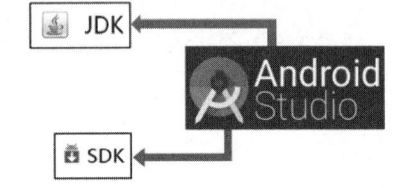

图 2.1 进行 Android 应用开发所需的软件

**说明**

JDK（全称为 Java Development Kit）是 Java 开发工具包，包括运行 Java 程序所必需的 JRE（全称为 Java Runtime Environment）环境及开发过程中常用的库文件；Android SDK 是 Android 开发工具包，它包括了 Android 开发相关的 API。

### 2.1.3 Android 开发环境的下载与安装过程

Android 开发环境的下载与安装过程如图 2.2 所示。

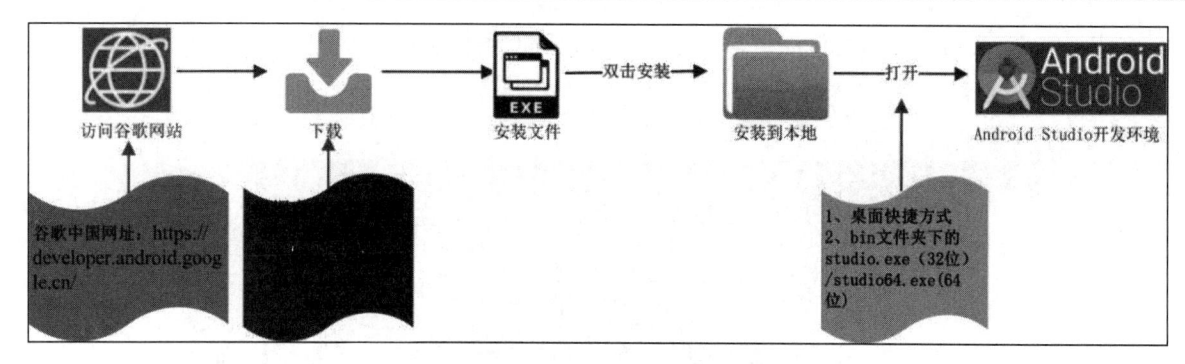

图 2.2　Android 开发环境的下载与安装过程

## 2.2　集成 Android 开发环境的下载

通常情况下，为了提高开发效率，需要使用相应的开发工具。在 Android 发布初期，推荐使用的开发工具是 Eclipse，随着 2015 年 Android Studio 正式版推出，标志着 Google 公司推荐的 Android 开发工具已从 Eclipse 更改为 Android Studio。而且在 Android 的官方网站中，也提供了集成 Android 开发环境的工具包。在该工具包中，不仅包含了开发工具 Android Studio，还包括 JDK 以及最新版本的 Android SDK。下载并安装该工具包后，就可以成功地搭建好 Android 的开发环境。

**说明**

Android Studio 是基于 IntelliJ IDEA 的 Android 开发环境。实际上，IntelliJ IDEA 是一款非常优秀的 Java IDE 工具，只是由于它是一款商业工具软件，而且技术文档也少之又少，所以应用并不是很广泛。现在，Google 在 IntelliJ IDEA 的基础上推出的 Android Studio 则是完全免费的，同时又有 Google 的技术，相信 Android Studio 一定会成为开发 Android 应用的最佳工具。

在 Android 的官方网站中，可以很方便地下载集成 Android 开发环境的工具包。对于 Android 的官方网站，主要有两个：一个是英文版的，网址为 http://www.android.com/；另一个是中文版的，网址为 https://developer.android.google.cn/。下面以中文版官方网站为例进行介绍，集成 Android 开发环境的下载步骤如下。

（1）打开浏览器（推荐使用 Google Chrome 浏览器），输入网址 https://developer.android.google.cn/，进入中文版 Android 官方网站首页，如图 2.3 所示。

**注意**

Android 官方网站若有打不开的情况下，可以直接到网盘（https://pan.baidu.com/s/1dFIQCCT）中复制我们已经下载好的工具包。

（2）单击"获取 Android Studio"超链接，进入下载 Android Studio 开发工具页面。在该页面中，可以直接单击"下载 ANDROID STUDIO 3.0.1 FOR WINDOWS（683 MB）"按钮，下载 Android Studio3.0

9

开发工具，如图 2.4 所示。也可以向下滚动页面，找到"选择其他平台"的表格，然后下载所需内容。

图 2.3　中文版 Android 官方网站首页

图 2.4　下载 Android Studio 和 SDK 工具页面

## 说明

由于 Android Studio 的版本更新较快，若官网上的版本与图 2.4 所示的版本不一致的话，下载最新版本即可。但为了便于读者使用本书，推荐使用我们在云盘中提供的与本书所用版本一致的开发工具。

（3）单击"下载 ANDROID STUDIO 3.0 FOR WINDOWS（683 MB）"按钮，将进入接受许可协议页面，在该页面中，选中"我已阅读并同意上述条款及条件"复选框，此时"下载 ANDROID STUDIO FOR WINDOWS"按钮将变为可用状态，如图 2.5 所示。

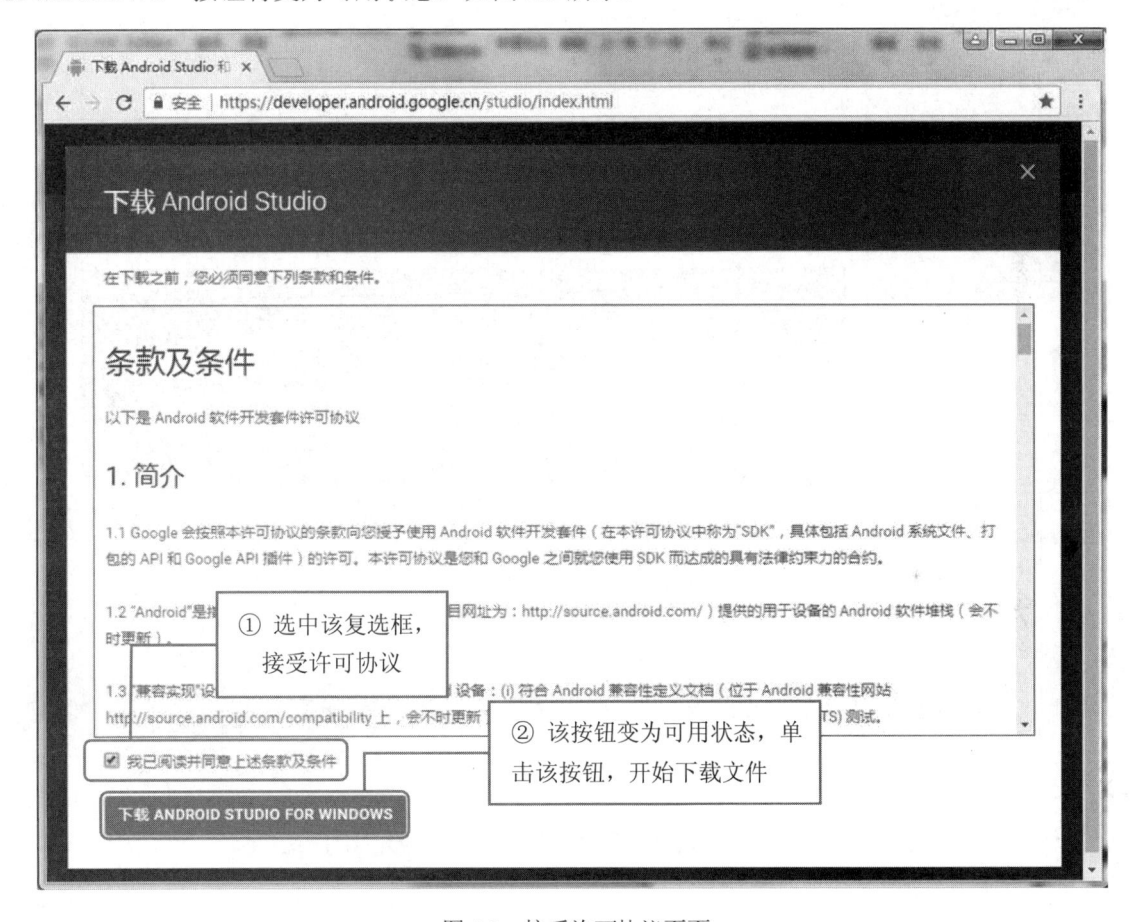

图 2.5　接受许可协议页面

（4）单击"下载 ANDROID STUDIO FOR WINDOWS"按钮，将开始下载 Windows 系统下的 Android 集成开发环境，同时页面会跳转到安装说明页面，在该页面中，可以查看安装 Android Studio 的基本步骤，如图 2.6 所示。

（5）下载完成后，浏览器会自动提示"此类型的文件可能会损害您的计算机。您仍然要保留 android-studio-....exe 吗？"，此时单击"保留"按钮，保留该文件即可。

（6）下载完成后，将得到一个名称为 android-studio-ide-171.4443003-windows.exe 的安装文件。

图 2.6　正在下载 Android 集成开发环境

> **说明**
> 由于 AndroidStudio 开发工具更新速度较快，下载版本可能有所不同。

## 2.3　集成 Android 开发环境的安装

在 Windows 操作系统下，安装 Android 集成开发环境前，需要先检测电脑的 BIOS 中 Intel Virtualization Technology 是否已启用，如果没有启用需要先启用它。

> **说明**
> 每台电脑的 BIOS 版本不同，开启（Intel（R）Virtualization Technology）状态的位置也会有所不同，这里不进行具体介绍，读者根据自己的 BIOS 版本找到相应的开启位置即可。如果不清楚自己电脑如何开启，可以到网络上搜索一下。

## 第 2 章 搭建 Android 开发环境

集成 Android 开发环境的安装步骤如下。

（1）双击下载后得到的安装文件 android-studio-ide-171.4443003-windows.exe，将会弹出"打开文件 - 安全警告"对话框，单击"运行"按钮，将显示如图 2.7 所示的加载进度框。

（2）加载完成后，将进入如图 2.8 所示的欢迎安装对话框。

图 2.7　加载进度框

图 2.8　欢迎安装对话框

**说明**

如果以前安装过旧版本的 Android Studio，将会弹出卸载旧版本对话框，如图 2.9 所示。在该对话框中，选中 Uninstall the previous version 复选框（表示删除旧版本），然后单击 Next 按钮，将会打开如图 2.8 所示的欢迎安装对话框。

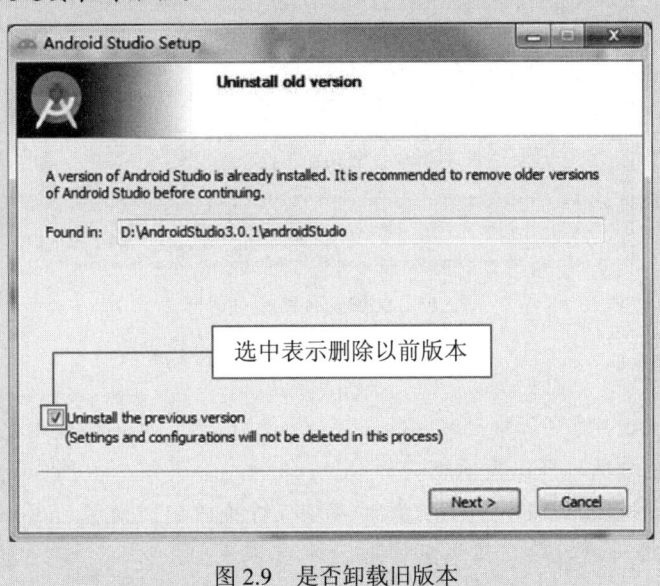

图 2.9　是否卸载旧版本

（3）在如图 2.8 所示的欢迎安装对话框中，单击 Next 按钮，将打开选择安装组件对话框，在该对话框中采用默认设置，如图 2.10 所示。

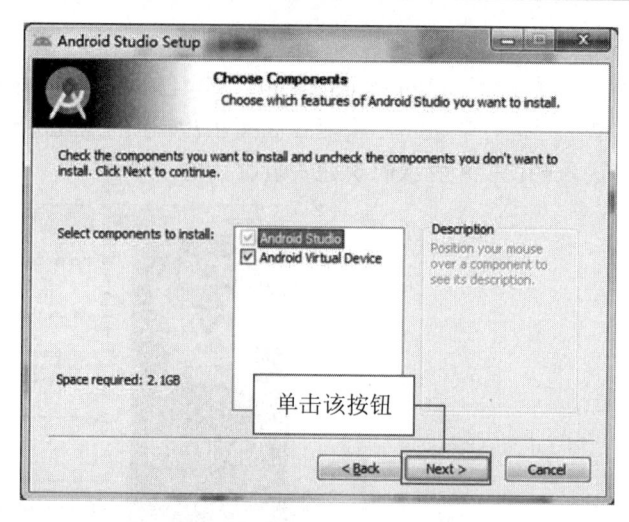

图 2.10　选择安装组件对话框

（4）单击 Next 按钮，将进入配置安装路径对话框，在该对话框中，指定 Android Studio 的安装路径（如 D:\AndroidStudio3.0.1\androidStudio），如图 2.11 所示。

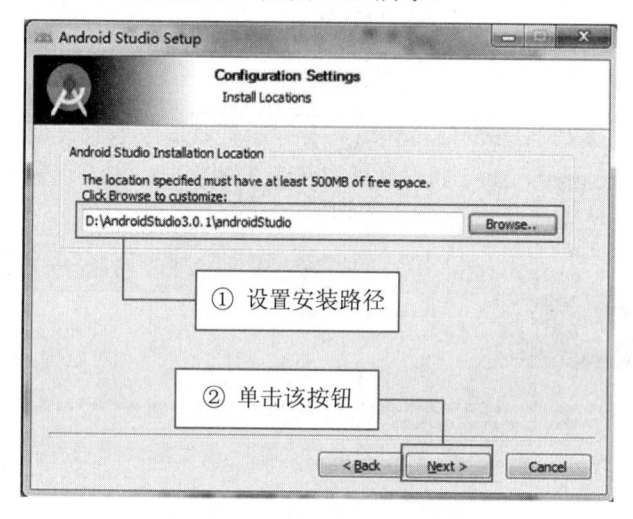

图 2.11　配置安装路径对话框

> **说明**
> 在配置 Android Studio 的安装路径时，尽量不要使用 C 盘，也不要使用包含中文的路径。为了开发工具安装位置的整洁性，可以提前创建好 AndroidStudio 开发工具所需要的安装路径（例如，在 D 盘中创建 AndroidStudio3.0.1 文件夹，然后在该文件夹内分别创建 androidStudio 与 sdk 文件夹用于保存 AndroidStudio 开发工具与在线下载的 SDK 工具）。

（5）单击 Next 按钮，将进入选择开始菜单文件夹对话框，在该对话框中，选择 Android Studio 的快捷方式创建在开始菜单中的哪个文件夹下，默认为新创建的 Android Studio 文件夹，这里采用默认设置，如图 2.12 所示。

> **说明**
> 在图 2.12 中，选中 Do not create shortcuts 复选框，将不创建快捷方式。

（6）单击 Install 按钮，将显示如图 2.13 所示的安装进度对话框，此时需要等待一段时间。

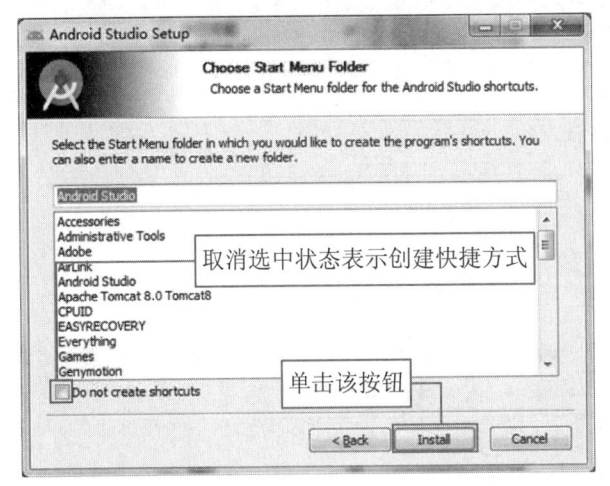

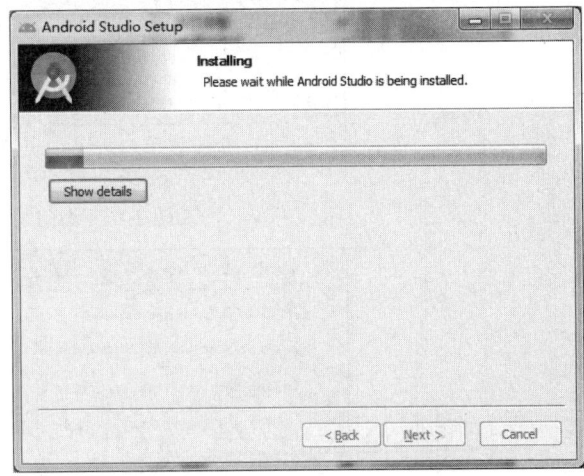

图 2.12　选择快捷方式所在的开始菜单文件夹对话框　　　　图 1.13　安装进度对话框

（7）安装完成后，将显示如图 2.14 所示的安装完成对话框。单击 Next 按钮，将弹出如图 2.15 所示的对话框。在该对话框中，直接单击 Finish 按钮完成 Android Studio 的安装，并且开启 Android Studio。

图 2.14　安装成功对话框　　　　图 2.15　安装完成对话框

> **说明**
> 在图 2.15 所示的对话框中，也可以取消 Start Android Studio 复选框的选中状态，然后再单击 Finish 按钮，完成 Android Studio 的安装。

（8）启动 Android Studio，将弹出如图 2.16 所示的对话框（如果在计算机中以前安装过 Android

Studio，可能会出现如图 2.17 所示的带 3 个单选按钮的对话框），该对话框用于指定是否从以前版本的 Android Studio 导入设置。这里选中 Do not import settings 单选按钮，不导入任何设置。

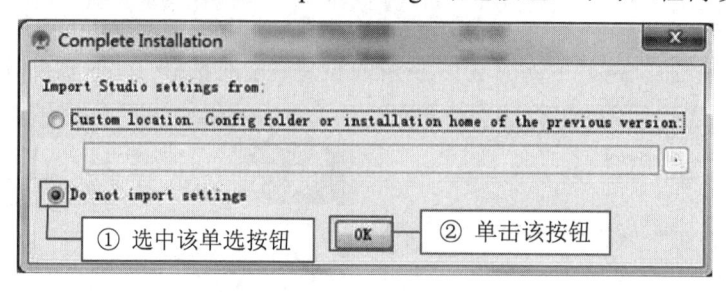

图 2.16　询问是否导入设置对话框

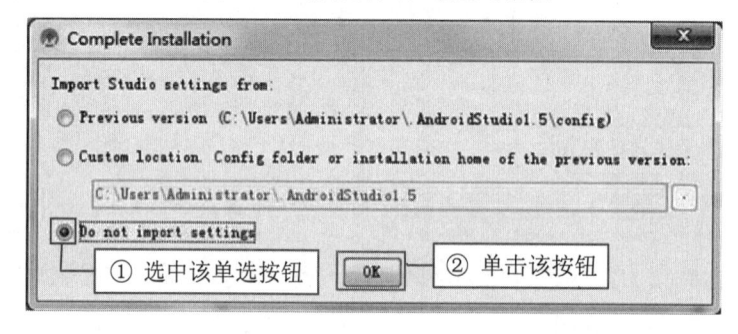

图 2.17　以前安装过 Android Studio 弹出的询问对话框

（9）单击 OK 按钮，继续启动 Android Studio，此时会弹出如图 2.18 所示的对话框，该对话框用于询问是否设置代理，如果您有有效的代理地址，可以单击 Setup Proxy 按钮，添加代理地址；否则直接单击 Cancel 按钮。这里直接单击 Cancel 按钮。

图 2.18　询问是否设置代理

（10）显示如图 2.19 所示的欢迎对话框。检测更新或者安装的组件以及改变默认的主题方案，需要单击 Next 按钮，进行 SDK 与相关组件的下载与安装。

（11）在弹出的安装类型对话框中有两种类型供选择：Standard 选项为标准选项，该选项中会将默认的 SDK 工具包以及相关组件自动下载并安装到 C 盘中；Custom 选项为自定义选项，这里选中 Custom

单选按钮自定义安装路径，如图 2.20 所示。

图 2.19　Android Studio 欢迎对话框

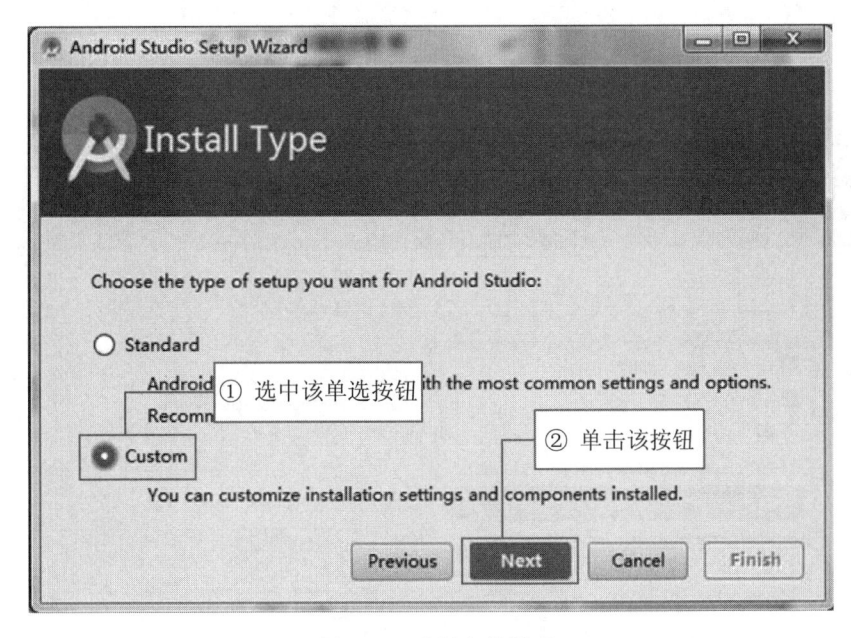

图 2.20　选择安装类型

（12）单击 Next 按钮将显示如图 2.21 所示的选择 UI 主题的对话框，在该对话框中默认选择直接单击 Next 按钮即可。

（13）显示 SDK 组件安装对话框，在该对话框中先选中 Android Virtual Device 的 SDK 组件，其他默认选中即可；然后修改 SDK 安装路径；最后单击 Next 按钮，如图 2.22 所示。

17

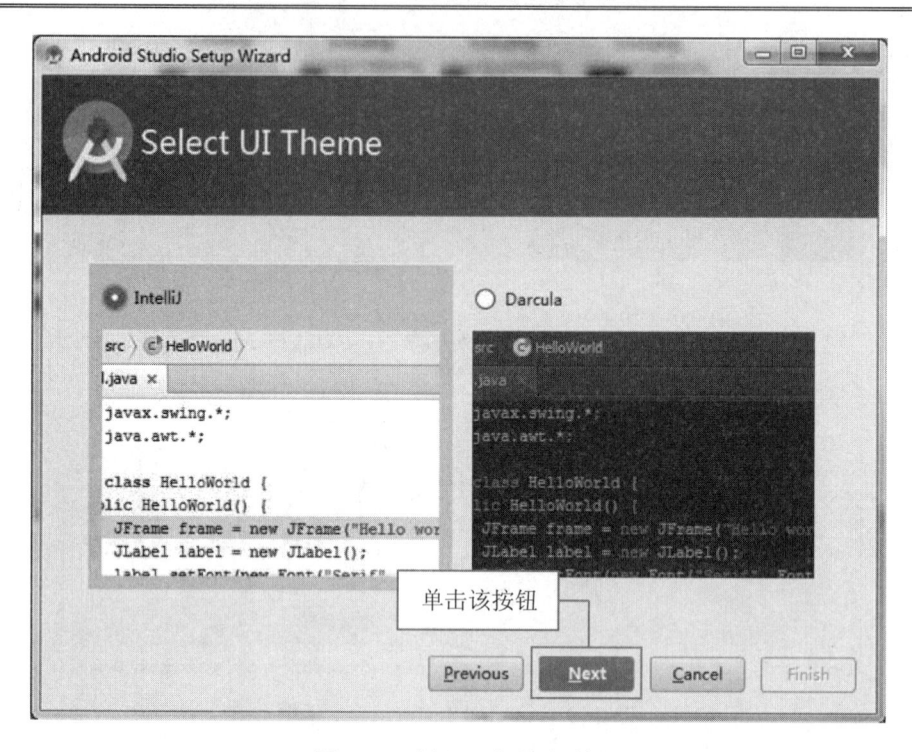

图 2.21 选择 UI 主题对话框

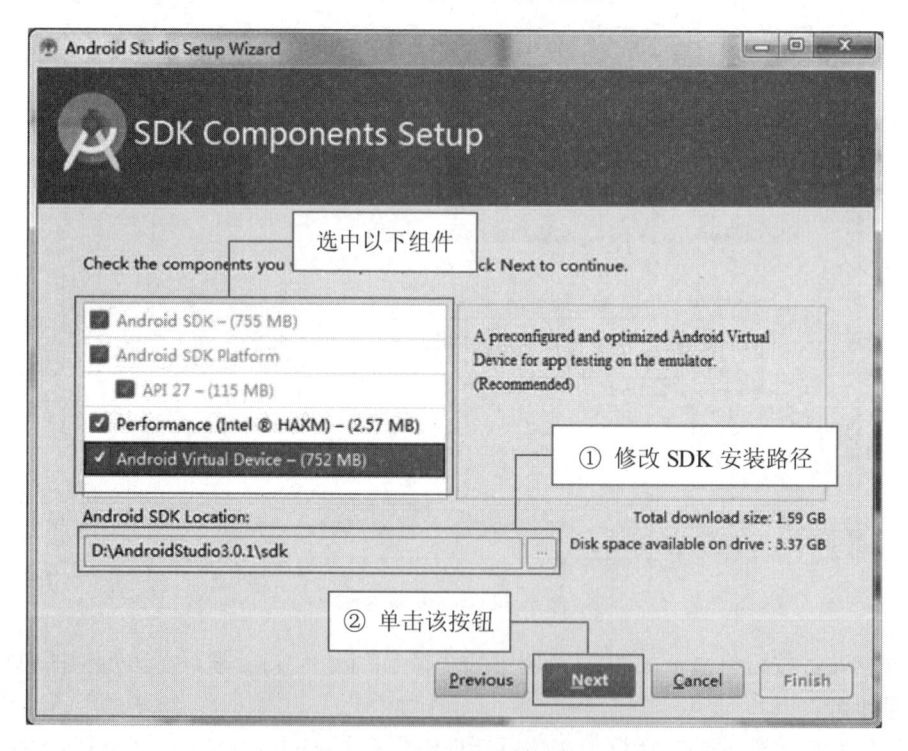

图 2.22 SDK 组件安装对话框

（14）显示模拟器设置对话框，在该对话框中为模拟器设置硬件加速的最大内存，此处默认设置，

使用系统推荐即可，然后单击 Next 按钮，如图 2.23 所示。

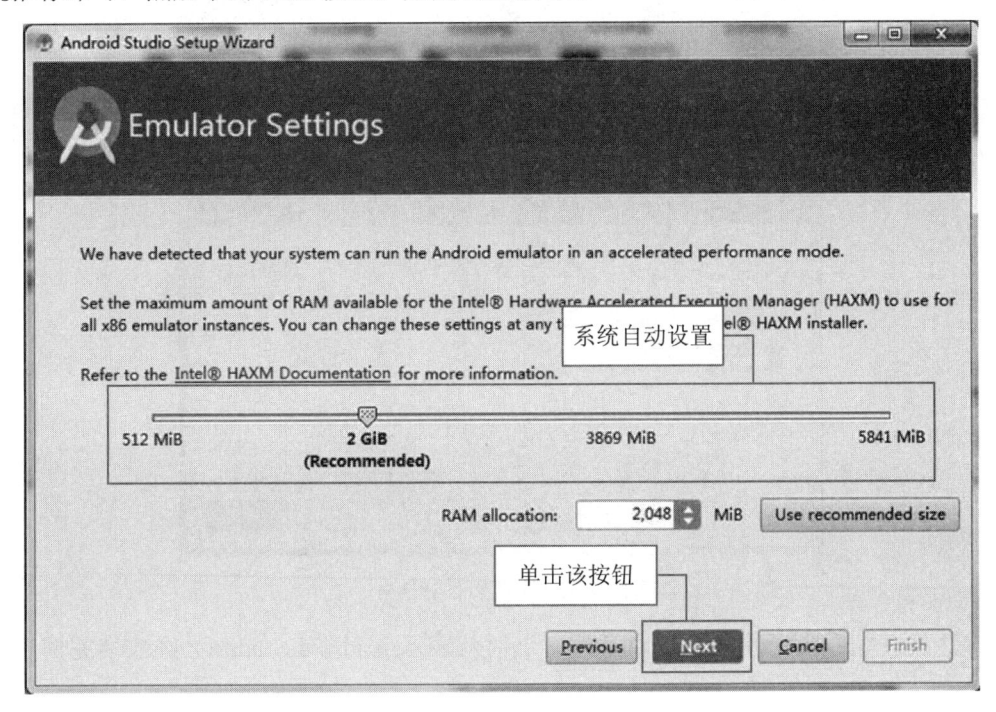

图 2.23　模拟器设置对话框

（15）显示验证设置对话框，在该对话框中可以看到当前需要下载的 SDK 等相关组件，直接单击 Finish 按钮，如图 2.24 所示。

图 2.24　验证设置对话框

（16）显示下载组件对话框，在该对话框中进行组件的下载与安装，安装完成后单击 Finish 按钮即可，如图 2.25 所示。

图 2.25　下载组件对话框

（17）显示如图 2.26 所示的欢迎对话框，这时就表示 Android Studio 已经安装完毕，并且启动成功。

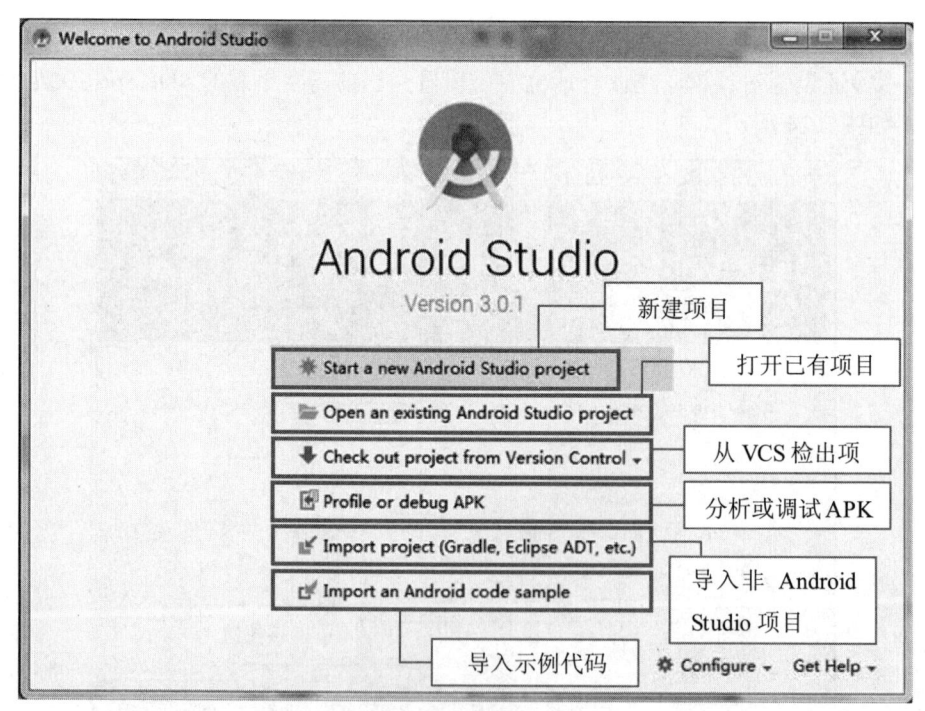

图 2.26　欢迎对话框

AndroidStudio 安装完成后，其安装目录结构如图 2.27 所示。

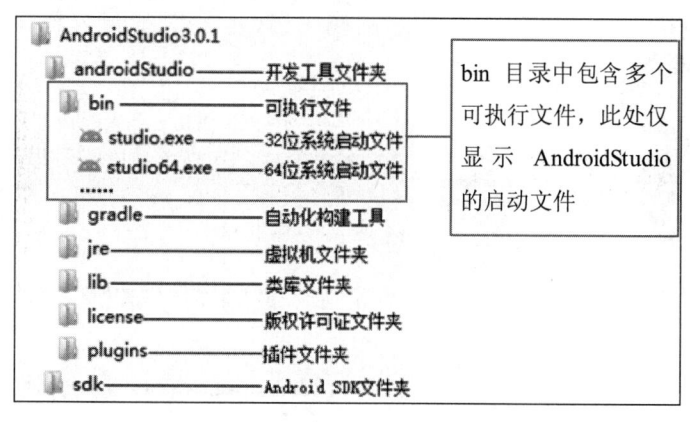

图 2.27　AndroidStudio 安装目录结构

## 2.4　小　　结

　　本章首先介绍了进行 Android 应用开发所需要的开发环境，以及如何搭建 Android 开发环境；然后介绍了开发工具欢迎对话框中的各项功能；最后介绍了开发工具安装后的目录结构。在学习本章时需要读者耐心地按照书中步骤操作，仔细对照书中所介绍的步骤进行配置，最终搭建一个好用的 Android 开发环境。

# 第 3 章

## 第一个 Android 应用

(  视频讲解：51 分钟 )

作为程序开发人员，学习新语言的第一个应用一般都是输出"Hello World"。学习 Android 开发也不例外，第一个应用也是从输出"Hello World"开始。本章将介绍如何编写并运行一个 Android 应用。

# 3.1 创建 Android 应用程序

Android Studio 安装完成后，如果还没有创建项目，将进入欢迎对话框。在该对话框中，可以创建新项目、打开已经存在的项目、导入项目等。在 Android Studio 中，一个 project（项目）相当于一个工作空间，一个工作空间中可以包含多个 Module（模块），每个 Module 对应一个 Android 应用。下面将通过一个具体的实例来介绍如何创建项目，即创建第一个 Android 应用。

> **说明**
> 在首次创建项目时，需要连网加载数据，所以此时需要保证电脑可以正常连接互联网。

【例 3.01】 在屏幕上输出文字 Hello World（实例位置：资源包\源码\03\3.01）

在 Android Studio 中创建项目，名称为"第一个 Android 应用"，具体步骤如下。

（1）在 Android Studio 的欢迎对话框中，单击 Start a new Android Studio project 按钮，进入 Create New Project 对话框，在 Application name 文本框中输入应用程序名称（例如"第一个 Android 应用"）；在 Company domain 文本框中输入公司域名（如 mingrisoft.com），将自动生成相应的 Package name（包名），并且默认为不可修改状态，如果想要修改，可以单击 Package name 右侧的 Edit 按钮，使其变为可编辑状态，然后输入想要的包名（如 com.mingrisoft），单击 Done 按钮即可；在 Project location 文本框中输入项目保存的位置（如 F:\android_studio\AndroidStudioProjects），如图 3.1 所示。

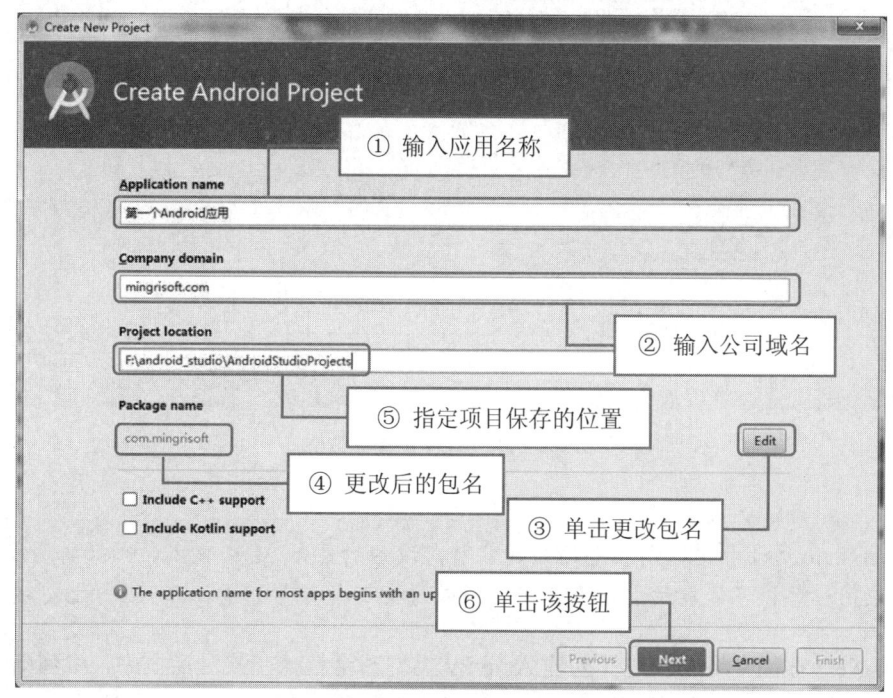

图 3.1 创建新项目对话框

> **说明**
> Include C++ support 与 Include Kotlin support 分别为支持 C++语言与 Kotlin 语言。

> **注意**
> ① 设置 Package name 时，一定不能使用中文（如 com.明日科技）和空格，或者单纯的数字（如 com.mr.03），并且也不能以"."结束，否则项目将无法创建。
> ② 在设置 Project location 时，一定不能使用中文（如 D:\第一个 Android 应用）和空格，否则项目将无法创建。

（2）单击 Next 按钮，将进入选择目标设备对话框，在该对话框中，首先选中 Phone and Tablet 复选框，然后在选择最小 SDK 版本的 Minimum SDK 下拉列表框中选择默认的 API 15，即 Android 4.0.3，如图 3.2 所示。

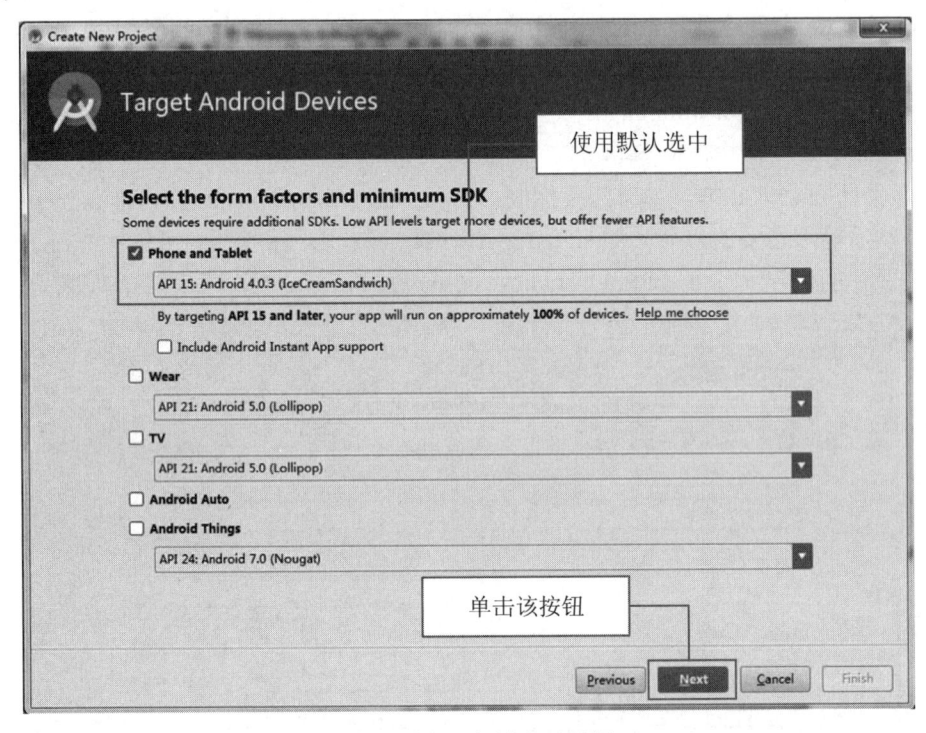

图 3.2　选择目标设备对话框

> **注意**
> Minimum SDK 用于指定应用程序运行时，所需设备的最低 SDK 版本，如果所用设备低于这个版本，那么应用程序将不能在该设备上运行，所以这里一般设置得要比所用的 SDK 版本低。

（3）单击 Next 按钮，将进入选择创建 Activity 类型对话框，在该对话框中，将列出一些用于创建 Activity 的模板，我们可以根据需要进行选择，也可以选择不创建 Activity（即选择 Add No Activity），这里选择创建一个空白的 Activity，即 Empty Activity，如图 3.3 所示。

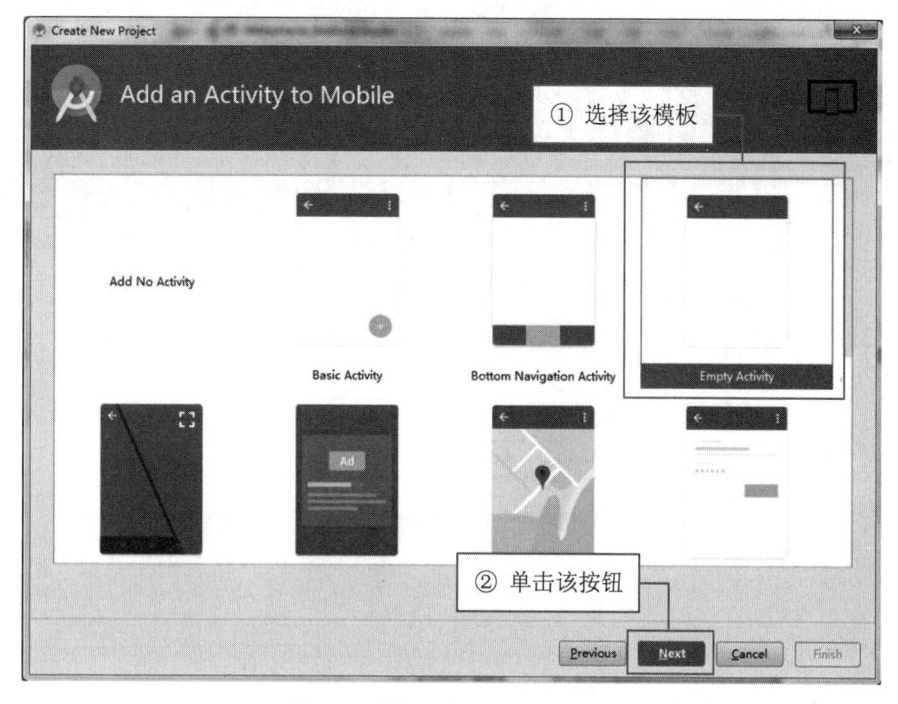

图 3.3 选择创建 Activity 的类型

（4）单击 Next 按钮，将进入自定义 Activity 对话框，在该对话框中，可以设置自动创建的 Activity 的类名和布局文件名称，这里采用默认设置，如图 3.4 所示。

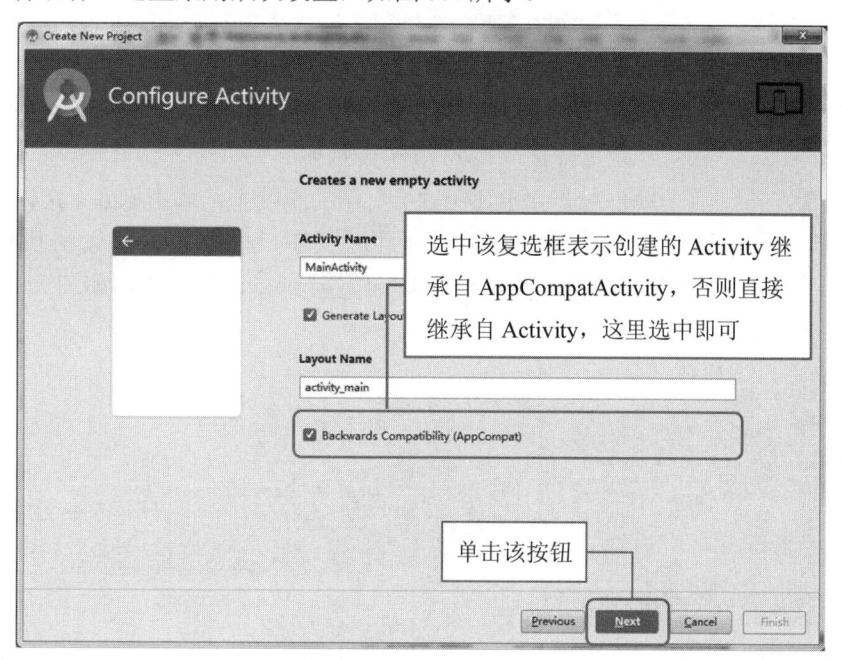

图 3.4 自定义 Activity

（5）单击 Next 按钮，将显示安装要求组件的对话框，在该对话框中加载完成后单击 Finish 按钮，如图 3.5 所示。

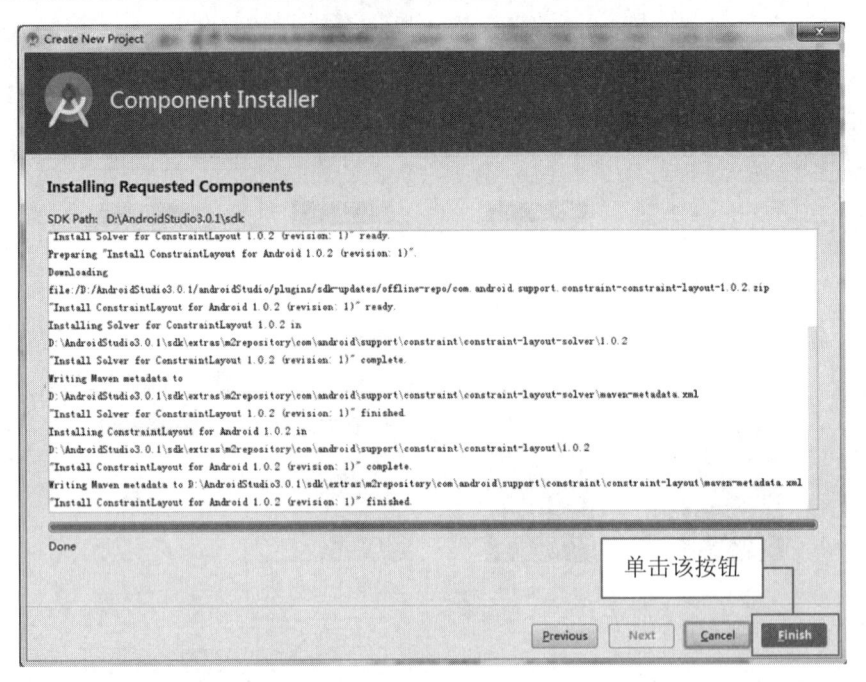

图 3.5 安装要求组件的对话框

（6）单击 Finish 按钮，将显示如图 3.6 所示的创建进度对话框（加载时间可能会比较长，请耐心等待），创建完成后，该对话框自动消失，同时打开当前创建的项目。

图 3.6 创建进度对话框

（7）在默认情况下，启动项目时会弹出如图 3.7 所示的小贴士，单击 Close 按钮，关闭即可进入 Android Studio 的主页，同时打开创建好的项目，此时主窗口底部将显示无法找到 SDK 需要的 'android-26' 提示，此处单击 Install missing platform(s) and sync project 超链接，如图 3.8 所示。

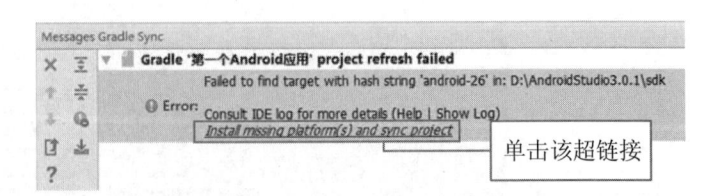

图 3.7 小贴士对话框　　　　　　　　图 3.8 无法找到 SDK 需要的 'android-26'

（8）单击超链接后，将显示如图 3.9 所示的下载许可协议对话框，在该对话框中选中 Accept 单选按钮接受许可协议，然后单击 Next 按钮即可下载 SDK 中所需要的 'android-26'。

**26**

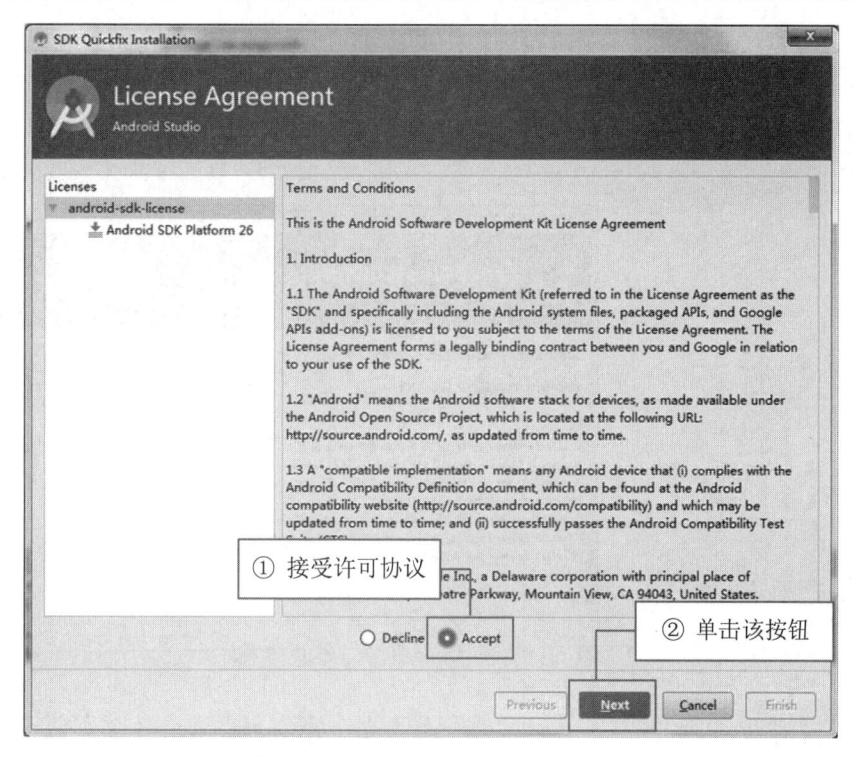

图 3.9　接受下载许可协议

（9）下载完成后，单击 Finish 按钮，如图 3.10 所示。

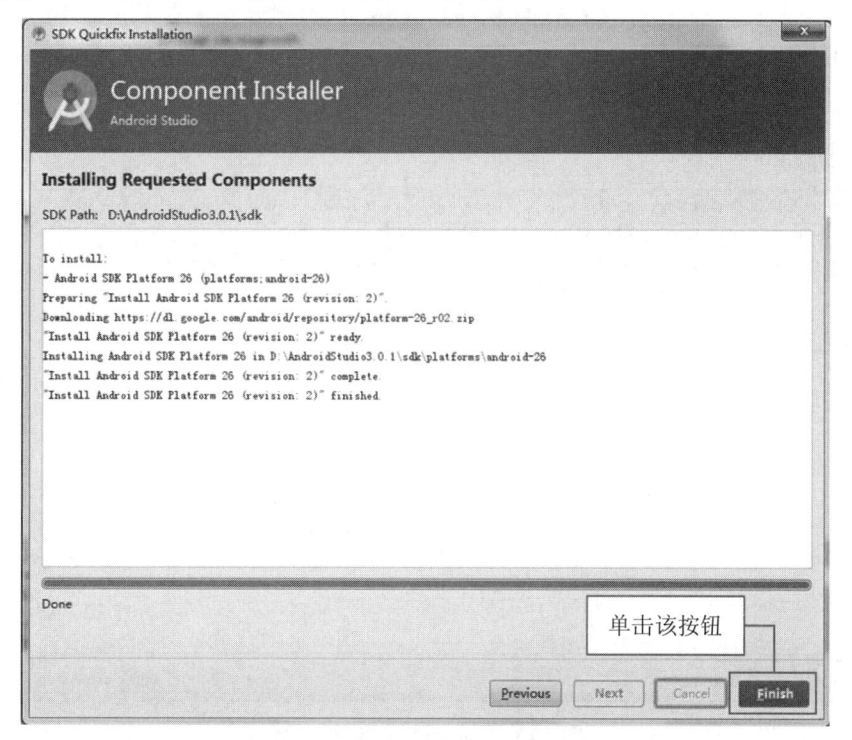

图 3.10　完成 SDK'android-26'的下载与安装

（10）此时，主窗口底部将显示无法找到构建工具 26.0.2 提示，此处同样单击 Install Build Tools 26.0.2 and sync project 超链接，如图 3.11 所示。

（11）单击超链接后，将显示下载构建工具 26.0.2 的对话框，下载完成后，单击 Finish 按钮，如图 3.12 所示。

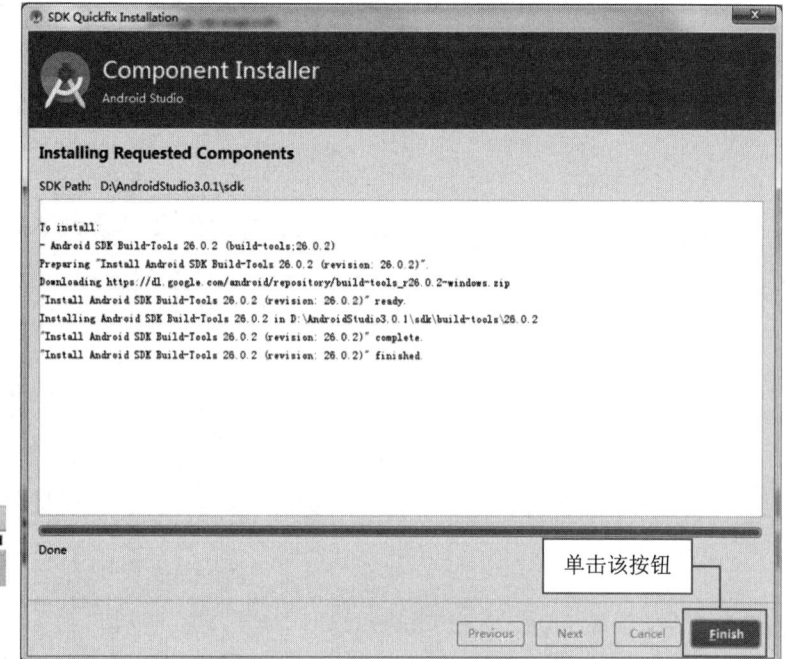

图 3.11　无法找到构建工具 26.0.2

图 3.12　完成构建工具 26.0.2 的下载与安装

此时，Android Studio 将自动同步 SDK 安装后的组件，同步完成后，默认显示 MainActivity.java 文件的内容，如图 3.13 所示。

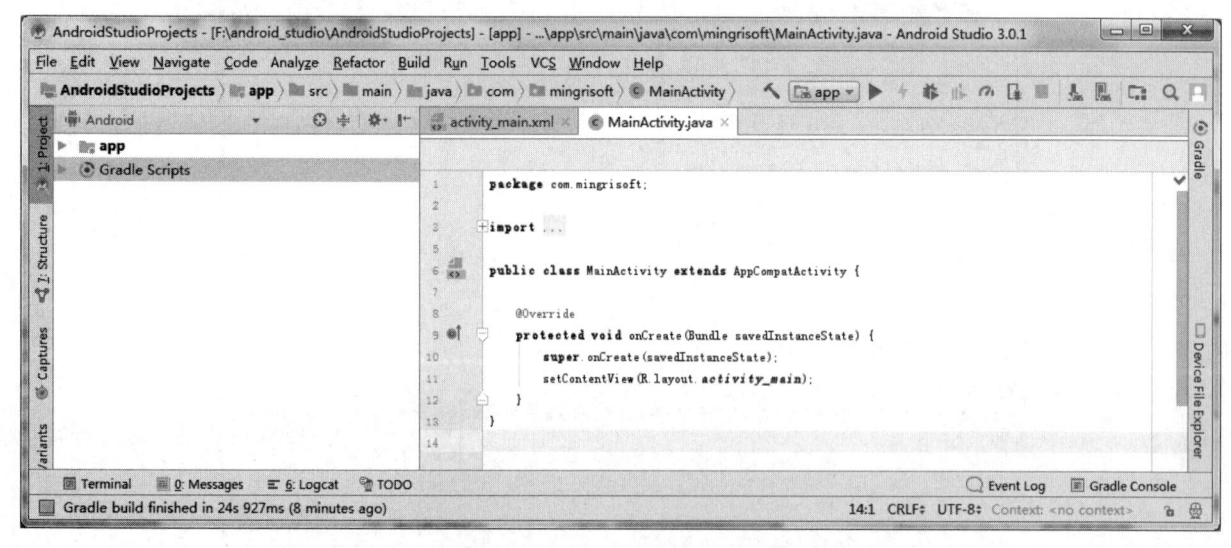

图 3.13　Android Studio 的主页

> **说明**
> 在使用 Android Studio 创建一个项目时，默认会创建一个名称为 app 的 Module（一个 Module 就是一个 Android 应用），展开 app 结构，如图 3.14 所示。

图 3.14　默认创建的 Module

> **说明**
> 在使用 Android Studio 创建过一个项目后，再次创建项目时，需要在已经打开的项目中选择 File→New→New Project 命令，打开创建新项目对话框。

## 3.2　Android 项目结构

在 Android Studio 中，提供了如图 3.15 所示的多种项目结构类型。其中，最常用的是 Android 和 Project。由于 Android 项目结构类型是创建项目后默认采用的，所以这里就使用这种结构类型。

图 3.15　Android Studio 提供的项目结构类型

采用 Android 项目结构时，各个子节点的作用如图 3.16 所示。

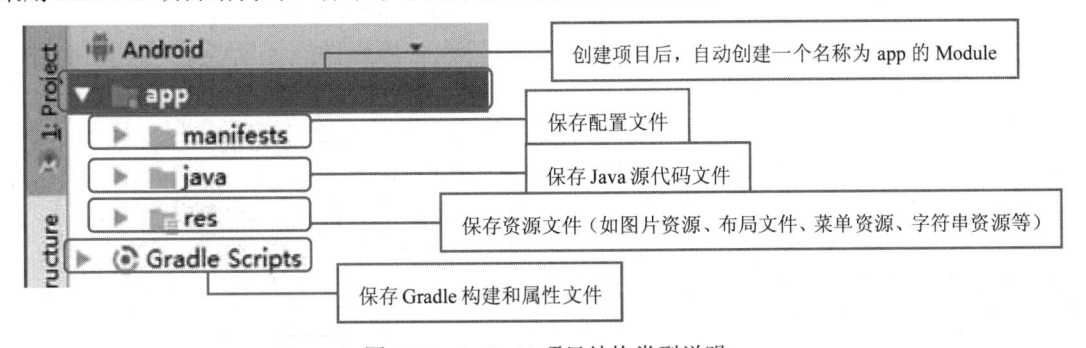

- app —— 创建项目后，自动创建一个名称为 app 的 Module
- manifests —— 保存配置文件
- java —— 保存 Java 源代码文件
- res —— 保存资源文件（如图片资源、布局文件、菜单资源、字符串资源等）
- Gradle Scripts —— 保存 Gradle 构建和属性文件

图 3.16　Android 项目结构类型说明

下面再对一些常用的节点进行详细介绍。

## 3.2.1 manifests 节点

manifests 节点用于显示 Android 应用程序的配置文件。通常情况下，每个 Android 应用程序必须包含一个 AndroidManifest.xml 文件，位于 manifests 节点下。它是整个 Android 应用的全局描述文件。在该文件内，需要标明应用的名称、使用图标、Activity 和 Service 等信息，否则程序不能正常启动。例如，"第一个 Android 应用"中的 AndroidManifest.xml 文件代码如下。

```xml
01 <?xml version="1.0" encoding="utf-8"?>
02 <manifest xmlns:android="http://schemas.android.com/apk/res/android"
03     package="com.mingrisoft">
04     <application
05         android:allowBackup="true"
06         android:icon="@mipmap/ic_launcher"
07         android:label="@string/app_name"
08         android:roundIcon="@mipmap/ic_launcher_round"
09         android:supportsRtl="true"
10         android:theme="@style/AppTheme">
11         <activity android:name=".MainActivity">
12             <intent-filter>
13                 <action android:name="android.intent.action.MAIN" />
14                 <category android:name="android.intent.category.LAUNCHER" />
15             </intent-filter>
16         </activity>
17     </application>
18 </manifest>
```

AndroidManifest.xml 文件中的重要元素及说明如表 3.1 所示。

表 3.1 AndroidManifest.xml 文件中的重要元素及说明

| 元 素 | 说 明 |
| --- | --- |
| manifest | 根节点，描述了 package 中所有的内容 |
| xmlns:android | 包含命名空间的声明，其属性值为 http://schemas.android.com/apk/res/android，表示 Android 中的各种标准属性能在该 xml 文件中使用，它提供了大部分元素中的数据 |
| package | 声明应用程序包 |
| application | 包含 package 中 application 级别组件声明的根节点，一个 manifest 中可以包含零个或者一个该元素 |
| android:icon | 应用程序图标 |
| android:label | 应用程序标签，即为应用程序指定名称 |
| android:theme | 应用程序采用的主题，例如，Android Studio 创建的项目默认采用@style/AppTheme |
| activity | 与用户交互的主要工具，它是用户打开一个应用程序的初始页面 |
| intent-filter | 配置 Intent 过滤器 |
| action | 组件支持的 Intent Action |
| category | 组件支持的 Intent Category，这里通常用来指定应用程序默认启动的 Activity |

> **注意**
> 在 Android 程序中，每一个 Activity 都需要在 AndroidManifest.xml 文件中有一个对应的<activity>标记。

## 3.2.2 java 节点

java 节点用于显示包含了 Android 程序的所有包及源文件（.java），例如，3.1 节的"第一个 Android 应用"项目的 java 节点展开效果如图 3.17 所示。

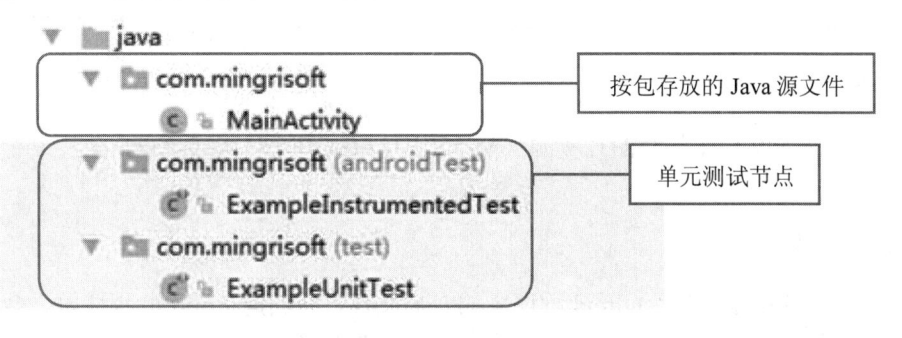

图 3.17　java 节点

默认生成的 MainActivity.java 文件的关键代码如下。

```
01  package com.mingrisoft;                              //指定包
02  //导入 Support v7 库中的 AppCompatActivity 类
03  import android.support.v7.app.AppCompatActivity;
04  import android.os.Bundle;                            //导入 Bundle 类
05  public class MainActivity extends AppCompatActivity {
06      //该方法在创建 Activity 时被回调，用于对该 Activity 执行初始化
07      @Override
08      protected void onCreate(Bundle savedInstanceState) {
09          super.onCreate(savedInstanceState);
10          setContentView(R.layout.activity_main);
11      }
12  }
```

从上面的代码可以看出，Android Studio 创建的 MainActivity 类默认继承自 AppCompatActivity 类（继承自 AppCompatActivity 类的 Activity 将带有 Action Bar），并且在该类中，重写了 Activity 类中的 onCreate()方法，在 onCreate()方法中通过 setContentView(R.layout.activity_main)方法设置当前的 Activity 要显示的布局文件。

> **说明**
> 这里使用 R.layout.activity_main 来获取 layout 目录中的 activity_main.xml 布局文件，这是因为在 Android 程序中，每个资源都会在 R.java 文件中生成一个索引，而通过这个索引，开发人员可以很方便地调用 Android 程序中的资源文件。

> **注意**
> 应用 Android Studio 创建的项目，R.java 文件位于新创建应用的<应用名称>build\generated\source\r\debug\<包路径>目录下。R.java 文件是只读文件，开发人员不能对其进行修改，当 res 包中的资源发生变化时，该文件会自动修改。

### 3.2.3 res 节点

该节点用来显示保存在 res 目录下的资源文件，当 res 目录中的文件发生变化时，R 文件会自动修改。在 res 目录中还包括一些子目录，下面将对这些子目录进行详细说明。

**1. drawable 子目录**

drawable 子目录通常用来保存图片资源（如 PNG\JPEG\GIF 图片、9-Patch 图片或者 Shape 资源文件等）。

**2. layout 子目录**

layout 子目录主要用来存储 Android 程序中的布局文件，在创建 Android 程序时，会默认生成一个 activity_main.xml 布局文件。例如，"第一个 Android 应用"项目的 layout 子目录的结构如图 3.18 所示。

图 3.18 layout 子目录的结构

在 Android Stuido 中打开 activity_main.xml 布局文件的代码如图 3.19 所示。

```xml
<?xml version="1.0" encoding="utf-8"?>
<android.support.constraint.ConstraintLayout xmlns:android="http://schemas.android.com/apk/res/android"
    xmlns:app="http://schemas.android.com/apk/res-auto"
    xmlns:tools="http://schemas.android.com/tools"
    android:layout_width="match_parent"
    android:layout_height="match_parent"
    tools:context="com.mingrisoft.MainActivity">

    <TextView
        android:layout_width="wrap_content"
        android:layout_height="wrap_content"
        android:text="Hello World!"
        app:layout_constraintBottom_toBottomOf="parent"
        app:layout_constraintLeft_toLeftOf="parent"
        app:layout_constraintRight_toRightOf="parent"
        app:layout_constraintTop_toTopOf="parent" />

</android.support.constraint.ConstraintLayout>
```

图 3.19 在 Android Stuido 中打开 activity_main.xml 文件的代码

activity_main.xml 布局文件中的重要元素及说明如表 3.2 所示。

表 3.2　activity_main.xml 布局文件中的重要元素及说明

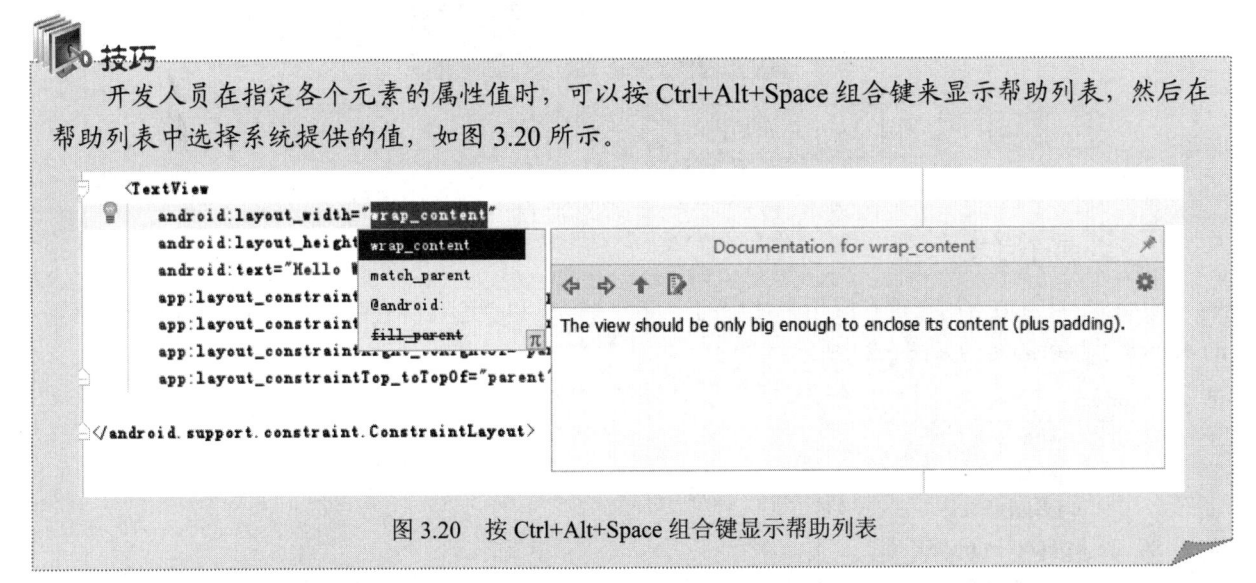

| 元　　素 | 说　　明 |
| --- | --- |
| ConstraintLayout | 布局管理器 |
| xmlns:android | 包含命名空间的声明，其属性值为 http://schemas.android.com/apk/res/android，表示 Android 中的各种标准属性能在该 xml 文件中使用，它提供了大部分元素中的数据，该属性一定不能省略 |
| xmlns:tools | 指定布局的默认工具 |
| android:layout_width | 指定当前视图在屏幕上所占的宽度 |
| android:layout_height | 指定当前视图在屏幕上所占的高度 |
| TextView | 文本框组件，用来显示文本 |
| android:text | 文本框组件显示的文本 |

**技巧**

开发人员在指定各个元素的属性值时，可以按 Ctrl+Alt+Space 组合键来显示帮助列表，然后在帮助列表中选择系统提供的值，如图 3.20 所示。

图 3.20　按 Ctrl+Alt+Space 组合键显示帮助列表

另外，Android Studio 提供了可视化的布局编辑器来辅助用户开发布局文件，如图 3.21 所示。在该编辑器内，可以通过拖曳组件实现界面布局。

### 3．mipmap 子目录

mipmap 子目录用于保存项目中应用的启动图标。为了保证良好的用户体验，需要为不同的分辨率提供不同的图片，并且分别存放在不同的目录中。通常情况下，Android Studio 会自动创建 mipmap-xxxhdpi（超超超高）、mipmap-xxhdpi（超超高）、mipmap-xhdpi（超高）、mipmap-hdpi（高）和 mipmap-mdpi（中）等 5 个目录，分别用于存放超超超高分辨率图片、超超高分辨率图片、超高分辨率图片、高分辨率图片和中分辨率图片，并且会自动创建对应 5 种分辨率的启动图标文件（ic_launcher.png）以及 mipmap-anydpi-v26 目录中的两个自适应图标文件，如图 3.22 所示。

**说明**

由于从 Android 7.1.1 开始系统中应用的图标为圆形图标，所以为了让其他版本的系统正常使用高版本开发的应用，mipmap 子目录中将自动生成圆形与方形两种图标。

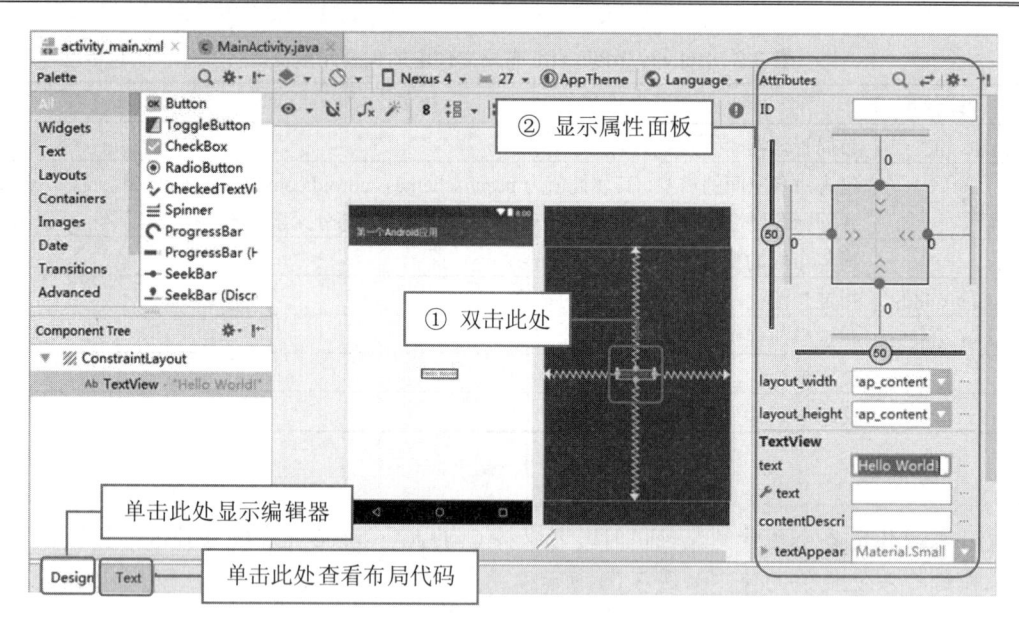

图 3.21　布局编辑器

### 4. values 子目录

values 子目录通常用于保存应用中使用的字符串、样式和颜色资源。例如，"第一个 Android 应用"的 values 子目录的结构如图 3.23 所示。

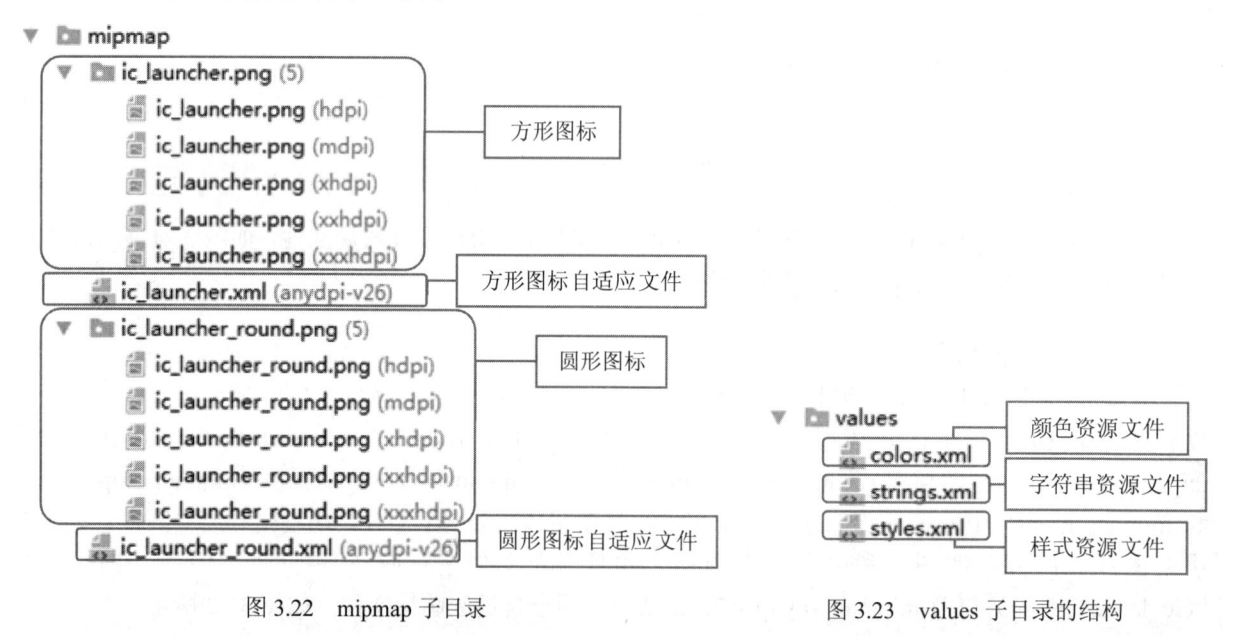

图 3.22　mipmap 子目录

图 3.23　values 子目录的结构

在开发国际化程序时，这种方式尤为方便，strings.xml 文件的代码如下。

```
01    <resources>
02        <string name="app_name">第一个 Android 应用</string>
03    </resources>
```

> **说明**
> 关于如何实现国际化程序，将在本书的 12.7 节进行详细介绍。

## 3.3 使用 Android 模拟器

Android 模拟器是 Google 官方提供的一款运行 Android 程序的虚拟机，可以模拟手机/平板电脑等设备。作为 Android 开发人员，不管你有没有基于 Android 操作系统的设备，都可能需要在 Android 模拟器上测试自己开发的 Android 程序。

由于启动 Android 模拟器需要配置 AVD，所以在运行 Android 程序之前，首先需要创建 AVD。创建 AVD 并启动 Android 模拟器的步骤如下。

> **说明**
> AVD 是 Android Virtual Device 的简称。通过它可以对 Android 模拟器进行自定义的配置，能够配置 Android 模拟器的硬件列表、模拟器的外观、支持的 Android 系统版本、附加 SDK 库和存储设置等。开发人员配置好 AVD 以后就可以按照这些配置来模拟真实的设备。

（1）单击 Android Studio 工具栏上的图标，显示 AVD 管理器对话框，如图 3.24 所示。

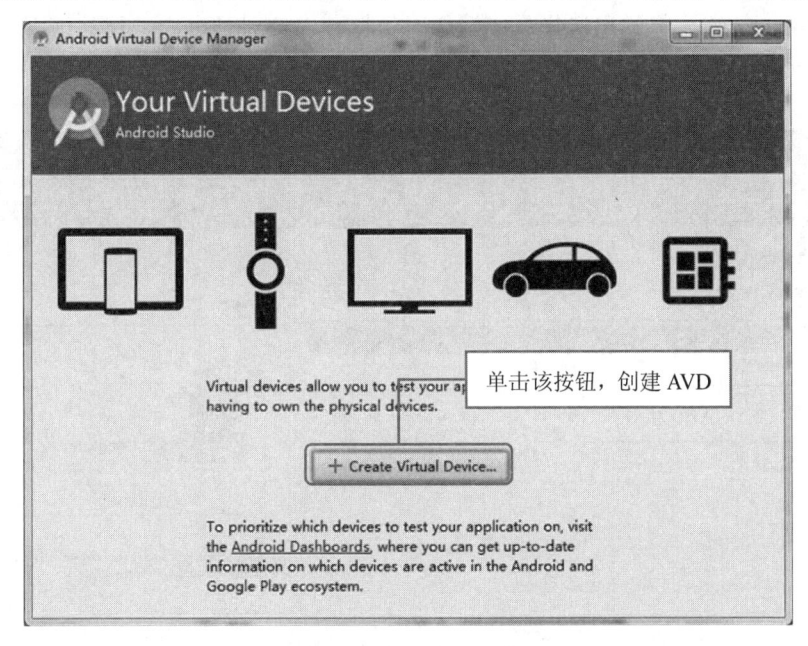

图 3.24　AVD 管理器对话框

（2）单击+Create Virtual Device...按钮，将弹出 Select Hardware 对话框，在该对话框中，选择想要模拟的设备。例如，如果我们要模拟 3.2 寸 HVGA 的设备，那么可以选择 3.2" HVGA slider(ADP1)，如

图 3.25 所示。

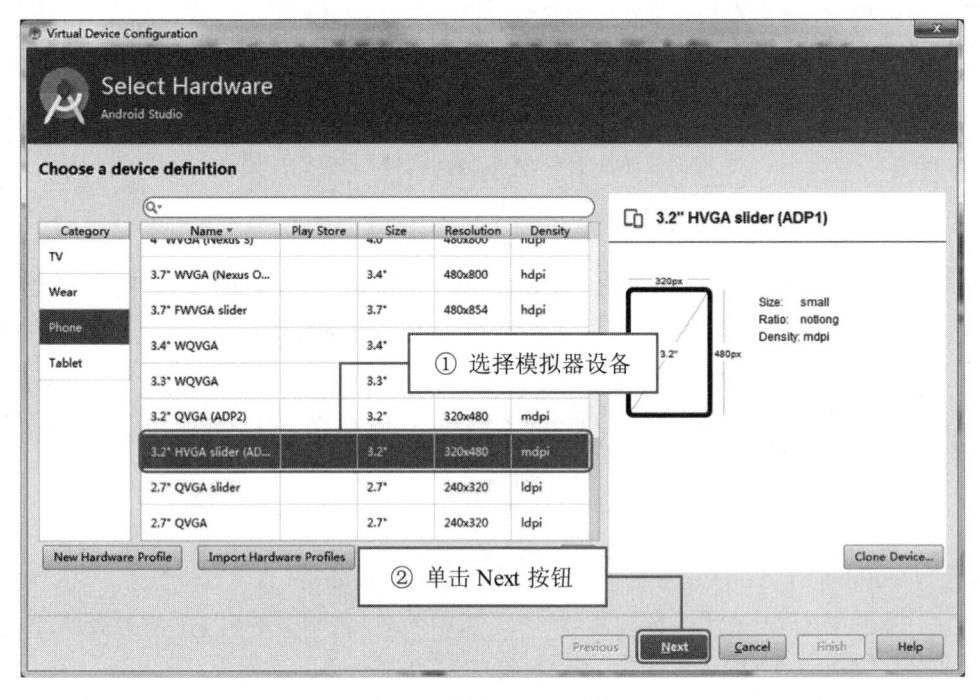

图 3.25　创建 AVD 对话框

（3）单击 Next 按钮，将弹出选择系统镜像对话框，在该对话框中，默认情况下，只能使用已经下载好的 ABI 为 x86 的系统镜像，如图 3.26 所示，这里选择它即可。

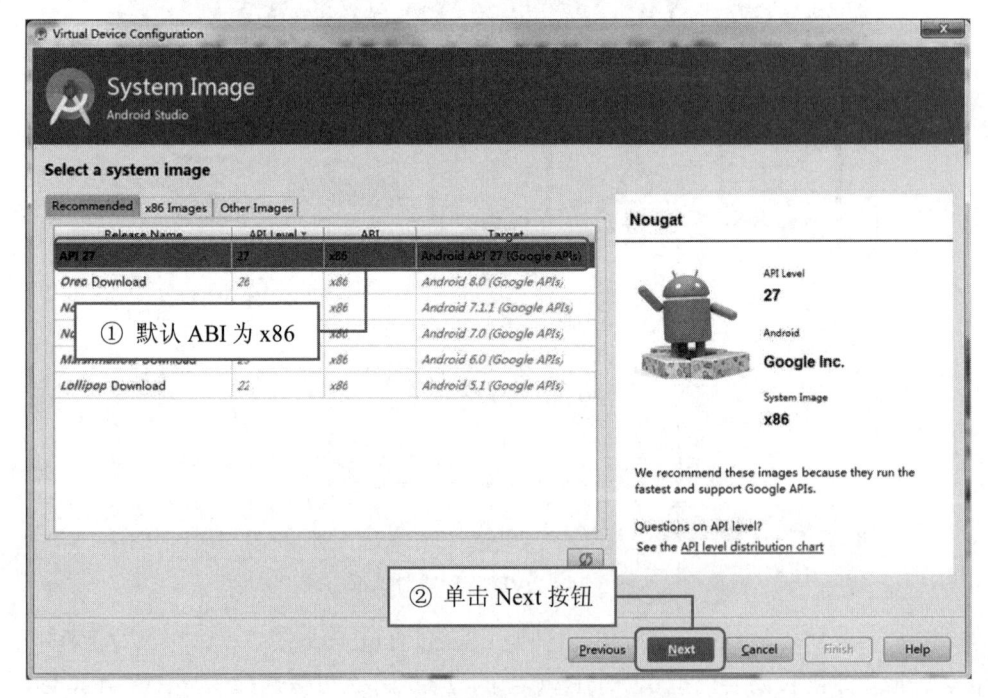

图 3.26　选择系统镜像对话框

> **说明**
>
> 如果没有可选择的系统镜像，也可以单击 Download 下载需要的其他版本的系统镜像。

（4）单击 Next 按钮，将弹出验证配置对话框，在 AVD Name 文本框中输入 AVD 名称，这里设置为 AVD，其他采用默认，如图 3.27 所示。

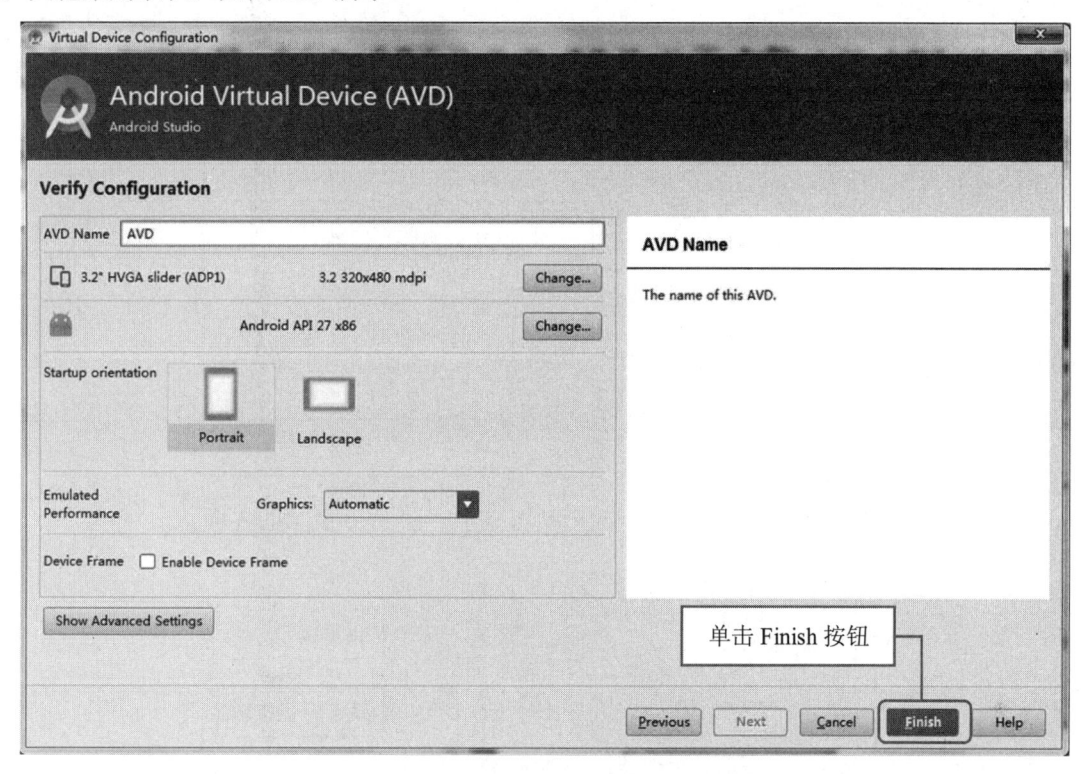

图 3.27　验证配置对话框

（5）单击 Finish 按钮，完成 AVD 的创建。AVD 创建完成后，将显示在 AVD Manager 对话框中，如图 3.28 所示。

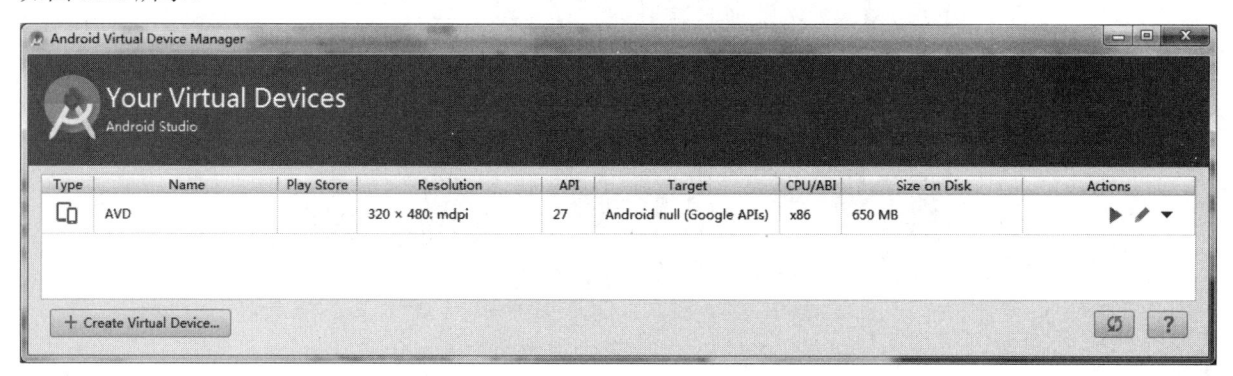

图 3.28　创建完成的 AVD

> **说明**
>
> 在图 3.28 所示的 AVD Manager 对话框中，单击 ▶ 按钮，可以启动 AVD；单击 ✏ 按钮，可以编辑当前 AVD 的配置信息；单击 ▼ 按钮，将弹出如图 3.29 所示的快捷菜单，通过该菜单可以实现查看 AVD 的详细配置、删除 AVD 或者停止已经启动的模拟器等操作；单击 [+ Create Virtual Device...] 按钮，可以再创建新的 AVD。
>
> Duplicate —— 复制 AVD
> Wipe Data —— 清空数据
> Show on Disk —— 打开 AVD 在磁盘上的保存位置
> View Details —— 显示详细配置信息
> Delete —— 删除 AVD
> Stop —— 停止启动的模拟器
>
> 图 3.29　AVD 快捷菜单

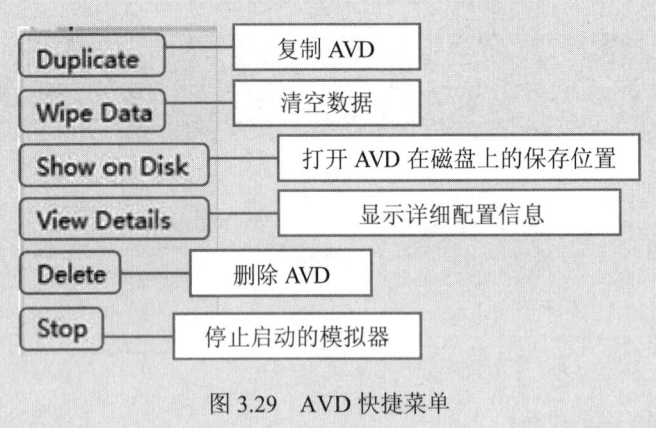

（6）单击 ▶ 按钮，即可启动 AVD。第一次启动将显示如图 3.30 所示的界面。

锁屏按钮
调节音量按钮
模拟器旋转
截屏按钮
区域放大与缩小
返回按钮
主界面按钮
显示开启应用
参数设置

图 3.30　第一次启动时的界面

## 3.4 运行 Android 应用

创建 Android 应用程序后，还需要运行查看其显示结果。要运行 Android 应用程序，可以有两种方法：一种是通过 Android 提供的模拟器来运行应用；另一种是在电脑上连接手机，然后通过该手机来运行应用，下面分别进行介绍。

使用模拟器来运行 Android 应用适用于没有 Android 手机，或者测试各系统版本下应用的兼容性的情况。在 Android Studio 中，通过模拟器运行 3.1 节编写的"第一个 Android 应用"的具体步骤如下。

（1）启动模拟器。

（2）在工具栏中找到 app 下拉列表框，选择要运行的应用（这里为 app），再单击右侧的▶按钮，将弹出如图 3.31 所示的选择设备对话框。

（3）单击 OK 按钮，启动模拟器，并运行程序。启动完毕后，在模拟器中将显示刚刚创建的应用，运行效果如图 3.32 所示。

图 3.31　选择设备对话框　　　　　图 3.32　应用程序的运行效果

## 3.5 小　　结

本章首先介绍了如何创建一个 Android 程序，然后对一个标准的 Android 项目的结构进行说明，接下来又介绍了如何管理 Android 模拟器，最后介绍了如何使用 Android 模拟器运行 Android 项目。其中，创建 Android 应用程序、管理 Android 模拟器和通过模拟器运行项目需要重点掌握，对于 Android 项目结构只要了解即可。

# 第 4 章

## 用户界面设计基础

（视频讲解：2 小时 47 分钟）

通过前面的学习，相信读者已经对 Android 有了一定的了解，本章将学习 Android 开发中一项很重要的内容——用户界面设计。Android 提供了多种控制 UI 界面的方法、布局方式，以及大量功能丰富的 UI 组件，通过这些组件，可以像搭积木一样，开发出优秀的用户界面。

## 4.1  UI 设计相关的概念

我们要开发的 Android 应用是运行在手机或者平板电脑上的程序，这些程序给用户的第一印象就是用户界面，也就是 User Interface，简称 UI。在 Android 中，进行用户界面设计可以称为 UI 设计，在进行 UI 设计时，经常会用到 View 和 ViewGroup。对于初识 Android 的人来说，一般不好理解。下面将对这两个概念进行详细介绍。

### 4.1.1  View

View 在 Android 中可以理解为视图。它占据屏幕上的一个矩形区域，负责提供组件绘制和事件处理的方法。如果把 Android 界面比喻成窗户，那么每块玻璃都是一个 View，如图 4.1 所示。View 类是所有的 UI 组件（如第 3 章创建的实例"第一个 Android 应用"中使用的 TextView 就是 UI 组件）的基类。

> **说明**
> View 类位于 android.view 包中；文本框组件 TextView 是 View 类的子类，位于 android.widget 包中。

在 Android 中，View 类及其子类的相关属性，既可以在 XML 布局文件中进行设置，也可以通过成员方法在 Java 代码中动态设置。View 类常用的属性及对应的方法如表 4.1 所示。

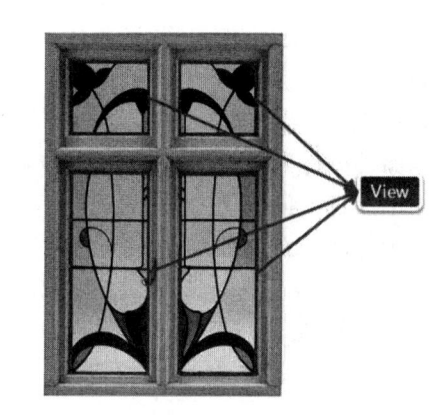

图 4.1  View 示意图

表 4.1  View 类支持的常用 XML 属性及对应的方法

| XML 属性 | 方法 | 描述 |
| --- | --- | --- |
| android:background | setBackgroundResource(int) | 设置背景，其属性值为 Drawable 资源或者颜色值 |
| android:clickable | setClickable(boolean) | 设置是否响应单击事件，其属性值为 boolean 型的 true 或者 false |
| android:elevation | setElevation(float) | Android API 21 新添加的，用于设置 z 轴深度，其属性值为带单位的有效浮点数 |
| android:id | setId(int) | 设置组件的唯一标识符 ID，可以通过 findViewById()方法获取 |
| android:longClickable | setLongClickable(boolean) | 设置是否响应长单击事件，其属性值为 boolean 型的 true 或者 false |
| android:minHeight | setMinimumHeight(int) | 设置最小高度，其属性值为带单位的整数 |
| android:minWidth | setMinimumWidth(int) | 设置最小宽度，其属性值为带单位的整数 |
| android:onClick | | 设置单击事件触发的方法 |
| android:padding | setPaddingRelative(int,int,int,int) | 设置 4 个边的内边距 |

续表

| XML 属性 | 方法 | 描述 |
|---|---|---|
| android:paddingBottom | setPaddingRelative(int,int,int,int) | 设置底边的内边距 |
| android:paddingEnd | setPaddingRelative(int,int,int,int) | 设置右边的内边距 |
| android:paddingLeft | setPadding(int,int,int,int) | 设置左边的内边距 |
| android:paddingRight | setPadding(int,int,int,int) | 设置右边的内边距 |
| android:paddingStart | setPaddingRelative(int,int,int,int) | 设置左边的内边距 |
| android:paddingTop | setPaddingRelative(int,int,int,int) | 设置顶边的内边距 |
| android:visibility | setVisibility(int) | 设置 View 的可见性 |

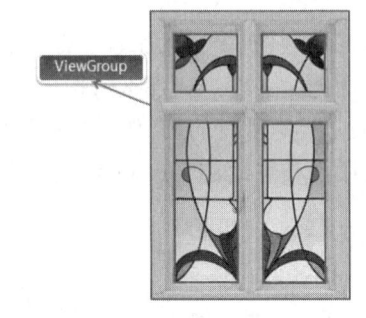

## 4.1.2 ViewGroup

ViewGroup 在 Android 中代表容器。如果还用窗户来比喻的话，ViewGroup 就相当于窗户框，用于控制玻璃的安放，如图 4.2 所示。ViewGroup 类继承自 View 类，它是 View 类的扩展，是用来容纳其他组件的容器，但是由于 ViewGroup 是一个抽象类，所以在实际应用中通常是使用 ViewGroup 的子类来作为容器，例如，将要在 4.3 节中介绍的布局管理器。

ViewGroup 控制其子组件的分布时（例如，设置子组件的内边距、宽度和高度等），还经常依赖于 ViewGroup.LayoutParams 和 ViewGroup.MarginLayoutParams 两个内部类，下面分别进行介绍。

图 4.2　ViewGroup 示意图

### 1. ViewGroup.LayoutParams 类

ViewGroup.LayoutParams 类封装了布局的位置、高和宽等信息。它支持 android:layout_height 和 android:layout_width 两个 XML 属性，它们的属性值，可以使用精确的数值，也可以使用 FILL_PARENT（表示与父容器相同）、MATCH_PARENT（表示与父容器相同，需要 API 8 或以上版本才支持）或者 WRAP_CONTENT（表示包裹其自身的内容）指定。

### 2. ViewGroup.MarginLayoutParams 类

ViewGroup.MarginLayoutParams 类用于控制其子组件的外边距，它支持的常用属性如表 4.2 所示。

表 4.2　ViewGroup.MarginLayoutParams 类支持的常用 XML 属性

| XML 属性 | 描述 |
|---|---|
| android:layout_marginBottom | 设置底外边距 |
| android:layout_marginEnd | 该属性为 Android 4.2 新增加的属性，设置右外边距 |
| android:layout_marginLeft | 设置左外边距 |
| android:layout_marginRight | 设置右外边距 |
| android:layout_marginStart | 该属性为 Android 4.2 新增加的属性，用于设置左外边距 |
| android:layout_marginTop | 设置顶外边距 |

在 Android 中，所有的 UI 界面都是由 View 类和 ViewGroup 类及其子类组合而成的。在 ViewGroup 类中，除了可以包含普通的 View 类外，还可以再次包含 ViewGroup 类。实际上，这使用了 Composite（组合）设计模式。View 类和 ViewGroup 类的层次结构如图 4.3 所示。

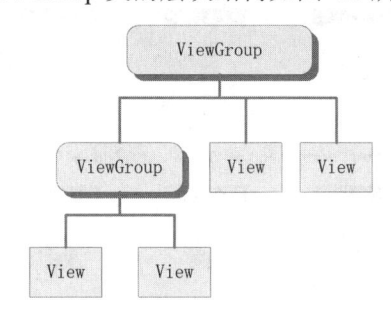

图 4.3　View 类和 ViewGroup 类的层次结构

## 4.2　控制 UI 界面

用户界面设计是 Android 应用开发的一项重要内容。在进行用户界面设计时，需要先了解界面中的 UI 元素如何呈现给用户，也就是采用何种控制 UI 界面的方法呈现给用户。

### 4.2.1　使用 XML 布局文件控制 UI 界面

Android 提供了一种非常简单、方便的方法用于控制 UI 界面。该方法采用 XML 文件来进行界面布局，从而将布局界面的代码和逻辑控制的 Java 代码分离开来，使程序的结构更加清晰、明了。

使用 XML 布局文件控制 UI 界面可以分为以下两个关键步骤。

（1）在 Android 应用的 res\layout 目录下创建 XML 布局文件，该布局文件的名称可以采用任何符合 Java 命名规则的文件名。

（2）在 Activity 中使用以下 Java 代码显示 XML 文件中布局的内容。

setContentView(R.layout.*activity_main*);

在上面的代码中，activity_main 是 XML 布局文件的文件名。

通过上面的步骤就可以轻松实现布局并显示 UI 界面的功能。下面通过一个例子来演示如何使用 XML 布局文件控制 UI 界面。

【例 4.01】　游戏的开始界面（**实例位置：资源包\源码\04\4.01**）

（1）在 Android Studio 中打开一个已经存在的项目，然后在主菜单中选择 File → New → New Module 命令，将打开新建模块对话框，如图 4.4 所示。在该对话框中选择 Phone & Tablet Module 选项，创建针对手机或平板电脑的应用。

（2）单击 Next 按钮，将进入配置新模块对话框，在该对话框中指定应用名称、模块名称、包名和最小 SDK 版本等信息，如图 4.5 所示。

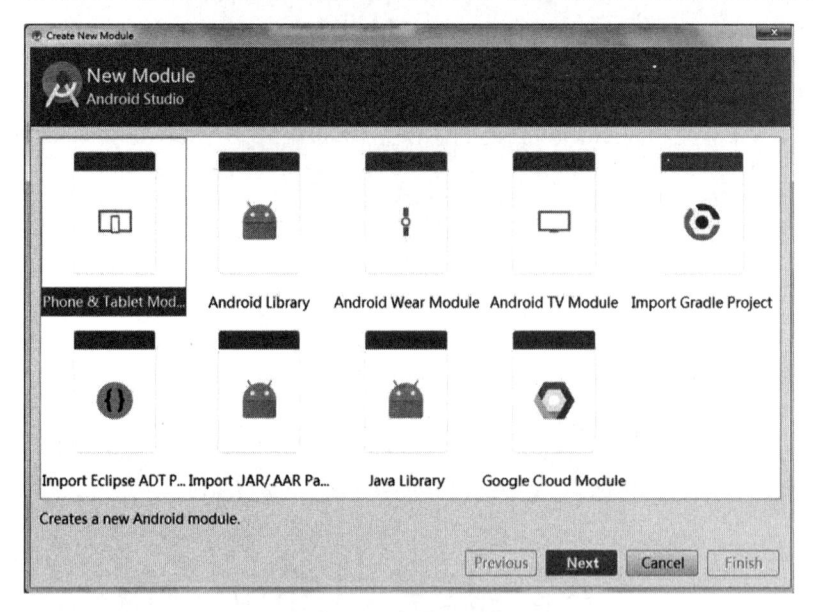

图 4.4　新建模块对话框

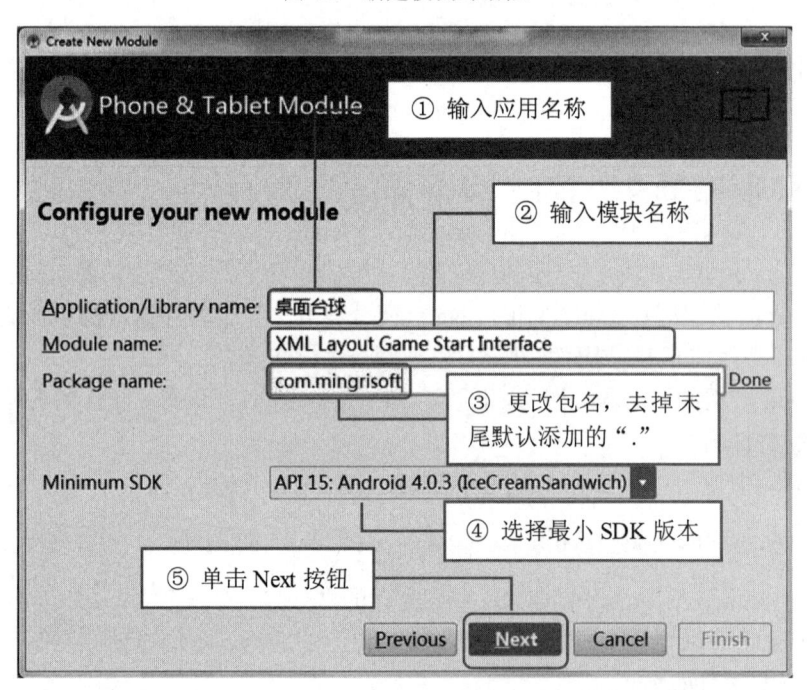

图 4.5　配置新的 Module

（3）单击 Next 按钮，将进入选择创建 Activity 类型对话框，在该对话框中，将列出一些用于创建 Activity 的模板，这里我们选择创建一个空白的 Activity，即 Empty Activity。然后单击 Next 按钮，在弹出的自定义 Activity 对话框中，设置自动创建的 Activity 的类名和布局文件名称，这里采用默认设置，单击 Finish 按钮完成 Module 的创建。

（4）把名称为 bg.png 的背景图片复制到 mipmap-xhdpi 目录中。

> **说明**
> 每个实例中使用的图片资源文件都放在相应实例源码的 mipmap 或 drawable 目录下。以第 4 章例 4.01 为例，图片资源文件位置为资源包\源码\04\4.01\XML Layout Game Start Interface\src\main\res\mipmap-xhdpi\bg.png。

（5）修改 res\values 节点下的 strings.xml 文件，并且在该文件中添加一个用于定义开始按钮内容的常量，名称为 start，内容为"开始游戏"，修改后的代码如下。

```
01  <resources>
02      <string name="app_name">桌面台球</string>
03      <string name="start">开始游戏</string>
04  </resources>
```

> **说明**
> strings.xml 文件用于定义程序中应用的字符串常量。其中，每一个<string>子元素都可以定义一个字符串常量，常量名称由 name 属性指定，常量内容写在起始标记<string>和结束标记</string>之间。

（6）修改新建 Module 的 res\layout 节点下的布局文件 activity_main.xml，将默认创建的布局管理器修改为帧布局管理器 FrameLayout，并且为其设置背景，然后修改默认添加的 TextView 组件，用于实现在窗体的正中间位置显示"开始游戏"按钮，修改后的代码如下。

```
01  <FrameLayout xmlns:android="http://schemas.android.com/apk/res/android"
02      xmlns:tools="http://schemas.android.com/tools"
03      android:layout_width="match_parent"
04      android:layout_height="match_parent"
05      android:background="@mipmap/bg"
06      android:paddingBottom="16dp"
07      android:paddingLeft="16dp"
08      android:paddingRight="16dp"
09      android:paddingTop="16dp"
10      tools:context="com.mingrisoft.MainActivity" >
11      <TextView
12          android:layout_width="wrap_content"
13          android:layout_height="wrap_content"
14          android:layout_gravity="center"
15          android:textSize="18sp"
16          android:textColor="#115572"
17          android:text="@string/start" />
18  </FrameLayout>
```

> **说明**
> 在布局文件 activity_main 中，通过设置布局管理器的 android:background 属性，可以为窗体设置背景图片；使用 android:layout_gravity="center"可以让该组件在帧布局中居中显示；android:textSize 属性用于设置字体大小；android:textColor 属性用于设置文字的颜色。

（7）在主活动中，也就是 MainActivity 中，应用 setContentView()方法指定活动应用的布局文件。不过，在应用 Android Studio 创建 Android 应用时，Android Studio 会自动在主活动的 onCreate()方法中添加以下代码指定使用的布局文件，不需要我们手动添加。

setContentView(R.layout.*activity_main*);

> **说明**
> 由于目前还没有学习 Android 中的 UI 组件，所以这里的"开始游戏"按钮先使用文本框组件代替。在实际应用开发时，通常采用按钮组件实现。

（8）启动模拟器，在工具栏中找到 app 下拉列表框，选择要运行的应用（这里为 XML Layout Game Start Interface），再单击右侧的▶按钮，在选择设备对话框中选择已经启动的模拟器，然后单击 OK 按钮。启动完毕后，在模拟器中将显示刚刚创建的应用，运行效果如图 4.6 所示。

## 4.2.2 开发自定义的 View

一般情况下，开发 Android 应用程序的 UI 界面都不直接使用 View 类和 ViewGroup 类，而是使用这两个类的子类。例如，要显示一个图片，就可以使用 View 类的子类 ImageView。虽然 Android 提供了很多继承了 View 类的 UI 组件，但是在实际开发时，还会出现不足以满足程序需要的情况。这时，我们就可以通过继承 View 类来开发自己的组件。开发自定义的 View 组件大致分为以下 3 个步骤。

图 4.6　实现游戏的开始界面

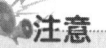

（1）创建一个继承 android.view.View 类的 Java 类，并且重写构造方法。

> **注意**
> 在自定义的 View 类中，至少需要重写一个构造方法。

（2）根据需要重写其他的方法。被重写的方法可以通过下面的方法找到。

在代码中右击，在弹出的快捷菜单中选择 Generate 命令，将打开如图 4.7 所示的快捷菜单，在该菜单中选择 Override Methods...命令，将打开如图 4.8 所示的覆盖或实现的方法对话框，在该对话框的列表中显示了可以被重写的方法。我们只需要选中要重写的方法，并单击 OK 按钮，Android Studio 将自动重写指定的方法。通常情况下，不需要重写全部的方法。

（3）在项目的活动中，创建并实例化自定义 View 类，然后将其添加到布局管理器中。

下面通过一个实例演示如何开发自定义的 View。

【例 4.02】　跟随手指的小兔子（**实例位置：资源包\源码\04\4.02**）

在 Android Studio 中创建 Module，名称为 Follow Finger Bunny。在该 Module 中实现本实例，具体步骤如下。

图 4.7　生成快捷菜单　　　　　图 4.8　覆盖或实现的方法对话框

（1）修改新建 Module 的 res\layout 节点下的布局文件 activity_main.xml，将默认创建的布局管理器修改为帧布局管理器 FrameLayout，并且设置其背景和 id 属性，然后将 TextView 组件删除。修改后的代码如下。

```
01  <FrameLayout xmlns:android="http://schemas.android.com/apk/res/android"
02      xmlns:tools="http://schemas.android.com/tools"
03      android:layout_width="match_parent"
04      android:layout_height="match_parent"
05      android:background="@mipmap/background"
06      android:id="@+id/mylayout"
07      android:paddingBottom="16dp"
08      android:paddingLeft="16dp"
09      android:paddingRight="16dp"
10      android:paddingTop="16dp"
11      tools:context="com.mingrisoft.MainActivity" >
12  </FrameLayout>
```

（2）在 com.mingrisoft 包上右击，在弹出的快捷菜单中选择 View→Java Class 命令，新建一个名称为 RabbitView 的 Java 类，该类继承自 android.view.View 类，重写带一个参数 Context 的构造方法和 onDraw()方法。其中，在构造方法中设置兔子的默认显示位置，在 onDraw()方法中根据图片绘制小兔子。RabbitView 类的关键代码如下。

```
01  public class RabbitView extends View {
02      public float bitmapX;                    //兔子显示位置的 X 坐标
03      public float bitmapY;                    //兔子显示位置的 Y 坐标
04      public RabbitView(Context context) {     //重写构造方法
05          super(context);
06          bitmapX = 210;                       //设置兔子的默认显示位置的 X 坐标
07          bitmapY = 130;                       //设置兔子的默认显示位置的 Y 坐标
08      }
09      @Override
```

```
10      protected void onDraw(Canvas canvas) {
11          super.onDraw(canvas);
12          Paint paint = new Paint();                    //创建并实例化 Paint 对象
13          Bitmap bitmap = BitmapFactory.decodeResource(this.getResources(),
14              R.mipmap.rabbit);                         //根据图片生成位图对象
15          canvas.drawBitmap(bitmap, bitmapX, bitmapY, paint); //绘制小兔子
16          if (bitmap.isRecycled()) {                    //判断图片是否回收
17              bitmap.recycle();                         //强制回收图片
18          }
19      }
20  }
```

（3）在 MainActivity 的 onCreate()方法中，首先获取帧布局管理器，并实例化小兔子对象 rabbit，然后为 rabbit 添加触摸事件监听器，在重写的触摸事件中设置 rabbit 的显示位置，并重绘 rabbit 组件，最后将 rabbit 添加到布局管理器中，关键代码如下。

```
01  FrameLayout frameLayout=(FrameLayout)findViewById(R.id.mylayout);   //获取帧布局管理器
02  final RabbitView rabbit=new RabbitView(this);         //创建并实例化 RabbitView 类
03  //为小兔子添加触摸事件监听
04  rabbit.setOnTouchListener(new View.OnTouchListener() {
05
06          @Override
07          public boolean onTouch(View v, MotionEvent event) {
08              rabbit.bitmapX=event.getX();              //设置小兔子显示位置的 X 坐标
09              rabbit.bitmapY=event.getY();              //设置小兔子显示位置的 Y 坐标
10              rabbit.invalidate();                      //重绘 rabbit 组件
11              return true;
12          }
13      });
14  frameLayout.addView(rabbit);                          //将 rabbit 添加到布局管理器中
```

（4）在工具栏中找到 app 下拉列表框，选择要运行的应用（这里为 Follow Finger Bunny），再单击右侧的▶按钮，将显示如图 4.9 所示的运行结果。当用手指在屏幕上拖曳时，小兔子将跟随手指的拖曳轨迹移动。

图 4.9　跟随手指的小兔子

> **说明**
> 单击模拟器右侧菜单栏中的旋转按钮，可以将模拟器屏幕切换为横屏状态。

## 4.3 布局管理器

在 Android 中，每个组件在窗体中都有具体的位置和大小，在窗体中摆放各种组件时，很难进行判断。不过，使用 Android 布局管理器可以很方便地控制各组件的位置和大小。Android 提供了以下 5 种布局管理器。

- ☑ 相对布局管理器（RelativeLayout）：通过相对定位的方式来控制组件的摆放位置。
- ☑ 线性布局管理器（LinearLayout）：是指在垂直或水平方向上依次摆放组件。
- ☑ 帧布局管理器（FrameLayout）：没有任何定位方式，默认情况下，所有的组件都会摆放在容器的左上角，逐个覆盖。
- ☑ 表格布局管理器（TableLayout）：使用表格的方式按行、列来摆放组件。
- ☑ 绝对布局管理器（AbsoluteLayout）：通过绝对定位（X、Y 坐标）的方式来控制组件的摆放位置。

其中，绝对布局在 Android 2.0 中被标记为已过期，不过可以使用帧布局或相对布局替代。另外，在 Android 4.0 版本以后，又提供了一个新的布局管理器——网格布局管理器（GridLayout）。通过它可以实现跨行或跨列摆放组件。

Android 提供的布局管理器均直接或间接地继承自 ViewGroup，如图 4.10 所示。因此，所有的布局管理器都可以作为容器使用，我们可以向布局管理器中添加多个 UI 组件。当然，也可以将一个或多个布局管理器嵌套到其他的布局管理器中，在本章的 4.3.6 节中将对布局管理器的嵌套进行介绍。

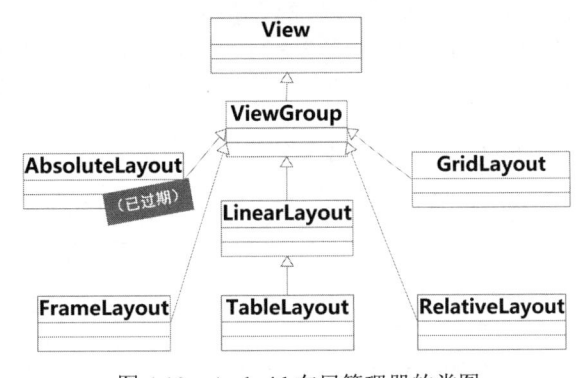

图 4.10　Android 布局管理器的类图

### 4.3.1 相对布局管理器

相对布局管理器是通过相对定位的方式让组件出现在布局的任何位置。例如，图 4.11 所示的界面就是采用相对布局管理器来进行布局的，其中先放置组件 A，然后放置组件 B，让其位于组件 A 的下方,再放置组件 C,让其位于组件 A 的下方,并且位于组件 B 的右侧。

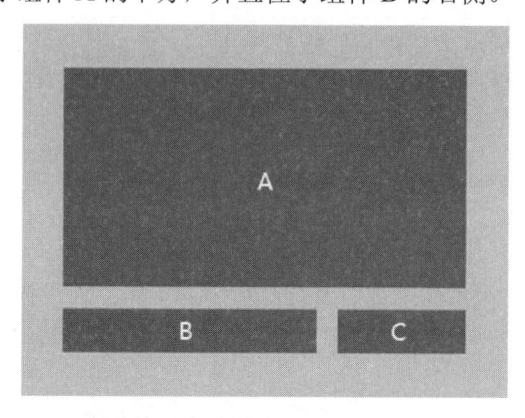

图 4.11 相对布局管理器示意图

在 Android 中,可以在 XML 布局文件中定义相对布局管理器,也可以使用 Java 代码来创建。推荐使用在 XML 布局文件中定义相对布局管理器。在 XML 布局文件中,定义相对布局管理器可以使用 <RelativeLayout>标记,其基本的语法格式如下。

```
<RelativeLayout xmlns:android="http://schemas.android.com/apk/res/android"
属性列表
>
</RelativeLayout>
```

在上面的语法中,<RelativeLayout>为起始标记;</RelativeLayout>为结束标记。在起始标记中的 xmlns:android 为设置 XML 命名空间的属性,其属性值为固定写法。

**说明**

在 Android 中,无论是创建哪一种布局管理器都有两种方法,一种是在 XML 布局文件中定义,另一种是使用 Java 代码来创建。推荐使用的是在 XML 布局文件中定义,所以在本书中将只介绍在 XML 布局文件中创建这一种方法。

RelativeLayout 支持的常用 XML 属性如表 4.3 所示。

表 4.3 RelativeLayout 支持的常用 XML 属性

| XML 属性 | 描 述 |
| --- | --- |
| android:gravity | 用于设置布局管理器中各子组件的对齐方式 |
| android:ignoreGravity | 用于指定哪个组件不受 gravity 属性的影响 |

在相对布局管理器中,只有上面介绍的两个属性是不够的,为了更好地控制该布局管理器中各子组件的布局分布,RelativeLayout 提供了一个内部类 RelativeLayout.LayoutParams,通过该类提供的大量 XML 属性,可以很好地控制相对布局管理器中各组件的分布方式。RelativeLayout.LayoutParams 支持的 XML 属性如表 4.4 所示。

表 4.4　RelativeLayout.LayoutParams 支持的常用 XML 属性

| XML 属性 | 描　述 |
| --- | --- |
| android:layout_above | 其属性值为其他 UI 组件的 id 属性，用于指定该组件位于哪个组件的上方 |
| android:layout_alignBottom | 其属性值为其他 UI 组件的 id 属性，用于指定该组件与哪个组件的下边界对齐 |
| android:layout_alignLeft | 其属性值为其他 UI 组件的 id 属性，用于指定该组件与哪个组件的左边界对齐 |
| android:layout_alignParentBottom | 其属性值为 boolean 值，用于指定该组件是否与布局管理器底端对齐 |
| android:layout_alignParentLeft | 其属性值为 boolean 值，用于指定该组件是否与布局管理器左边对齐 |
| android:layout_alignParentRight | 其属性值为 boolean 值，用于指定该组件是否与布局管理器右边对齐 |
| android:layout_alignParentTop | 其属性值为 boolean 值，用于指定该组件是否与布局管理器顶端对齐 |
| android:layout_alignRight | 其属性值为其他 UI 组件的 id 属性，用于指定该组件与哪个组件的右边界对齐 |
| android:layout_alignTop | 其属性值为其他 UI 组件的 id 属性，用于指定该组件与哪个组件的上边界对齐 |
| android:layout_below | 其属性值为其他 UI 组件的 id 属性，用于指定该组件位于哪个组件的下方 |
| android:layout_centerHorizontal | 其属性值为 boolean 值，用于指定该组件是否位于布局管理器水平居中的位置 |
| android:layout_centerInParent | 其属性值为 boolean 值，用于指定该组件是否位于布局管理器的中央位置 |
| android:layout_centerVertical | 其属性值为 boolean 值，用于指定该组件是否位于布局管理器垂直居中的位置 |
| android:layout_toLeftOf | 其属性值为其他 UI 组件的 id 属性，用于指定该组件位于哪个组件的左侧 |
| android:layout_toRightOf | 其属性值为其他 UI 组件的 id 属性，用于指定该组件位于哪个组件的右侧 |

下面编写一个在程序中使用相对布局管理器的实例。

【例 4.03】 软件更新提示界面（实例位置：资源包\源码\04\4.03）

在 Android Studio 中创建 Module，名称为 Software Update Tips。在该 Module 中实现本实例，具体步骤如下。

（1）修改新建 Module 的 res\layout 目录下的布局文件 activity_main.xml，把背景图片复制到 mipmap-xhdpi 目录中，将默认添加的布局管理器修改为相对布局管理器（RelativeLayout），然后为其设置背景，再设置默认添加的文本框（TextView）居中显示，并且为其设置 id 和要显示的文字，最后在该布局管理器中，添加两个 Button，并设置它们的显示位置及对齐方式，修改后的代码如下。

```
01  <RelativeLayout xmlns:android="http://schemas.android.com/apk/res/android"
02      xmlns:tools="http://schemas.android.com/tools"
03      android:layout_width="match_parent"
04      android:layout_height="match_parent"
05      android:paddingBottom="16dp"
06      android:paddingLeft="16dp"
07      android:paddingRight="16dp"
08      android:paddingTop="16dp"
09      android:background="@mipmap/bg"
10      tools:context="com.mingrisoft.MainActivity" >
11      <!--添加一个居中显示的文本视图 textView1-->
12      <TextView android:text="发现有 Widget 的新版本，您想现在就安装吗？"
13          android:id="@+id/textView1"
14          android:layout_height="wrap_content"
15          android:layout_width="wrap_content"
16          android:layout_centerInParent="true"
17          />
```

```
18      <!--添加一个按钮 button2，该按钮与 textView1 的右边界对齐-->
19      <Button
20          android:text="以后再说"
21          android:id="@+id/button2"
22          android:layout_height="wrap_content"
23          android:layout_width="wrap_content"
24          android:layout_alignRight="@id/textView1"
25          android:layout_below="@id/textView1"
26          />
27      <!--添加一个在 button2 左侧显示的按钮 button1-->
28      <Button
29          android:text="现在更新"
30          android:id="@+id/button1"
31          android:layout_height="wrap_content"
32          android:layout_width="wrap_content"
33          android:layout_below="@id/textView1"
34          android:layout_toLeftOf="@id/button2"
35          />
36  </RelativeLayout>
```

**说明**

在上面的代码中，将提示文本组件 textView1 设置为在屏幕中央显示，然后设置"以后再说"按钮 button2 在 textView1 的下方居右边界对齐，最后设置"现在更新"按钮 button1 在"以后再说"按钮的左侧显示。

（2）在工具栏中找到 app 下拉列表框，选择要运行的应用（这里为 Software Update Tips），再单击右侧的 ▶ 按钮，运行效果如图 4.12 所示。

### 4.3.2　线性布局管理器

线性布局管理器是将放入其中的组件按照垂直或水平方向来布局，也就是控制放入其中的组件横向排列或纵向排列。其中，纵向排列的称为垂直线性布局管理器，如图 4.13 所示；横向排列的称为水平线性布局管理器，如图 4.14 所示。在垂直线性布局管理器中，每一行中只能放一个组件，而在水平线性布局管理器中，每一列中只能放一个组件。另外，Android 的线性布局管理器中的组件不会换行，当组件一个挨着一个排列到窗体的边缘后，剩下的组件将不会被显示出来。

图 4.12　软件更新提示页面

**说明**

在线性布局管理器中，排列方式由 android:orientation 属性来控制，对齐方式由 android:gravity 属性来控制。

图 4.13　垂直线性布局管理器　　　　图 4.14　水平线性布局管理器

在 XML 布局文件中定义线性布局管理器，需要使用<LinearLayout>标记，其基本的语法格式如下。

```
<LinearLayout xmlns:android="http://schemas.android.com/apk/res/android"
    属性列表
>
</LinearLayout>
```

### 1．LinearLayout 的常用属性

LinearLayout 支持的常用 XML 属性如表 4.5 所示。

表 4.5　LinearLayout 支持的常用 XML 属性

| XML 属性 | 描　　述 |
| --- | --- |
| android:orientation | 用于设置布局管理器内组件的排列方式，其可选值为 horizontal 和 vertical，默认值为 vertical。其中，horizontal 表示水平排列，vertical 表示垂直排列 |
| android:gravity | android:gravity 属性用于设置布局管理器内组件的显示位置，其可选值包括 top、bottom、left、right、center_vertical、fill_vertical、center_horizontal、fill_horizontal、center、fill、clip_vertical 和 clip_horizontal。这些属性值也可以同时指定，各属性值之间用竖线隔开（竖线前后不能有空格）。例如要指定组件靠右下角对齐，可以使用属性值 right\|bottom |
| android:layout_width | 用于设置该组件的基本宽度，其可选值有 fill_parent、match_parent 和 wrap_content，其中，fill_parent 表示该组件的宽度与父容器的宽度相同；match_parent 与 fill_parent 的作用完全相同，从 Android 2.2 开始推荐使用；wrap_content 表示该组件的宽度恰好能包裹它的内容 |
| android:layout_height | 用于设置该组件的基本高度，其可选值有 fill_parent、match_parent 和 wrap_content，其中，fill_parent 表示该组件的高度与父容器的高度相同；match_parent 与 fill_parent 的作用完全相同，从 Android 2.2 开始推荐使用；wrap_content 表示该组件的高度恰好能包裹它的内容 |
| android:id | 用于为当前布局管理器指定一个 id 属性，在 Java 代码中可以应用该属性单独引用这个布局管理器。为布局管理器指定 id 属性后，在 R.java 文件中，会自动派生一个对应的属性，在 Java 代码中，可以通过 findViewById()方法来获取它 |
| android:background | 用于为该组件设置背景。可以是背景图片，也可以是背景颜色。为组件指定背景图片时，可以将准备好的背景图片复制到 drawable 目录下，然后使用代码"android:background="@drawable/background""进行设置<br>如果想指定背景颜色，可以使用颜色值，例如，要想指定背景颜色为白色，可以使用代码"android:background="#FFFFFFFF"" |

**说明**

android:layout_width 和 android:layout_height 属性是 ViewGroup.LayoutParams 所支持的 XML 属性。对于其他的布局管理器同样适用。

**注意**

在水平线性布局管理器中，子组件的 android:layout_width 属性值通常不设置为 match_parent 或 fill_parent，如果这样设置，在该布局管理器中一行将只能显示一个组件；在垂直线性布局管理器中，android:layout_height 属性值通常不设置为 match_parent 或 fill_parent，如果这样设置，在该布局管理器中一列将只能显示一个组件。

### 2. 子组件在 LinearLayout 中的常用属性

在 LinearLayout 中放置的子组件，还经常用到如表 4.6 所示的两个属性。

表 4.6　LinearLayout 子组件的常用 XML 属性

| XML 属性 | 描　述 |
| --- | --- |
| android:layout_gravity | 用于设置组件在其父容器中的位置。它的属性值与 android:gravity 属性相同，也是 top、bottom、left、right、center_vertical、fill_vertical、center_horizontal、fill_horizontal、center、fill、clip_vertical 和 clip_horizontal。这些属性值也可以同时指定，各属性值之间用竖线隔开，但竖线前后一定不能有空格 |
| android:layout_weight | 用于设置组件所占的权重，即用于设置组件占父容器剩余空间的比例。该属性的默认值为 0，表示需要显示多大的视图就占据多大的屏幕空间。当设置一个高于零的值时，则将父容器的剩余空间分割，分割的大小取决于每个组件的 layout_weight 属性值。例如，在一个 320×480 的屏幕中，放置一个水平线性布局管理器，并且在该布局管理器中放置两个组件，并且这两个组件的 android:layout_weight 属性值都设置为 1，那么，每个组件将分配到父容器的 1/2 的剩余空间，如图 4.15 所示 |

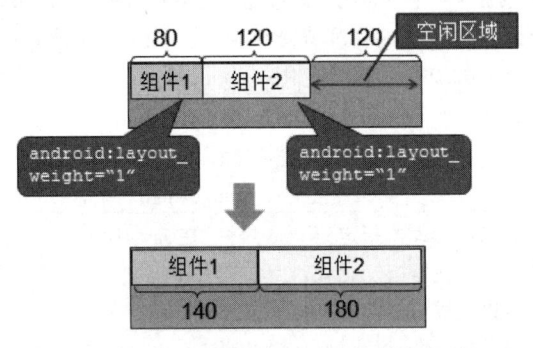

图 4.15　android:layout_weight 属性示意图

**注意**

在线性布局管理器的定义中，使用 android:layout_gravity 属性设置放入其中的组件的摆放位置不起作用，要想实现这一功能，需要使用 android:gravity 属性。

## 第4章 用户界面设计基础

下面编写一个在程序中使用线性布局管理器的实例。

**【例 4.04】** 登录微信界面（**实例位置：资源包\源码\04\4.04**）

在 Android Studio 中创建 Module，名称为 WeChat Login。在该 Module 中实现本实例，具体步骤如下。

（1）修改新建 Module 的 res\layout 目录下的布局文件 activity_main.xml，将默认添加的布局管理器修改为线性布局管理器 LinearLayout，然后将其设置为垂直线性布局管理器。修改后的代码如下。

```
01  <LinearLayout xmlns:android="http://schemas.android.com/apk/res/android"
02      xmlns:tools="http://schemas.android.com/tools"
03      android:orientation="vertical"
04      android:layout_width="match_parent"
05      android:layout_height="match_parent"
06      android:paddingBottom="16dp"
07      android:paddingLeft="16dp"
08      android:paddingRight="16dp"
09      android:paddingTop="16dp"
10      tools:context="com.mingrisoft.MainActivity">
11  </LinearLayout>
```

（2）将名称分别为 zhanghao.png 和 mima.png 的图片复制到 mipmap-xxhdpi 目录中，并且在线性布局管理器中添加两个 EditText 组件，用于输入账号和密码，然后添加一个"登录"按钮，并且在"登录"按钮下面再添加一个 TextView，用来填写登录遇到的问题，关键代码如下。

```
01  <!--第1行-->
02  <EditText
03      android:layout_width="match_parent"
04      android:layout_height="wrap_content"
05      android:paddingBottom="20dp"
06      android:hint="QQ 号/微信号/Email"
07      android:drawableLeft="@mipmap/zhanghao"
08      />
09  <!--第2行-->
10  <EditText
11      android:layout_width="match_parent"
12      android:layout_height="wrap_content"
13      android:paddingBottom="20dp"
14      android:hint="密码"
15      android:drawableLeft="@mipmap/mima"
16      />
17  <!--第3行-->
18  <Button
19      android:layout_width="match_parent"
20      android:layout_height="wrap_content"
21      android:text="登录"
22      android:textColor="#FFFFFF"
23      android:background="#FF009688"/>
24  <!--第4行-->
```

```
25    <TextView
26         android:layout_width="match_parent"
27         android:layout_height="wrap_content"
28         android:text="登录遇到问题?"
29         android:gravity="center_horizontal"
30         android:paddingTop="20dp"/>
```

> **说明**
> 关于 EditText（编辑框）、TextView（文本框）和 Button（按钮）的详细介绍请参考第 5 章，这里知道这样用即可。

（3）改变默认的主题为深色 ActionBar 主题。打开 AndroidManifest.xml 文件，将其中的<application>标记的 android:theme 属性值@style/AppTheme 修改为@style/Theme.AppCompat.Light.DarkActionBar，修改后的 android:theme 属性的代码如下。

```
android:theme="@style/Theme.AppCompat.Light.DarkActionBar"
```

（4）在工具栏中找到 app 下拉列表框，选择要运行的应用（这里为 WeChat Login），再单击右侧的▶按钮，运行效果如图 4.16 所示。

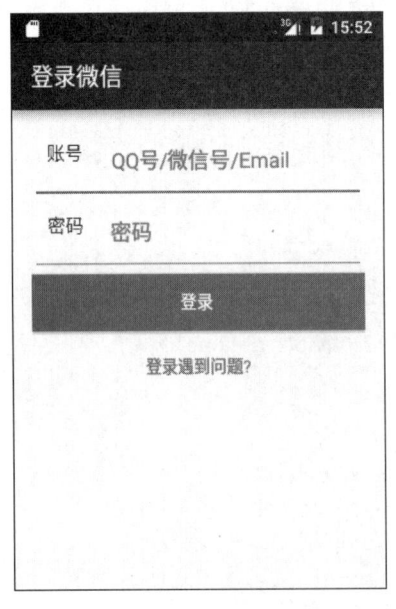

图 4.16  登录微信界面

## 4.3.3 帧布局管理器

在帧布局管理器中，每加入一个组件都将创建一个空白的区域，通常称为一帧，默认情况下，这些帧都会被放置在屏幕的左上角，即帧布局是从屏幕的左上角（0,0）坐标点开始布局。多个组件层叠排序，后面的组件覆盖前面的组件，如图 4.17 所示。

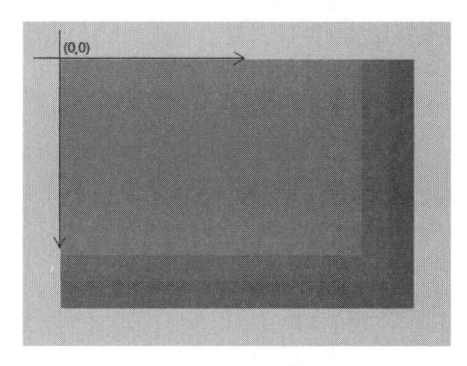

图 4.17 帧布局管理器

在 XML 布局文件中定义帧布局管理器可以使用<FrameLayout>标记,其基本的语法格式如下。

```
<FrameLayout xmlns:android="http://schemas.android.com/apk/res/android"
  属性列表
  >
</FrameLayout>
```

FrameLayout 支持的常用 XML 属性如表 4.7 所示。

表 4.7 FrameLayout 支持的常用 XML 属性

| XML 属性 | 描 述 |
| --- | --- |
| android:foreground | 设置该帧布局管理器的前景图像 |
| android:foregroundGravity | 定义绘制前景图像的 gravity 属性,即前景图像显示的位置 |

下面编写一个在程序中使用帧布局管理器的实例。

【例 4.05】 居中显示层叠的正方形(**实例位置:资源包\源码\04\4.05**)

在 Android Studio 中创建 Module,名称为 Frame Layout。在该 Module 中实现本实例,具体步骤如下。

(1)修改新建 Module 的 res\layout 目录下的布局文件 activity_main.xml,将默认添加的布局代码删除,然后添加一个 FrameLayout 帧布局管理器,并且为其设置背景和前景图像,以及前景图像显示的位置,之后再将前景图像文件 mr.png 复制到 mipmap-hdpi 目录下,最后在该布局管理器中添加 3 个居中显示的 TextView 组件,并且为其指定不同的颜色和大小,用于更好地体现层叠效果,修改后的代码如下。

```
01  <FrameLayout xmlns:android="http://schemas.android.com/apk/res/android"
02      xmlns:tools="http://schemas.android.com/tools"
03      android:layout_width="match_parent"
04      android:layout_height="match_parent"
05      android:foreground="@mipmap/mr"
06      android:foregroundGravity="bottom|right"
07      tools:context="com.mingrisoft.MainActivity" >
08      <!--添加居中显示的蓝色背景的 TextView,将显示在最下层-->
09      <TextView
10          android:id="@+id/textView1"
11          android:layout_width="280dp"
12          android:layout_height="280dp"
13          android:layout_gravity="center"
```

```
14        android:background="#FF0000FF"
15        android:textColor="#FFFFFF"
16        android:text="蓝色背景的 TextView" />
17    <!--添加居中显示的天蓝色背景的 TextView，将显示在中间层-->
18    <TextView
19        android:id="@+id/textView2"
20        android:layout_width="230dp"
21        android:layout_height="230dp"
22        android:layout_gravity="center"
23        android:background="#FF0077FF"
24        android:textColor="#FFFFFF"
25        android:text="天蓝色背景的 TextView" />
26    <!--添加居中显示的水蓝色背景的 TextView，将显示在最上层-->
27    <TextView
28        android:id="@+id/textView3"
29        android:layout_width="180dp"
30        android:layout_height="180dp"
31        android:layout_gravity="center"
32        android:background="#FF00B4FF"
33        android:textColor="#FFFFFF"
34        android:text="水蓝色背景的 TextView" />
35 </FrameLayout>
```

> **说明**
>
> 　　帧布局管理器经常应用在游戏开发中，用于显示自定义的视图。例如，在 4.2.2 节的实例中，实现跟随手指的小兔子时就应用了帧布局管理器。

（2）在工具栏中找到 app 下拉列表框，选择要运行的应用（这里为 Frame Layout），再单击右侧的 ▶ 按钮，运行效果如图 4.18 所示。

图 4.18　应用帧布局管理器居中显示层叠的正方形

## 4.3.4 表格布局管理器

表格布局管理器与常见的表格类似，它以行、列的形式来管理放入其中的 UI 组件，如图 4.19 所示。表格布局管理器使用<TableLayout>标记定义，在表格布局管理器中，可以添加多个<TableRow>标记，每个<TableRow>标记占用一行。由于<TableRow>标记也是容器，所以在该标记中还可添加其他组件，在<TableRow>标记中，每添加一个组件，表格就会增加一列。在表格布局管理器中，列可以被隐藏；也可以被设置为伸展的，从而填充可利用的屏幕空间；还可以设置为强制收缩，直到表格匹配屏幕大小。

图 4.19 表格布局管理器

**说明**

如果在表格布局中，直接向<TableLayout>中添加 UI 组件，那么这个组件将独占一行。

在 XML 布局文件中定义表格布局管理器的基本语法格式如下。

```
<TableLayout   xmlns:android="http://schemas.android.com/apk/res/android"
属性列表
   >
<TableRow 属性列表> 需要添加的 UI 组件 </TableRow>
多个<TableRow>
</TableLayout>
```

TableLayout 继承了 LinearLayout，因此它完全支持 LinearLayout 所支持的全部 XML 属性，此外，TableLayout 还支持如表 4.8 所示的 XML 属性。

表 4.8 TableLayout 支持的 XML 属性

| XML 属性 | 描 述 |
| --- | --- |
| android:collapseColumns | 设置需要被隐藏的列的列序号（序号从 0 开始），多个列序号之间用逗号","分隔 |
| android:shrinkColumns | 设置允许被收缩的列的列序号（序号从 0 开始），多个列序号之间用逗号","分隔 |
| android:stretchColumns | 设置允许被拉伸的列的列序号（序号从 0 开始），多个列序号之间用逗号","分隔 |

下面编写一个在程序中使用表格布局管理器的实例。

【例 4.06】 喜马拉雅的用户登录界面（**实例位置：资源包\源码\04\4.06**）

在 Android Studio 中创建 Module，名称为 xmly Login。在该 Module 中实现本实例，具体步骤如下。

（1）修改新建 Module 的 res\layout 目录下的布局文件 activity_main.xml，将默认添加的布局代码删除，然后添加一个 TableLayout 表格布局管理器，并且在该布局管理器中，添加一个背景图片，将需要的背景图片复制到 mipmap-xhdpi 中，然后添加 4 个 TableRow 表格行，接下来在每个表格行添加相关的图片组件，最后设置表格的第 1 列和第 4 列允许被拉伸，修改后的代码如下。

```
01  <TableLayout xmlns:android="http://schemas.android.com/apk/res/android"
02      xmlns:tools="http://schemas.android.com/tools"
03      android:layout_width="match_parent"
04      android:layout_height="match_parent"
05      android:background="@mipmap/biaoge"
06      android:stretchColumns="0,3"
07      tools:context="com.mingrisoft.MainActivity">
08      <!--第 1 行-->
09      <TableRow
10          android:layout_width="wrap_content"
11          android:layout_height="wrap_content"
12          android:paddingTop="200dp"
13          >
14          <TextView />
15          <TextView
16              android:layout_width="wrap_content"
17              android:layout_height="wrap_content"
18              android:textSize="18sp"
19              android:text="账 号:"
20              android:gravity="center_horizontal"
21              />
22          <EditText
23              android:layout_width="match_parent"
24              android:layout_height="wrap_content"
25              android:hint="邮箱或者手机号"
26              />
27          <TextView />
28      </TableRow>
29      <!--第 2 行-->
30      <TableRow
31          android:layout_width="wrap_content"
32          android:layout_height="wrap_content"
33          android:paddingTop="20dp"
34          >
35          <TextView />
36          <TextView
37              android:layout_width="wrap_content"
38              android:layout_height="wrap_content"
39              android:textSize="18sp"
40              android:text="密 码:"
41              android:gravity="center_horizontal"
```

```
42              />
43           <EditText
44              android:layout_width="wrap_content"
45              android:layout_height="wrap_content"
46              android:hint="输入 6～16 位数字或字母"
47              />
48           <TextView />
49       </TableRow>
50       <!--第 3 行-->
51       <TableRow
52           android:layout_width="wrap_content"
53           android:layout_height="wrap_content">
54           <TextView />
55           <Button
56              android:layout_width="wrap_content"
57              android:layout_height="wrap_content"
58              android:text="注 册"
59              />
60           <Button
61              android:layout_width="wrap_content"
62              android:layout_height="wrap_content"
63              android:background="#FF8247"
64              android:text="登 录"/>
65           <TextView />
66       </TableRow>
67       <!--第 4 行-->
68       <TableRow
69           android:layout_width="wrap_content"
70           android:layout_height="wrap_content"
71           android:paddingTop="20dp"
72           >
73           <TextView />
74           <TextView />
75           <TextView
76              android:text="忘记密码？"
77              android:textColor="#FF4500"
78              android:gravity="right"
79              />
80           <TextView />
81       </TableRow>
82   </TableLayout>
```

> **说明**
> 在本实例中，添加了 6 个<TextView />，并且设置对应列允许拉伸，这是为了让登录相关组件在水平方向上居中显示而设置的。

（2）在工具栏中找到 app 下拉列表框，选择要运行的应用（这里为 Frame Layout），再单击右侧的▶按钮，运行效果如图 4.20 所示。

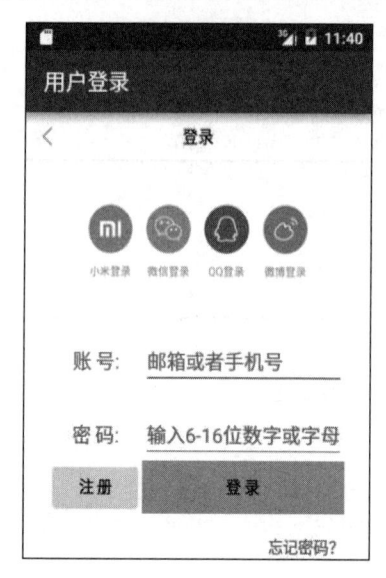

图 4.20　应用表格布局实现仿喜马拉雅的用户登录页面

## 4.3.5　网格布局管理器

　　网格布局管理器是在 Android 4.0 版本中提出的，使用 GridLayout 表示。在网格布局管理器中，屏幕被虚拟的细线划分成行、列和单元格，每个单元格放置一个组件，并且这个组件也可以跨行或跨列摆放，如图 4.21 所示。

图 4.21　网格布局管理器示意图

> **说明**
> 　　网格布局管理器与表格布局管理器有些类似，都可以以行、列的形式管理放入其中的组件，但是它们之间最大的不同就是网格布局管理器可以跨行显示组件，而表格布局管理器则不能。

　　在 XML 布局文件中，定义网格布局管理器可以使用<GridLayout>标记，其基本的语法格式如下。

```
<GridLayout xmlns:android="http://schemas.android.com/apk/res/android"
属性列表
```

```
    >
</GridLayout >
```

GridLayout 支持的常用 XML 属性如表 4.9 所示。

表 4.9　GridLayout 支持的常用 XML 属性

| XML 属性 | 描　　述 |
| --- | --- |
| android:columnCount | 用于指定网格的最大列数 |
| android:orientation | 用于当没有为放入其中的组件分配行和列时,指定其排列方式。其属性值为 horizontal 表示水平排列；为 vertical 表示垂直排列 |
| android:rowCount | 用于指定网格的最大行数 |
| android:useDefaultMargins | 用于指定是否使用默认的边距,其属性值设置为 true 时,表示使用；为 false 时,表示不使用 |
| android:alignmentMode | 用于指定该布局管理器采用的对齐模式,其属性值为 alignBounds 时,表示对齐边界；为 alignMargins 时,表示对齐边距,默认值为 alignMargins |
| android:rowOrderPreserved | 用于设置行边界显示的顺序和行索引的顺序是否相同,其属性值为 true,表示相同；为 false,表示不相同 |
| android:columnOrderPreserved | 用于设置列边界显示的顺序和列索引的顺序是否相同,其属性值为 true,表示相同；为 false,表示不相同 |

为了控制网格布局管理器中各子组件的布局分布,网格布局管理器提供了 GridLayout.LayoutParams 内部类,在该类中提供了如表 4.10 所示的 XML 属性,用于控制网格布局管理器中各子组件的布局分布。

表 4.10　GridLayout.LayoutParams 支持的常用 XML 属性

| XML 属性 | 描　　述 |
| --- | --- |
| android:layout_column | 用于指定该子组件位于网格的第几列 |
| android:layout_columnSpan | 用于指定该子组件横向跨几列（索引从 0 开始） |
| android:layout_columnWeight | 用于指定该子组件在水平方向上的权重,即该组件分配水平剩余空间的比例 |
| android:layout_gravity | 用于指定该子组件采用什么方式占据该网格的空间,其可选值有 top（放置在顶部）、bottom（放置在底部）、left（放置在左侧）、right（放置在右侧）、center_vertical（垂直居中）、fill_vertical（垂直填满）、center_horizontal（水平居中）、fill_horizontal（水平填满）、center（放置在中间）、fill（填满）、clip_vertical（垂直剪切）、clip_horizontal（水平剪切）、start（放置在开始位置）、end（放置在结束位置） |
| android:layout_row | 用于指定该子组件位于网格的第几行（索引从 0 开始） |
| android:layout_rowSpan | 用于指定该子组件纵向跨几行 |
| android:layout_rowWeight | 用于指定该子组件在垂直方向上的权重,即该组件分配垂直剩余空间的比例 |

**说明**

在网格布局管理器中,如果想让某个组件跨行或跨列,那么需要先通过 android:layout_columnSpan 或者 android:layout_rowSpan 设置跨越的行数或列数,然后再设置其 layout_gravity 属性为 fill,表示该组件填满跨越的行或者列。

下面编写一个在程序中使用网格布局管理器的实例。

【例4.07】 QQ聊天信息列表界面（**实例位置：资源包\源码\04\4.07**）

在Android Studio中创建Module，名称为QQ Chat Message。在该Module中实现本实例，具体步骤如下。

（1）修改新建Module的res\layout目录下的布局文件activity_main.xml，将默认添加的布局管理器修改为网格布局管理器，并且将默认添加的文本框组件删除，将需要的图片复制到mipmap-mdpi目录下，然后为该网格布局管理器设置背景和列数，修改后的代码如下。

```xml
01  <GridLayout xmlns:android="http://schemas.android.com/apk/res/android"
02      xmlns:tools="http://schemas.android.com/tools"
03      android:layout_width="match_parent"
04      android:layout_height="match_parent"
05      android:paddingBottom="16dp"
06      android:paddingLeft="16dp"
07      android:paddingRight="16dp"
08      android:paddingTop="16dp"
09      android:background="@mipmap/bg"
10      android:columnCount="6"
11      tools:context="com.mingrisoft.MainActivity" >
12  </GridLayout>
```

（2）添加第1行要显示的信息和头像，这里需要两个图像视图组件（ImageView），其中第1个ImageView用于显示聊天信息，占4个单元格，从第2列开始，居右放置；第2个ImageView用于显示头像，占1个单元格，位于第6列，具体代码如下。

```xml
01  <!--第1行-->
02  <ImageView
03      android:id="@+id/imageView1"
04      android:src="@mipmap/a1"
05      android:layout_gravity="end"
06      android:layout_columnSpan="4"
07      android:layout_column="1"
08      android:layout_row="0"
09      android:layout_marginRight="5dp"
10      android:layout_marginBottom="20dp"
11      />
12  <ImageView
13      android:id="@+id/imageView2"
14      android:src="@mipmap/ico2"
15      android:layout_column="5"
16      android:layout_row="0"
17      />
```

📢 代码注解

❶ 第5行代码，用于设置组件居右放置。
❷ 第6行代码，用于设置组件占4个单元格的位置。
❸ 第7行代码，用于指定组件放置在第2列。
❹ 第8行代码，用于指定组件放置在第1行。
❺ 第15行代码，用于指定组件放置在第6列。

（3）添加第 2 行要显示的信息和头像，这里也需要两个图像视图组件（ImageView），其中第 1 个 ImageView 用于显示头像，位于第 2 行的第 2 列；第 2 个 ImageView 用于显示聊天信息，位于第 2 行头像组件的下一列，具体代码如下。

```
01  <!--第 2 行-->
02  <ImageView
03      android:id="@+id/imageView3"
04      android:src="@mipmap/ico1"
05      android:layout_column="0"
06      android:layout_row="1"
07      />
08  <ImageView
09      android:id="@+id/imageView4"
10      android:src="@mipmap/b1"
11      android:layout_row="1"
12      android:layout_marginBottom="20dp"
13      />
```

（4）按照步骤（2）和步骤（3）的方法再添加两行聊天信息。

（5）在工具栏中找到 app 下拉列表框，选择要运行的应用（这里为 QQ Chat Message），再单击右侧的▶按钮，运行效果如图 4.22 所示。

图 4.22　手机 QQ 聊天信息列表

## 4.3.6　布局管理器的嵌套

在进行用户界面设计时，很多时候只通过一种布局管理器很难实现想要的界面效果，这时就得将多种布局管理器混合使用，即布局管理器的嵌套。在实现布局管理器的嵌套时，只需要记住以下几个原则即可。

☑　根布局管理器必须包含 xmlns 属性。

☑ 在一个布局文件中，最多只能有一个根布局管理器。如果想要使用多个布局管理器，就需要使用一个根布局管理器将它们括起来。

☑ 不能嵌套太深。如果嵌套太深，则会影响性能，主要会降低页面的加载速度。

【例 4.08】 微信朋友圈界面（**实例位置：资源包\源码\04\4.08**）

在 Android Studio 中创建 Module，名称为 WeChat Circle Of Friends。在该 Module 中实现本实例，具体步骤如下。

（1）修改新建 Module 的 res\layout 节点下的布局文件 activity_main.xml，将默认添加的布局管理器修改为垂直线性布局管理器，然后将默认添加的文本框组件删除。

（2）在步骤（1）中添加的垂直线性布局管理器中，添加一个用于显示第 1 条朋友圈信息的相对布局管理器，然后在该布局管理器中添加一个显示头像的图像视图组件（ImageView），让它与父容器左对齐，具体代码如下。

```
01  <RelativeLayout
02      android:layout_width="match_parent"
03      android:layout_height="wrap_content"
04      android:layout_margin="10dp" >
05      <ImageView
06          android:id="@+id/ico1"
07          android:layout_width="wrap_content"
08          android:layout_height="wrap_content"
09          android:layout_alignParentLeft="true"
10          android:layout_margin="10dp"
11          android:src="@mipmap/v_ico1" />
12  </RelativeLayout>
```

（3）在步骤（2）中添加的相对布局管理器中，在头像 ImageView 组件的右侧添加 3 个文本框组件，分别用于显示发布人、内容和时间，具体代码如下。

```
01  <TextView
02      android:id="@+id/name1"
03      android:layout_width="wrap_content"
04      android:layout_height="wrap_content"
05      android:layout_marginTop="10dp"
06      android:layout_toRightOf="@+id/ico1"
07      android:text="雪绒花"
08      android:textColor="#576B95" />
09  <TextView
10      android:id="@+id/content1"
11      android:layout_width="wrap_content"
12      android:layout_height="wrap_content"
13      android:layout_below="@id/name1"
14      android:layout_marginBottom="5dp"
15      android:layout_marginTop="5dp"
16      android:layout_toRightOf="@+id/ico1"
17      android:minLines="3"
18      android:text="祝我的亲人、朋友们新年快乐！" />
```

```
19    <TextView
20        android:id="@+id/time1"
21        android:layout_width="wrap_content"
22        android:layout_height="wrap_content"
23        android:layout_below="@id/content1"
24        android:layout_marginTop="3dp"
25        android:layout_toRightOf="@id/ico1"
26        android:text="昨天"
27        android:textColor="#9A9A9A" />
```

（4）在上段代码的下面继续添加一个 ImageView 组件，用于显示评论图标，具体代码如下。

```
01    <ImageView
02        android:id="@+id/comment1"
03        android:layout_width="wrap_content"
04        android:layout_height="wrap_content"
05        android:layout_alignParentRight="true"
06        android:layout_below="@id/content1"
07        android:src="@mipmap/comment" />
```

（5）在相对布局管理器的外面、线性布局管理器里面添加一个 ImageView 组件，用于显示一个分隔线，具体代码如下。

```
01    <ImageView
02        android:layout_width="match_parent"
03        android:layout_height="wrap_content"
04        android:background="@mipmap/line" />
```

（6）按照步骤（2）～步骤（4）的方法再添加显示第 2 条朋友圈信息的代码。然后在工具栏中找到 app 下拉列表框，选择要运行的应用（这里为 WeChat Circle Of Friends），再单击右侧的 ▶ 按钮，运行效果如图 4.23 所示。

图 4.23  微信朋友圈页面

## 4.4 实 战

### 4.4.1 开发一个抓不到我的小游戏

开发一个抓不到我的小游戏，要求绘制一个红色圆球，当手指单击圆球后，圆球将消失并绘制在屏幕的另一个位置。（**实例位置：资源包\源码\04\实战\01**）

### 4.4.2 实现模拟 QQ 联系人列表界面

通过布局管理器嵌套的方式，实现模拟 QQ 联系人列表界面的显示效果。（**实例位置：资源包\源码\04\实战\02**）

## 4.5 小 结

本章首先介绍了什么是 UI 界面，以及与 UI 设计相关的两个概念；然后介绍了控制 UI 界面的两种方法，一种是使用 XML 布局文件控制，另一种是开发自定义的 View；接下来又介绍了 5 种常用的布局管理器的基本用法及如何进行布局管理器的嵌套。其中，在 5 种常用的布局管理器中，相对布局管理器和线性布局管理器最为常用，需要重点掌握。

# 第 5 章

## 初级 UI 组件

（ 视频讲解：1 小时 59 分钟 ）

组件是 Android 程序设计的基本组成单位，通过使用组件可以高效地开发 Android 应用程序。所以熟练掌握组件的使用是合理、有效地进行 Android 程序开发的重要前提。本章将对 Android 中提供的初级组件进行详细介绍。

## 5.1 文本类组件（初级）

Android 中提供了一些与文本显示、输入相关的组件，通过这些组件可以显示或输入文字。其中，用于显示文本的组件为文本框组件，用 TextView 类表示；用于编辑文本的组件为编辑框组件，用 EditText 类表示。这两个组件最大的区别是 TextView 类不允许用户编辑文本内容，而 EditText 类则允许用户编辑文本内容，它们的继承关系如图 5.1 所示。

从图 5.1 中可以看出，TextView 组件继承自 View，而 EditText 组件又继承自 TextView 组件。下面将对这两个组件分别进行介绍。

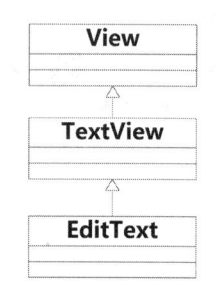

图 5.1 文本类组件继承关系图

### 5.1.1 文本框

在 Android 中，可以使用两种方法向屏幕中添加文本框：一种是通过在 XML 布局文件中使用<TextView>标记添加；另一种是在 Java 文件中，通过 new 关键字创建。推荐采用第一种方法，也就是通过<TextView>标记在 XML 布局文件中添加文本框，其基本的语法格式如下。

```
<TextView
属性列表
 >
</TextView>
```

> **说明**
> 在 Android 中，无论是创建哪一种 UI 组件都有两种方法：一种是在 XML 布局文件中定义；另一种是使用 Java 代码来创建。Android 官网中推荐使用的是在 XML 布局文件中定义。所以在本书中只介绍如何在 XML 布局文件中创建这一种方法。

TextView 支持的常用 XML 属性如表 5.1 所示。

表 5.1 TextView 支持的 XML 属性

| XML 属性 | 描 述 |
| --- | --- |
| android:autoLink | 用于指定是否将指定格式的文本转换为可单击的超链接形式，其属性值有 none、web、email、phone、map 和 all |
| android:drawableBottom | 用于在文本框内文本的底部绘制指定图像，该图像可以是放在 res\mipmap 目录下的图片，通过"@mipmap/文件名（不包括文件的扩展名）"设置 |
| android:drawableLeft | 用于在文本框内文本的左侧绘制指定图像，该图像可以是放在 res\mipmap 目录下的图片，通过"@mipmap/文件名（不包括文件的扩展名）"设置 |
| android:drawableStart | 在 Android 4.2 中新增的属性，用于在文本框内文本的左侧绘制指定图像，该图像可以是放在 res\mipmap 目录下的图片，通过"@mipmap/文件名（不包括文件的扩展名）"设置 |

70

续表

| XML 属性 | 描　　述 |
|---|---|
| android:drawableRight | 用于在文本框内文本的右侧绘制指定图像，该图像可以是放在 res\mipmap 目录下的图片，通过"@mipmap/文件名（不包括文件的扩展名）"设置 |
| android:drawableEnd | 在 Android 4.2 中新增的属性，用于在文本框内文本的右侧绘制指定图像，该图像可以是放在 res\mipmap 目录下的图片，通过"@mipmap/文件名（不包括文件的扩展名）"设置 |
| android:drawableTop | 用于在文本框内文本的顶部绘制指定图像，该图像可以是放在 res\mipmap 目录下的图片，通过"@mipmap/文件名（不包括文件的扩展名）"设置 |
| android:gravity | 用于设置文本框内文本的对齐方式，可选值有 top、bottom、left、right、center_vertical、fill_vertical、center_horizontal、fill_horizontal、center、fill、clip_vertical 和 clip_horizontal 等。这些属性值也可以同时指定，各属性值之间用竖线隔开。例如，要指定组件靠右下角对齐，可以使用属性值 right\|bottom |
| android:hint | 用于设置当文本框中文本内容为空时，默认显示的提示文本 |
| android:inputType | 用于指定当前文本框显示内容的文本类型，其可选值有 textPassword、textEmailAddress、phone 和 date 等，可以同时指定多个，使用"\|"分隔 |
| android:singleLine | 用于指定该文本框是否为单行模式，其属性值为 true 或 false，为 true 表示该文本框不会换行，当文本框中的文本超过一行时，其超出的部分将被省略，同时在结尾处添加"…" |
| android:text | 用于指定该文本框中显示的文本内容，可以直接在该属性值中指定，也可以通过在 strings.xml 文件中定义文本常量的方式指定 |
| android:textColor | 用于设置文本框内文本的颜色，其属性值可以是#rgb、#argb、#rrggbb 或#aarrggbb 格式指定的颜色值 |
| android:textSize | 用于设置文本框内文本的字体大小，其属性由代表大小的数值和单位组成，其单位可以是 dp、px、pt、sp 和 in 等 |
| android:width | 用于指定文本框的宽度，其单位可以是 dp、px、pt、sp 和 in 等 |
| android:height | 用于指定文本框的高度，其单位可以是 dp、px、pt、sp 和 in 等 |

**说明**

在表 5.1 中，只给出了 TextView 组件常用的部分属性，关于该组件的其他属性，可以参阅 Android 官方提供的 API 文档。在下载 SDK 时，如果已经下载 Android API 文档，那么可以在已经下载好的 SDK 文件夹下找到（docs 文件夹中的内容即为 API 文档），否则需要自行下载。下载完成后，打开 Android API 文档主页（index.html），在 Develop/Reference 左侧的 Android APIs 列表中，单击 android.widget 节点，在下方找到 TextView 类并单击，在右侧就可以看到该类的相关介绍，其中 XML Attributes 表格中列出的就是该类的全部属性。

例如，在屏幕中添加一个文本框，显示文字为"奋斗就是每一天都很难，可一年比一年容易。不奋斗就是每一天都很容易，可一年比一年难。"，代码如下。

```
01  <TextView
02     android:layout_width="wrap_content"
03     android:layout_height="wrap_content"
04     android:text="奋斗就是每一天都很难，可一年比一年容易。不奋斗就是每一天都很容易，可一年比一年难。"
05     android:id="@+id/textView" />
```

在模拟器中运行上面这段代码，将显示如图 5.2 所示的运行结果。

对于文本框组件，默认为多行文本框，也可以设置为单行文本框，只需要将 android:singleLine 属性设置为 true 就可以显示为单行文本框，例如，上面的多行文本框设置"android:singleLine="true""属性后，将显示如图 5.3 所示的单行文本框。

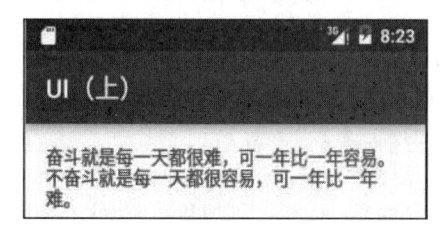

图 5.2　添加一个文本框　　　　　　　　图 5.3　添加单行文本框

下面通过一个实例来演示文本框的具体应用。

【例 5.01】　模拟福卡排行榜列表（**实例位置：资源包\源码\05\5.01**）

在 Android Studio 中创建 Module，名称为 Ranking，实现本实例的具体步骤如下。

（1）修改新建 Module 的 res\layout 目录下的布局文件 activity_main.xml，将默认添加的布局管理器修改为垂直线性布局管理器，添加两个 TextView 控件用于显示排行榜中第一名与第二名的人物名称，关键代码如下。

```
01  <?xml version="1.0" encoding="utf-8"?>
02  <LinearLayout xmlns:android="http://schemas.android.com/apk/res/android"
03      xmlns:app="http://schemas.android.com/apk/res-auto"
04      xmlns:tools="http://schemas.android.com/tools"
05      android:layout_width="match_parent"
06      android:layout_height="match_parent"
07      android:background="@drawable/bg"
08      android:orientation="vertical"
09      tools:context="com.mingrisoft.ranking.MainActivity">
10      <!--显示排行第一的名称-->
11      <TextView
12          android:id="@+id/text1"
13          android:layout_width="wrap_content"
14          android:layout_height="wrap_content"
15          android:layout_marginLeft="100dp"
16          android:layout_marginTop="232dp" />
17      <!--显示排行第二的名称-->
18      <TextView
19          android:id="@+id/text2"
20          android:layout_width="wrap_content"
21          android:layout_height="wrap_content"
22          android:layout_marginLeft="100dp"
23          android:layout_marginTop="48dp" />
24  </LinearLayout>
```

**说明**

根据第二名显示人物名称的控件与第一名控件的上下距离，添加其他 4 个控件即可。

（2）打开 MainActivity 类，该类继承 Activity 类，然后创建显示人物控件的 id 数组与显示人物名称的文字数组，代码如下。

```
01  private int[] text_Id = {
02          R.id.text1, R.id.text2, R.id.text3,
03          R.id.text4, R.id.text5, R.id.text6,
04  };
05  //控件需要显示的文字
06  private String[] text_String = {
07          "巴拉巴拉一大堆", "小科",
08          "鞋盒宝宝", "赵颖", "2047", "流浪的风"
09  };
```

（3）创建 initView()方法，用于实现控件的初始化工作并设置排行榜人物名称，代码如下。

```
01  private void initView() {
02      for (int i=0;i<text_Id.length;i++){
03          TextView textView=findViewById(text_Id[i]);   //获取所有显示排名人物名称的控件
04          textView.setText(text_String[i]);             //设置人物名称
05      }
06  }
```

（4）运行本实例，将显示如图 5.4 所示的运行结果。

图 5.4　福卡排行榜列表

## 5.1.2　编辑框

在 Android 手机应用中，编辑框组件的应用非常普遍。例如，聚划算 App 的账号登录页面中的编辑框，以及微信的发送朋友圈信息页面等，都应用了编辑框组件。

通过<EditText>标记在 XML 布局文件中添加编辑框的基本语法格式如下。

```
<EditText
    属性列表
    >
</EditText>
```

由于 EditText 类是 TextView 的子类，所以表 5.1 中列出的 TextView 支持的 XML 属性，同样适用于 EditText 组件。需要特别注意的是，在 EditText 组件中，android:inputType 属性可以控制输入框的显示类型。例如，要添加一个密码框，可以将 android:inputType 属性设置为 textPassword。

**技巧**

在 Android Studio 中，打开布局文件，通过 Design 视图，可以在可视化界面中通过拖曳的方式添加编辑框组件，编辑框组件位于 Palette 面板的 Text Fields 栏目中，并且在该栏目中还列出了不同类型的输入框（如 Password 密码框、Password（Numeric）数字密码框和 Phone 输入电话号码的编辑框等），只需要将其拖曳到布局文件中即可。

在屏幕中添加编辑框后，还需要获取编辑框中输入的内容，这可以通过编辑框组件提供的 getText() 方法实现。使用该方法时，先要获取编辑框组件，然后再调用 getText() 方法。例如，要获取布局文件中添加的 id 属性为 login 的编辑框的内容，可以通过以下代码实现。

```
01  EditText login=(EditText)findViewById(R.id.login);
02  String loginText=login.getText().toString();
```

下面给出一个关于编辑框的实例。

【例 5.02】　手机 QQ 空间写说说界面（**实例位置：资源包\源码\05\5.02**）

在 Android Studio 中创建 Module，名称为 QQ Zone。实现本实例的具体步骤如下。

（1）修改新建 Module 的 res\ayout 目录下的布局文件 activity_main.xml。将默认添加的布局管理器修改为垂直线性布局管理器，并删除默认添加的文本框组件，然后再将所需要的图片复制到 mipmap-mdpi 文件夹中，修改后的代码如下。

```
01  <LinearLayout xmlns:android="http://schemas.android.com/apk/res/android"
02      xmlns:tools="http://schemas.android.com/tools"
03      android:layout_width="match_parent"
04      android:layout_height="match_parent"
05      android:orientation="vertical"
06      android:background="#EAEAEA"
07      tools:context="com.mingrisoft.MainActivity" >
08  </LinearLayout>
```

（2）在线性布局管理器中，添加一个编辑框组件用于输入说说内容。设置其 android:inputType 属性值为 textMultiLine，表示该编辑框为多行编辑框，显示提示文本为"说点什么吧..."，并设置其为顶对齐、白色背景、内边框为 5dp、底外边距为 10dp，具体代码如下。

```
01    <!--添加写说说编辑框-->
02    <EditText
03        android:id="@+id/editText1"
04        android:layout_width="match_parent"
05        android:layout_height="wrap_content"
06        android:lines="6"
07        android:hint="说点什么吧..."
08        android:padding="5dp"
09        android:background="#FFFFFF"
10        android:gravity="top"
11        android:layout_marginBottom="10dp"
12        android:inputType="textMultiLine" >
13    </EditText>
```

（3）添加一个用于设置添加照片栏目的文本框组件。设置该文本框的显示文本为"添加照片"，在起始位置绘制一个图标，图标与文字的间距为 8dp，垂直居中对齐，白色背景，文字颜色为灰色，具体代码如下。

```
01    <!--设置添加照片栏目-->
02    <TextView
03        android:id="@+id/textView1"
04        android:layout_width="match_parent"
05        android:layout_height="wrap_content"
06        android:drawableLeft="@mipmap/addpicture"
07        android:text="添加照片"
08        android:drawablePadding="8dp"
09        android:gravity="center_vertical"
10        android:padding="8dp"
11        android:background="#FFFFFF"
12        android:textColor="#767676" />
```

（4）添加一个用于设置底部分享的文本框组件，该文本框只绘制一个图像即可，代码如下。

```
01    <!--设置底部分享栏目-->
02    <TextView
03        android:id="@+id/textView2"
04        android:layout_width="match_parent"
05        android:layout_height="wrap_content"
06        android:drawableLeft="@mipmap/bottom" />
```

**说明**

实际上，在屏幕中添加图片还可以使用图像组件（ImageView）来实现，在后面的章节中将进行介绍。

（5）运行本实例，将显示如图 5.5 所示的运行结果。

图 5.5　布局手机 QQ 空间写说说页面

## 5.2　按钮类组件（初级）

在 Android 中，提供了一些按钮类的组件，主要包括普通按钮、图片按钮、单选按钮和复选框等。其中，普通按钮使用 Button 类表示，用于触发一个指定的事件；图片按钮使用 ImageButton 类表示，也用于触发一个指定的事件，只不过该按钮将以图像来表现；单选按钮使用 RadioButton 类表示；复选框使用 CheckBox 类表示。这两个组件最大的区别是在一组 RadioButton 中，只能有一个被选中，而在一组 CheckBox 中，则可以同时选中多个。按钮类组件的继承关系如图 5.6 所示。

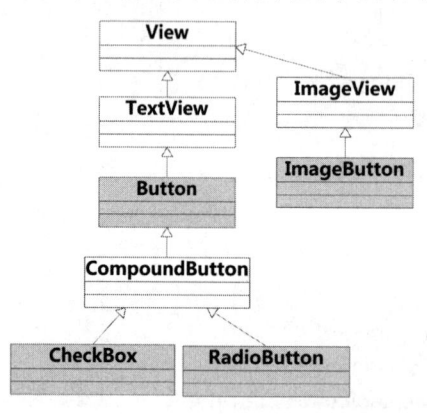

图 5.6　按钮类组件继承关系图

从图 5.6 中可以看出，Button 组件继承自 TextView，而 ImageButton 组件继承自 ImageView 组件，所以这两个组件在添加上不同，但是作用相同，都可以触发一个事件；RadioButton 和 CheckBox 都间接继承自 Button，都可以直接使用 Button 支持的属性和方法，所不同的是它们都比 Button 多了可选中的功能。下面将对 4 个按钮类组件分别进行介绍。

## 5.2.1　普通按钮

在 Android 手机应用中，按钮应用十分广泛。例如，QQ 登录方界面中的"登录"按钮，以及微信界面中的"登录"按钮，都应用了普通按钮。

通过<Button>标记在 XML 布局文件中添加普通按钮的基本格式如下。

```
<Button
android:id="@+id/ID 号"
android:layout_height="wrap_content"
android:layout_width="wrap_content"
android:text="显示文本"
    >
</Button>
```

**说明**

由于 Button 是 TextView 的子类，所以 TextView 支持的属性，Button 都是支持的。

例如，在屏幕中添加一个"开始游戏"按钮，代码如下。

```
01    <Button
02    android:id="@+id/start"
03    android:layout_width="wrap_content"
04    android:layout_height="wrap_content"
05    android:text="开始游戏" />
```

在模拟器中运行上面这段代码，将显示如图 5.7 所示的运行结果。

图 5.7　添加一个"开始游戏"按钮

在屏幕上添加按钮后，还需要为按钮添加单击事件监听器，这样才能让按钮发挥其特有的用途。Android 提供了两种为按钮添加单击事件监听器的方法：一种是在 Java 代码中完成，例如，在 Activity 的 onCreate()方法中添加如下代码。

```
01    import android.view.View.OnClickListener;
02    import android.widget.Button;
03    Button login=(Button)findViewById(R.id.login);          //通过 id 获取布局文件中添加的按钮
04    login.setOnClickListener(new View.OnClickListener() {   //为按钮添加单击事件监听器
05        @Override
06        public void onClick(View v) {
```

```
07            //编写要执行的动作代码
08        }
09    });
```

> **说明**
>
> 监听器类似于安防系统中安装的红外线报警器。安装了红外线报警器后，当有物体阻断红外线光束时，就会自动报警。同理，当我们为组件设置监听器后，如果有动作触发该监听器，那么就执行监听器中编写的代码。例如，为按钮设置一个单击事件监听器，那么单击这个按钮时，就会触发这个监听器，从而执行一些操作（如弹出一个对话框）。

另一种是在 Activity 中编写一个包含 View 类型参数的方法，并且将要触发的动作代码放在该方法中，然后在布局文件中，通过 android:onClick 属性指定对应的方法名实现。例如，在 Activity 中编写一个名为 myClick()的方法，关键代码如下。

```
01  public void myClick(View view){
02      //此处编写要执行的动作代码
03  }
```

那么就可以在布局文件中通过 android:onClick="myClick"语句为按钮添加单击事件监听器。

下面将通过一个实例来介绍如何添加普通按钮，并为按钮添加单击事件监听器。

**【例 5.03】** 模拟微信登录按钮（**实例位置：资源包\源码\05\5.03**）

在 Android Studio 中创建 Module，名称为 Login Button。在该 Module 中实现本实例，具体步骤如下。

（1）在 res/drawable 节点上右击，在弹出的快捷菜单中选择 New→Drawable Resource File 命令，在打开的新建资源文件对话框中，输入文件名称 shape，单击 OK 按钮，创建 Shape 资源文件，然后删除默认生成的源代码，在该资源文件中绘制圆角矩形，并设置文字与按钮边界的间距，关键代码如下。

```
01  <?xml version="1.0" encoding="utf-8"?>
02  <shape xmlns:android="http://schemas.android.com/apk/res/android"
03      android:shape="rectangle">
04      <!--设置填充的颜色-->
05      <solid android:color="#1AAD19" />
06      <!--设置4个角的弧形半径-->
07      <corners android:radius="5dp" />
08      <!--设置文字与按钮边界的间隔-->
09      <padding
10          android:bottom="10dp"
11          android:left="15dp"
12          android:right="15dp"
13          android:top="10dp" />
14  </shape>
```

（2）在默认生成的布局文件 activity_main.xml 中，将默认添加的布局管理器修改为相对布局管理器，然后添加 Button 普通按钮控件并设置按钮的背景资源 shape，最后为按钮设置单击事件的方法名称，代码如下。

```xml
01  <?xml version="1.0" encoding="utf-8"?>
02  <RelativeLayout xmlns:android="http://schemas.android.com/apk/res/android"
03      xmlns:app="http://schemas.android.com/apk/res-auto"
04      xmlns:tools="http://schemas.android.com/tools"
05      android:layout_width="match_parent"
06      android:layout_height="match_parent"
07      android:background="@drawable/loginbutton_bg"
08      tools:context="com.mingrisoft.loginbutton.MainActivity">
09      <!-- "登录"按钮-->
10      <Button
11          android:layout_width="match_parent"
12          android:layout_height="wrap_content"
13          android:layout_alignParentBottom="true"
14          android:layout_centerHorizontal="true"
15          android:layout_marginBottom="180dp"
16          android:background="@drawable/shape"
17          android:layout_marginLeft="10dp"
18          android:layout_marginRight="10dp"
19          android:onClick="onLogin"
20          android:text="登录"
21          android:textColor="#FFFFFF" />
22  </RelativeLayout>
```

（3）打开 MainActivity 类，该类继承 Activity，然后创建 onLogin()方法，实现"登录"按钮的单击事件，代码如下。

```java
01  public class MainActivity extends Activity {
02      @Override
03      protected void onCreate(Bundle savedInstanceState) {
04          super.onCreate(savedInstanceState);
05          setContentView(R.layout.activity_main);
06          //全屏
07          getWindow().setFlags(WindowManager.LayoutParams.FLAG_FULLSCREEN ,
08                  WindowManager.LayoutParams.FLAG_FULLSCREEN);
09      }
10      // "登录"按钮的单击事件
11      public void onLogin(View view) {
12          Toast.makeText(this,
13                  "您单击了登录按钮！", Toast.LENGTH_SHORT).show();
14      }
15  }
```

（4）运行本实例，再单击右侧的▶按钮，运行效果如图 5.8 所示，单击"登录"按钮，将显示如图 5.9 所示的消息提示框。

图 5.8　微信登录按钮　　　　　　　　图 5.9　消息提示框

## 5.2.2　图片按钮

在 Android 手机应用中，图片按钮应用也很常见。例如，开心消消乐游戏的开始游戏界面中的"开始游戏"和"切换账号"按钮，以及全民飞机大战游戏的破纪录页面中的"确定""炫耀一下"和查看奖励明细的按钮，都应用了图片按钮。

图片按钮与普通按钮的使用方法基本相同，只不过图片按钮使用<ImageButton>标记定义，并且可以为其指定 android:src 属性，用于设置要显示的图片。在布局文件中添加图片按钮的基本语法格式如下。

```
<ImageButton
android:id="@+id/ID 号"
android:layout_height="wrap_content"
android:layout_width="wrap_content"
android:src="@mipmap/图片文件名"
android:scaleType="缩放方式"
    >
</ImageButton>
```

重要属性说明如下。

☑　android:src 属性：用于指定按钮上显示的图片。

☑　android:scaleType 属性：用于指定图片的缩放方式，其属性值如表 5.2 所示。

表 5.2　android:scaleType 属性的属性值说明

| 属　性　值 | 描　　述 |
| --- | --- |
| matrix | 使用 matrix 方式进行缩放 |
| fitXY | 对图片横向、纵向独立缩放，使得该图片完全适应于该 ImageButton，图片的纵横比可能会改变 |
| fitStart | 保持纵横比缩放图片，直到该图片能完全显示在 ImageButton 中，缩放完成后该图片放在 ImageButton 的左上角 |
| fitCenter | 保持纵横比缩放图片，直到该图片能完全显示在 ImageButton 中，缩放完成后该图片放在 ImageButton 的中间 |
| fitEnd | 保持纵横比缩放图片，直到该图片能完全显示在 ImageButton 中，缩放完成后该图片放在 ImageButton 的右下角 |
| center | 把图像放在 ImageButton 的中间，但不进行任何缩放 |
| centerCrop | 保持纵横比缩放图片，使图片能完全覆盖 ImageButton |
| centerInside | 保持纵横比缩放图片，使 ImageButton 能完全显示该图片 |

例如，在屏幕中添加一个代表播放的图片按钮，代码如下。

```
01  <ImageButton
02    android:id="@+id/play"
03    android:layout_width="wrap_content"
04    android:layout_height="wrap_content"
05    android:src="@mipmap/play"
06    >
07  </ImageButton>
```

在模拟器中运行上面这段代码，将显示如图 5.10 所示的运行结果。

图 5.10　添加一个播放按钮

**说明**

如果在添加图片按钮时，不为其设置 android:background 属性，那么作为按钮的图片将显示在一个灰色的按钮上，也就是说所添加的图片按钮将带有一个灰色立体的边框。不过这时的图片按钮将会随着用户的动作而改变。一旦为其设置了 android:background 属性，它将不会随着用户的动作而改变。如果要让其随着用户的动作而改变，就需要使用 StateListDrawable 资源来对其进行设置。

同普通按钮一样，也需要为图片按钮添加单击事件监听器，具体添加方法同普通按钮，这里不再赘述。下面通过一个实例来演示图片按钮的使用。

【例 5.04】　开心消消乐的"开始游戏"和"切换账号"按钮（**实例位置：资源包\源码\05\5.04**）

在 Android Studio 中创建 Module，名称为 Start Game Button。在该 Module 中实现本实例，具体步骤如下。

（1）修改新建 Module 的 res\layout 目录下的布局文件 activity_main.xml，将默认添加的布局管理器修改为垂直线性布局管理器，并将默认添加的文本框组件删除。

（2）设置线性布局管理器的背景为复制到 mipmap 目录下的开心消消乐的背景图片，并设置底部居中对齐，以及底边距为 20dp，关键代码如下。

```
01    android:background="@mipmap/bg"
02    android:gravity="bottom|center_horizontal"
03    android:paddingBottom="20dp"
```

（3）在线性布局管理器中，添加两个图片按钮，分别为"开始游戏"按钮和"切换账号"按钮。主要是通过 android:src 属性设置图片，以及通过 android:background 属性设置背景透明，具体代码如下：

```
01    <!-- "开始游戏"图片按钮-->
02    <ImageButton
03        android:id="@+id/start"
04        android:layout_width="wrap_content"
05        android:layout_height="wrap_content"
06        android:background="#0000"
07        android:src="@mipmap/bt_start"
08        />
09    <!-- "切换账号"图片按钮-->
10    <ImageButton
11        android:id="@+id/switch1"
12        android:layout_width="wrap_content"
13        android:layout_height="wrap_content"
14        android:background="#0000"
15        android:src="@mipmap/bt_switch"
16        android:layout_marginTop="10dp"
17        />
```

**注意**

在设置组件 ID 时，不能使用 Java 关键字。例如在上面的代码中，就不能把 ID 属性值设置为 @+id/switch，否则将出现资源名不能使用 Java 关键字（Resource name cannot be a Java keyword …）的错误。

（4）打开主活动 MainActivity.java 文件，修改默认生成的代码，让 MainActivity 直接继承 Activity，并导入 android.app.Activity 类，然后在 onCreate()方法中添加设置全屏的代码，修改后的具体代码如下：

```
01    public class MainActivity extends Activity {
02        @Override
03        protected void onCreate(Bundle savedInstanceState) {
04            super.onCreate(savedInstanceState);
05            setContentView(R.layout.activity_main);
06            getWindow().setFlags(WindowManager.LayoutParams.FLAG_FULLSCREEN,
07                    WindowManager.LayoutParams.FLAG_FULLSCREEN);          //设置全屏显示
08        }
09    }
```

（5）在主活动 MainActivity 的 onCreate()方法中，为"开始游戏"图片按钮添加单击事件监听器，在重写的 onClick()方法中弹出相应的消息提示框，关键代码如下：

```
01    ImageButton st= (ImageButton) findViewById(R.id.start); //通过 ID 获取布局"开始游戏"图片按钮
02    //为"开始游戏"图片按钮添加单击事件监听器
03    st.setOnClickListener(new View.OnClickListener() {
```

```
04        @Override
05        public void onClick(View v) {
06            Toast.makeText(MainActivity.this,
07                "您单击了开始游戏按钮",Toast.LENGTH_SHORT).show();
08        }
09    });
```

（6）按照步骤（5）的方法再为"切换账号"图片按钮添加单击事件监听器，具体代码请参见资源包。

（7）运行效果如图 5.11 所示，单击"开始游戏"按钮，将显示如图 5.12 所示的消息提示框。

图 5.11　开心消消乐的"开始游戏"和"切换账号"按钮　　　图 5.12　单击"开始游戏"按钮显示的消息提示框

## 5.3　图像类组件

Android 提供了比较丰富的图像类组件。用于显示图像的组件称为图像视图组件，用 ImageView 表示；用于按照行、列的方式来显示多个元素（如图片、文字等）的组件称为网格视图，用 GridView 表示，它们的继承关系如图 5.13 所示。

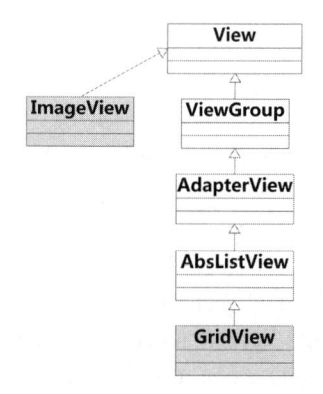

图 5.13　图像类组件继承关系图

83

从图 5.13 中可以看出，ImageView 组件继承自 View，它主要用于呈现图像；GridView 组件间接继承自 AdapterView 组件，可以包括多个列表项，并且可以通过合适的方式显示。下面将对这 3 个组件分别进行介绍。

> **说明**
> AdapterView 是一个抽象基类，它继承自 ViewGroup，属于容器，可以包括多个列表项，并且可以通过合适的方式显示。在指定多个列表项时，使用 Adapter 对象提供。

## 5.3.1 图像视图

图像视图（ImageView）用于在屏幕中显示任何 Drawable 对象，通常用来显示图片。例如，美图秀秀的美化图片界面中显示的图片，以及有道词典的主界面中的图片。

> **说明**
> 在使用 ImageView 组件显示图像时，通常需要将要显示的图片放置在 res\drawable 或者 res\mipmap 目录中。

在布局文件中添加图像视图，可以使用<ImageView>标记来实现，具体的语法格式如下。

```
<ImageView
    属性列表
    >
</ImageView>
```

ImageView 组件支持的常用 XML 属性如表 5.3 所示。

表 5.3　ImageView 组件支持的 XML 属性

| XML 属性 | 描　　述 |
| --- | --- |
| android:adjustViewBounds | 用于设置 ImageView 组件是否通过调整自己的边界来保持所显示图片的长宽比 |
| android:maxHeight | 设置 ImageView 组件的最大高度，需要设置 android:adjustViewBounds 属性值为 true，否则不起作用 |
| android:maxWidth | 设置 ImageView 组件的最大宽度，需要设置 android:adjustViewBounds 属性值为 true，否则不起作用 |
| android:scaleType | 用于设置所显示的图片如何缩放或移动以适应 ImageView 的大小，其属性值可以是：matrix（使用 matrix 方式进行缩放）、fitXY（对图片横向、纵向独立缩放，使得该图片完全适应于该 ImageView，图片的纵横比可能会改变）、fitStart（保持纵横比缩放图片，直到该图片能完全显示在 ImageView 中，缩放完成后该图片放在 ImageView 的左上角）、fitCenter（保持纵横比缩放图片，直到该图片能完全显示在 ImageView 中，缩放完成后该图片放在 ImageView 的中间）、fitEnd（保持纵横比缩放图片，直到该图片能完全显示在 ImageView 中，缩放完成后该图片放在 ImageView 的右下角）、center（把图像放在 ImageView 的中间，但不进行任何缩放）、centerCrop（保持纵横比缩放图片，以使图片能完全覆盖 ImageView）或 centerInside（保持纵横比缩放图片，以使 ImageView 能完全显示该图片） |

## 第 5 章　初级 UI 组件

续表

| XML 属性 | 描　述 |
| --- | --- |
| android:src | 用于设置 ImageView 所显示的 Drawable 对象的 ID，例如，设置显示保存在 res/drawable 目录下的名称为 flower.jpg 的图片，可以将属性值设置为 android:src="@drawable/flower" |
| android:tint | 用于为图片着色，其属性值可以是#rgb、#argb、#rrggbb 或 #aarrggbb 表示的颜色值 |

> **说明**
> 
> 在表 5.3 中，只给出了 ImageView 组件常用的部分属性，关于该组件的其他属性，可以参阅 Android 官方提供的 API 文档。

下面编写一个关于 ImageView 组件的实例。

**【例 5.05】** 单击 ImageView 更换显示的图像（**实例位置：资源包\源码\05\5.05**）

在 Android Studio 中创建 Module，名称为 ImageView。在该 Module 中实现本实例，具体步骤如下。

（1）修改新建 Module 的 res/layout 目录下的布局文件 activity_main.xml，将默认添加的布局管理器修改为相对布局管理器，并将默认添加的 TextView 组件删除，然后在布局管理器中添加一个 ImageView 组件并设置默认显示的图片与单击事件的方法，修改后的代码如下。

```
01  <?xml version="1.0" encoding="utf-8"?>
02  <RelativeLayout xmlns:android="http://schemas.android.com/apk/res/android"
03      xmlns:app="http://schemas.android.com/apk/res-auto"
04      xmlns:tools="http://schemas.android.com/tools"
05      android:layout_width="match_parent"
06      android:layout_height="match_parent"
07      tools:context="com.mingrisoft.imageview.MainActivity">
08      <!--图像视图控件-->
09      <ImageView
10          android:id="@+id/imageView"
11          android:layout_width="wrap_content"
12          android:layout_height="wrap_content"
13          android:onClick="onImageView"
14          android:layout_margin="50dp"
15          android:background="@drawable/bg2" />
16  </RelativeLayout>
```

（2）打开 MainActivity 类，首先定义图像视图控件与图像标记，然后在 onCreate()方法中获取图像视图控件，最后创建 onImageView()方法，用于实现更换图像，代码如下。

```
01  public class MainActivity extends AppCompatActivity {
02      private ImageView imageView;                            //图像视图控件
03      private int i = 2;                                      //设置图像标记
04      @Override
05      protected void onCreate(Bundle savedInstanceState) {
06          super.onCreate(savedInstanceState);
07          setContentView(R.layout.activity_main);
08          imageView = findViewById(R.id.imageView);           //获取图像视图控件
09      }
```

```
10      //图像视图控件的单击事件
11      public void onImageView(View view) {
12          if (i == 2) {
13              imageView.setBackgroundResource(R.drawable.bg1);      //更换图片
14              i=1;                                                  //更改图像标记
15          } else {
16              imageView.setBackgroundResource(R.drawable.bg2);
17              i=2;                                                  //更改图像标记
18          }
19      }
20  }
```

（3）运行本实例，将显示如图 5.14 和图 5.15 所示的界面效果。

图 5.14　默认显示的图像　　　　　　图 5.15　更换显示的图像

## 5.3.2　网格视图

网格视图（GridView）是按照行、列分布的方式来显示多个组件，通常用于显示图片或图标等。例如，QQ 相册相片预览界面，以及口袋购物浏览商品界面，都应用了网格视图。

在使用网格视图时，需要在屏幕上添加 GridView 组件，通常在 XML 布局文件中使用<GridView>标记实现，其基本语法如下。

```
<GridView
    属性列表
    >
</GridView>
```

GridView 组件支持的 XML 属性如表 5.4 所示。

表 5.4 GridView 组件支持的 XML 属性

| XML 属性 | 描 述 |
|---|---|
| android:columnWidth | 用于设置列的宽度 |
| android:gravity | 用于设置对齐方式 |
| android:horizontalSpacing | 用于设置各元素之间的水平间距 |
| android:numColumns | 用于设置列数，其属性值通常为大于 1 的值，如果只有 1 列，那么最好使用 ListView 实现 |
| android:stretchMode | 用于设置拉伸模式，其中属性值可以是 none（不拉伸）、spacingWidth（仅拉伸元素之间的间距）、columnWidth（仅拉伸表格元素本身）或 spacingWidthUniform（表格元素本身、元素之间的间距一起拉伸） |
| android:verticalSpacing | 用于设置各元素之间的垂直间距 |

在使用 GridView 组件时，通常使用 Adapter 类为 GridView 组件提供数据。

Apapter 类是一个接口，代表适配器对象。它是组件与数据之间的桥梁，通过它可以处理数据并将其绑定到相应的组件上，它的常用实现类包括以下几个。

☑ ArrayAdapter：数组适配器，通常用于将数组的多个值包装成多个列表项，只能显示一行文字。
☑ SmipleAdapter：简单适配器，通常用于将 List 集合的多个值包装成多个列表项。可以自定义各种效果，功能强大。
☑ SmipleCursorAdapter：与 SmipleAdapter 类似，只不过它须将 Cursor（数据库的游标对象）的字段与组件 ID 对应，从而实现将数据库的内容以列表形式展示出来。
☑ BaseAdapter：是一个抽象类，继承它需要实现较多的方法，通常它可以对各列表项进行最大限度的定制，也具有很高的灵活性。

下面通过一个具体的实例演示如何通过 BaseAdapter 适配器指定内容的方式创建 GridView。

【例 5.06】 手机 QQ 相册界面（**实例位置：资源包\源码\05\5.06**）

在 Android Studio 中创建 Module，名称为 QQ Album。在该 Module 中实现本实例，具体步骤如下。

（1）修改新建 Module 的 res/layout 目录下的布局文件 activity_main.xml，将默认添加的布局管理器修改为垂直线性布局管理器，然后在 TextView 组件上面添加一个 ImageView，最后在 ImageView 下面添加 id 为 gridView 的 GridView 组件，并设置其列数为自动排列，修改后的代码如下。

```
01  <LinearLayout xmlns:android="http://schemas.android.com/apk/res/android"
02      xmlns:tools="http://schemas.android.com/tools"
03      android:layout_width="match_parent"
04      android:layout_height="match_parent"
05      android:orientation="vertical"
06      tools:context="com.mingrisoft.MainActivity">
07  <!--标题栏-->
08      <ImageView
09          android:layout_width="match_parent"
10          android:layout_height="wrap_content"
11          android:src="@mipmap/qqxiang" />
12  <!--年月日-->
13      <TextView
14          android:layout_width="match_parent"
```

```
15        android:layout_height="wrap_content"
16        android:paddingBottom="10dp"
17        android:paddingTop="10dp"
18        android:text="2016 年 1 月 19 号" />
19    <!--网格布局-->
20    <GridView
21        android:id="@+id/gridView"
22        android:layout_width="match_parent"
23        android:layout_height="match_parent"
24        android:columnWidth="100dp"
25        android:gravity="center"
26        android:numColumns="auto_fit"
27        android:stretchMode="columnWidth"
28        android:verticalSpacing="5dp">
29    </GridView>
30 </LinearLayout>
```

（2）打开主活动 MainActivity，修改默认生成的代码，让 MainActivity 直接继承 Activity，并导入 android.app.Activity 类，然后在该类中创建一个用于保存图片资源 ID 的数组，修改后的关键代码如下。

```
01 public class MainActivity extends Activity {
02     //显示的图片资源 ID 的数组
03     private Integer[] picture = {R.mipmap.img01, R.mipmap.img02, R.mipmap.img03,
04             R.mipmap.img04, R.mipmap.img05, R.mipmap.img06, R.mipmap.img07,
05             R.mipmap.img08, R.mipmap.img09, R.mipmap.img10, R.mipmap.img11,
06             R.mipmap.img12,};
07 }
```

（3）在 MainActivity 中，创建一个 ImageAdapter 图片适配器，在该适配器中，首先创建一个新的 ImageView，然后将图片通过适配器加载到新的 ImageView 中，具体代码如下。

```
01 //创建 ImageAdapter
02 public class ImageAdapter extends BaseAdapter {
03     private Context mContext;                          //获取上下文
04     public ImageAdapter(Context c){
05         mContext=c;
06     }
07     @Override
08     public int getCount() {
09         return picture.length;                         //图片数组的长度
10     }
11     @Override
12     public Object getItem(int position) {
13         return null;
14     }
15     @Override
16     public long getItemId(int position) {
17         return 0;
```

```
18        }
19        @Override
20        public View getView(int position, View convertView, ViewGroup parent) {
21            ImageView imageView;
22            if(convertView==null){                                  //判断传过来的值是否为空
23                imageView=new ImageView(mContext);                  //创建 ImageView 组件
24                imageView.setLayoutParams(new GridView.LayoutParams(100, 90));  //为组件设置宽高
25                imageView.setScaleType(ImageView.ScaleType.CENTER_CROP);    //选择图片铺设方式
26            }else{
27                imageView= (ImageView) convertView;
28            }
29            imageView.setImageResource(picture[position]);          //将获取图片放到 ImageView 组件中
30            return imageView;                                       //返回 ImageView
31        }
32    }
```

（4）在主活动的 onCreate()方法中，获取布局文件中添加的 GridView 组件，并且为其设置适配器，关键代码如下。

```
01  GridView gridView= (GridView) findViewById(R.id.gridView);   //获取布局文件中的 GridView 组件
02  gridView.setAdapter(new ImageAdapter(this));                 //调用 ImageAdapter
```

（5）打开 AndroidManifest.xml 文件，将其中的<application>标记的 android:theme 属性值@style/AppTheme 修改为@style/Theme.AppCompat.Light.DarkActionBar，修改后的 android:theme 属性的代码如下。

```
android:theme="@style/Theme.AppCompat.Light.DarkActionBar"
```

（6）运行本实例，将显示如图 5.16 所示的界面。

图 5.16　通过 GridView 实现手机 QQ 相册页面

## 5.4 实  战

### 5.4.1 实现手机相机中的拍照按钮

通过图片按钮模拟实现手机相机中的拍照按钮。(**实例位置：资源包\源码\05\实战\01**)

### 5.4.2 实现模拟淘宝首页分类栏

通过网格视图组件实现模拟淘宝首页分类栏的显示效果。(**实例位置：资源包\源码\05\实战\02**)

## 5.5 小  结

本章主要介绍了Android应用开发中初级UI组件的文本类组件、按钮类组件以及图像类组件。这些组件都属于UI组件，可以在界面中看到效果。其中，文本类组件用于输入和输出文字；按钮类组件用于触发一定的事件；图像类组件用于显示UI图像与图像显示的方式。在进行UI界面设计时，经常会应用到这些组件，需要读者认真学习，灵活运用。

# 第 6 章

## 中级 UI 组件

（视频讲解：1 小时 48 分钟）

第 4 章已经介绍了初级 UI 组件的用法以及组件经常出现在 App 的哪些位置。本章将继续学习 Android 开发中的用户界面设计，主要涉及一些常用的中级 UI 组件、自动完成文本框和文本切换器等，通过这些组件，可以开发出更加优秀的用户界面。

## 6.1 按钮类组件（中级）

### 6.1.1 单选按钮

在默认情况下，单选按钮显示为一个圆形图标，并且在该图标旁边放置一些说明性文字。在程序中，一般将多个单选按钮放置在按钮组中，使这些单选按钮表现出某种功能，当用户选中某个单选按钮后，按钮组中的其他按钮将被自动取消选中状态。在 Android 手机应用中，单选按钮应用也十分广泛。例如，在使用陌陌社交工具注册新用户填写基本资料时，填写基本资料界面中的选择性别单选按钮。

通过<RadioButton>在 XML 布局文件中添加单选按钮的基本语法格式如下。

```
<RadioButton
android:text="显示文本"
android:id="@+id/ID 号"
android:checked="true|false"
android:layout_width="wrap_content"
android:layout_height="wrap_content"
    >
</RadioButton>
```

RadioButton 组件的 android:checked 属性用于指定选中状态，属性值为 true 时，表示选中；属性值为 false 时，表示取消选中，默认为 false。

通常情况下，RadioButton 组件需要与 RadioGroup 组件一起使用，组成一个单选按钮组。在 XML 布局文件中，添加 RadioGroup 组件的基本格式如下。

```
01  <RadioGroup
02      android:id="@+id/radioGroup1"
03      android:orientation="horizontal"
04      android:layout_width="wrap_content"
05      android:layout_height="wrap_content">
06      <!--添加多个 RadioGroup 组件-->
07  </RadioGroup>
```

例如，在页面中添加一个选择性别的单选按钮组和一个"提交"按钮，可以使用下面的代码。

```
01  <RadioGroup
02      android:id="@+id/radioGroup1"
03      android:orientation="horizontal"
04      android:layout_width="wrap_content"
05      android:layout_height="wrap_content">
06      <RadioButton
07          android:layout_height="wrap_content"
08          android:id="@+id/radio0"
09          android:text="男"
```

```
10      android:layout_width="wrap_content"
11      android:checked="true"/>
12  <RadioButton
13      android:layout_height="wrap_content"
14      android:id="@+id/radio1"
15      android:text="女"
16      android:layout_width="wrap_content"/>
17  </RadioGroup>
18  <Button android:text="提交"
19      android:id="@+id/button1"
20      android:layout_width="wrap_content"
21      android:layout_height="wrap_content">
22  </Button>
```

在模拟器中运行上面这段代码，将显示如图 6.1 所示的运行结果。

在屏幕中添加单选按钮组后，还需要获取单选按钮组中选中项的值，通常存在以下两种情况。

#### 1. 在改变单选按钮组的值时获取

图 6.1 添加一个单选按钮组

在改变单选按钮组的值时获取选中的单选按钮的值，首先需要获取单选按钮组，然后为其添加 OnCheckedChangeListener，并在其 onCheckedChanged()方法中根据参数 checkedId 获取被选中的单选按钮，并通过其 getText()方法获取该单选按钮对应的值。例如，要获取 id 属性为 radioGroup1 的单选按钮组的值，可以通过下面的代码实现。

```
01  RadioGroup sex=(RadioGroup)findViewById(R.id.radioGroup1);
02  sex.setOnCheckedChangeListener(new RadioGroup.OnCheckedChangeListener() {
03      @Override
04      public void onCheckedChanged(RadioGroup group, int checkedId) {
05          RadioButton r=(RadioButton)findViewById(checkedId);
06          r.getText();                                    //获取被选中的单选按钮的值
07      }
08  });
```

#### 2. 单击其他按钮时获取

单击其他按钮获取选中项的值时，首先需要在该按钮的单击事件监听器的 onClick()方法中，通过 for 循环语句遍历当前单选按钮组，并根据被遍历到的单选按钮的 isChecked()方法判断该按钮是否被选中，当被选中时，通过单选按钮的 getText()方法获取对应的值。例如，要在单击"提交"按钮时，获取 id 属性为 radioGroup1 的单选按钮组的值，可以通过下面的代码实现。

```
01  final RadioGroup sex=(RadioGroup)findViewById(R.id.radioGroup1);
02  Button button=(Button)findViewById(R.id.button1);           //获取一个"提交"按钮
03  button.setOnClickListener(new View.OnClickListener() {
04      @Override
05      public void onClick(View v) {
06          for(int i=0;i<sex.getChildCount();i++){
```

```
07          RadioButton r=(RadioButton)sex.getChildAt(i);    //根据索引值获取单选按钮
08          if(r.isChecked()){                                //判断单选按钮是否被选中
09              r.getText();                                  //获取被选中的单选按钮的值
10              break;                                        //跳出 for 循环
11          }
12       }
13    }
14 });
```

下面通过一个实例演示单选按钮的具体应用。

【例 6.01】 逻辑推理题（实例位置：资源包\源码\06\6.01）

在 Android Studio 中创建 Module，名称为 Radio Button。在该 Module 中实现本实例，具体步骤如下。

（1）修改新建 Module 的 res/ayout 目录下的布局文件 activity_main.xml，将默认添加的布局管理器修改为垂直线性布局管理器，并修改默认添加的 TextView 组件用于显示逻辑推理题的文字内容，然后添加一个包含 4 个单选按钮的单选按钮组和一个"提交"按钮，关键代码如下。

```
01 <!--逻辑问题-->
02 <TextView
03     android:layout_width="wrap_content"
04     android:layout_height="wrap_content"
05     android:text="一天，张山的店里来了一个顾客，挑了 25 元的货，顾客拿出 100 元，
06     张山没有零钱找不开，就到隔壁李石的店里把这 100 元换成零钱，回来给顾客找了 75 元零钱。
07     过一会，李石来找张山，说刚才的那 100 是假钱，张山马上给李石换了张真钱，问张山赔了多少钱？"
08     android:textSize="16sp"/>
09 <!--单选按钮组-->
10 <RadioGroup
11     android:id="@+id/rg"
12     android:layout_width="wrap_content"
13     android:layout_height="wrap_content">
14     <!--单选按钮 A-->
15     <RadioButton
16         android:id="@+id/rb_a"
17         android:layout_width="wrap_content"
18         android:layout_height="wrap_content"
19         android:text="A:125" />
20     <!--单选按钮 B-->
21     <RadioButton
22         android:id="@+id/rb_b"
23         android:layout_width="wrap_content"
24         android:layout_height="wrap_content"
25         android:text="B:100" />
26     <!--单选按钮 C-->
27     <RadioButton
28         android:id="@+id/rb_c"
29         android:layout_width="wrap_content"
30         android:layout_height="wrap_content"
31         android:text="C:175" />
32     <!--单选按钮 D-->
```

```
33      <RadioButton
34          android:id="@+id/rb_d"
35          android:layout_width="wrap_content"
36          android:layout_height="wrap_content"
37          android:text="D:200" />
38      </RadioGroup>
39      <!--"提交"按钮-->
40      <Button
41          android:id="@+id/bt"
42          android:layout_width="wrap_content"
43          android:layout_height="wrap_content"
44          android:text="提 交" />
```

（2）在主活动 MainActivity 的 onCreate()方法中，获取"提交"按钮并为其添加单击事件监听器，在按钮的单击事件监听器的 onClick()方法中，通过 for 循环语句遍历当前单选按钮组，并根据被遍历到的单选按钮的 isChecked()方法判断该按钮是否被选中，当被选中时，通过单选按钮的 getText()方法获取对应的值，并且将获取的值与正确答案的值进行比较，如果相同，则提示"回答正确"，否则给出解析及正确答案，关键代码如下。

```
01  public class MainActivity extends AppCompatActivity {
02      Button bt;                                              //定义"提交"按钮
03      RadioGroup rg;                                          //定义单选按钮组
04      @Override
05      protected void onCreate(Bundle savedInstanceState) {
06      super.onCreate(savedInstanceState);
07      setContentView(R.layout.activity_main);
08      bt = (Button) findViewById(R.id.bt);                    //通过 id 获取布局中的"提交"按钮
09      rg = (RadioGroup) findViewById(R.id.rg);                //通过 id 获取布局中的单选按钮组
10      bt.setOnClickListener(new View.OnClickListener() {      //为"提交"按钮设置单击事件监听器
11          @Override
12          public void onClick(View v) {
13              for (int i = 0; i < rg.getChildCount(); i++) {
14                  //根据索引值获取单选按钮
15                  RadioButton radioButton = (RadioButton) rg.getChildAt(i);
16                  if (radioButton.isChecked()) {              //判断单选按钮是否被选中
17                      if (radioButton.getText().equals("B:100")) {  //判断答案是否正确
18                          Toast.makeText(MainActivity.this,
19                              "回答正确", Toast.LENGTH_LONG).show();
20                      } else {
21                          //错误消息提示框
22                          AlertDialog.Builder builder = new AlertDialog.Builder(MainActivity.this);
23                          builder.setMessage("回答错误，下面请看解析：当张山换完零钱之后，" +
24                              "给了顾客 75 还有价值 25 元的商品，自己还剩下了 25 元。这时，" +
25                              "李石来找张山要钱，张山把自己剩下的相当于是李石的 25 元给了李石，" +
26                              "另外自己掏了 75 元。这样张山赔了一个 25 元的商品和 75 元的人民币，" +
27                              "总共价值 100 元。");
28                          builder.setPositiveButton("确定", null).show();   //单击确定消失
29                      }
30                      break;                                  //跳出 for 循环
```

```
31                    }
32                }
33            }
34        });
35    }
36 }
```

（3）运行本实例，将显示如图 6.2 所示的界面。

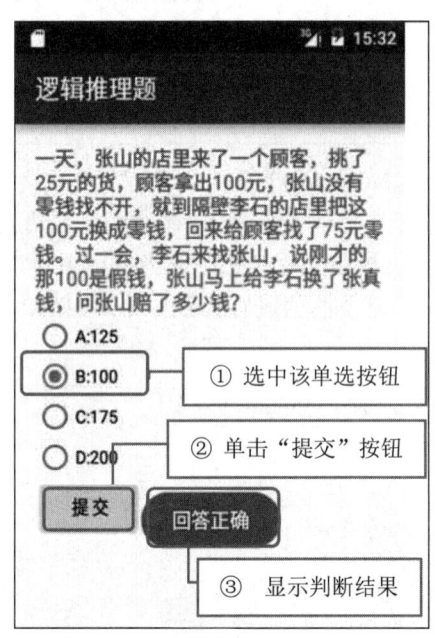

图 6.2　逻辑推理题的单选按钮组

## 6.1.2　复选框

在默认情况下，复选框显示为一个方块图标，并且在该图标旁边放置一些说明性文字。与单选按钮唯一不同的是，复选框可以进行多选设置，每一个复选框都提供"选中"和"不选中"两种状态。在 Android 手机应用中，复选框组件的应用也十分广泛。例如，在全民飞机大战游戏中，通过微信登录游戏时显示的授予权限界面，在该页面中将通过复选框显示已经授予的权限；亚马逊手机客户端的用户登录页面中的是否显示密码的复选框。

通过<CheckBox>在 XML 布局文件中添加复选框的基本语法格式如下。

```
<CheckBox android:text="显示文本"
android:id="@+id/ID 号"
android:layout_width="wrap_content"
android:layout_height="wrap_content"
    >
</CheckBox>
```

由于使用复选框可以选中多项，所以为了确定用户是否选择了某一项，还需要为每一个选项添加

事件监听器。例如，要为 id 为 like1 的复选框添加状态改变事件监听器，可以使用下面的代码。

```
01  final CheckBox like1=(CheckBox)findViewById(R.id.like1);        //根据 id 属性获取复选框
02  like1.setOnCheckedChangeListener(new CompoundButton.OnCheckedChangeListener() {
03      @Override
04      public void onCheckedChanged(CompoundButton buttonView, boolean isChecked) {
05          if(like1.isChecked()){                                    //判断该复选框是否被选中
06              like1.getText();                                      //获取选中项的值
07          }
08      }
09  });
```

下面通过一个实例来演示复选框的应用。

【例 6.02】 模拟 12306 车票预订（**实例位置：资源包\源码\06\6.02**）

在 Android Studio 中创建 Module，名称为 Check Box，实现本实例的骤如下。

（1）修改新建 Module 的 res/ayout 目录下的布局文件 activity_main.xml，将默认添加的布局管理器修改为相对布局管理器，然后添加两个 CheckBox 复选框控件和一个 Button 按钮控件，关键代码如下。

```
01  <!--学生复选框-->
02  <CheckBox
03      android:id="@+id/checkbox1"
04      android:layout_width="wrap_content"
05      android:layout_height="wrap_content"
06      android:layout_alignEnd="@+id/checkbox2"
07      android:layout_alignParentBottom="true"
08      android:layout_alignRight="@+id/checkbox2"
09      android:layout_marginBottom="258dp"
10      android:layout_marginEnd="69dp"
11      android:layout_marginRight="69dp"
12      android:scaleX="0.9"
13      android:scaleY="0.9"
14      android:text="学生"
15      android:textColor="#000000" />
16  <!--车次复选框-->
17  <CheckBox
18      android:id="@+id/checkbox2"
19      android:layout_width="wrap_content"
20      android:layout_height="wrap_content"
21      android:layout_alignParentEnd="true"
22      android:layout_alignParentRight="true"
23      android:layout_alignTop="@+id/checkbox1"
24      android:layout_marginEnd="22dp"
25      android:layout_marginRight="22dp"
26      android:layout_marginTop="51dp"
27      android:scaleX="0.9"
28      android:scaleY="0.9"
29      android:text="兑换车次"
30      android:textColor="#000000" />
31  <!--"查询"按钮-->
```

```
32  <Button
33      android:layout_width="match_parent"
34      android:layout_height="wrap_content"
35      android:layout_alignParentLeft="true"
36      android:layout_alignParentStart="true"
37      android:layout_below="@+id/checkbox2"
38      android:layout_marginLeft="15dp"
39      android:layout_marginRight="15dp"
40      android:layout_marginTop="25dp"
41      android:background="@drawable/shape"
42      android:onClick="onClick"
43      android:text="查询"
44      android:textColor="#FFFFFF"
45      android:textSize="18sp" />
```

（2）在主活动 MainActivity 中，定义两个复选框并且在 onCreate() 方法中获取这两个复选框控件，代码如下。

```
01  CheckBox checkBox1, checkBox2;                              //定义复选框
02  @Override
03  protected void onCreate(Bundle savedInstanceState) {
04      super.onCreate(savedInstanceState);
05      setContentView(R.layout.activity_main);
06      //全屏
07      getWindow().setFlags(WindowManager.LayoutParams.FLAG_FULLSCREEN,
08              WindowManager.LayoutParams.FLAG_FULLSCREEN);
09      checkBox1 = (CheckBox) findViewById(R.id.checkbox1);    //通过 id 获取布局复选框 1
10      checkBox2 = (CheckBox) findViewById(R.id.checkbox2);    //通过 id 获取布局复选框 2
11  }
```

（3）创建 onClick() 方法，该方法是"查询"按钮的单击事件，在该方法中通过 if 语句获取被选中的复选框所对应的值，然后通过一个提示信息框显示，代码如下。

```
01  public void onClick(View view) {
02      String checked = "";                                    //保存选中的值
03      if (checkBox1.isChecked()) {                            //当第一个复选框被选中
04          checked += checkBox1.getText().toString();          //输出第一个复选框内的信息
05      }
06      if (checkBox2.isChecked()) {                            //当第二个复选框被选中
07          checked += checkBox2.getText().toString();          //输出第二个复选框内的信息
08      }
09      if (checked.equals("")){
10          Toast.makeText(this, "请选择复选框内容！", Toast.LENGTH_SHORT).show();
11      }else {
12          //显示被选中复选框对应的信息
13          Toast.makeText(MainActivity.this, checked, Toast.LENGTH_LONG).show();
14      }
15  }
```

（4）运行本实例，将显示如图 6.3 所示的界面，选中复选框，单击"查询"按钮，将弹出如图 6.4

所示的消息提示框。

图 6.3　选中复选框

图 6.4　获取复选框对应的值

## 6.2　进度条类组件

在 Android 中，提供了进度条、拖动条和星级评分条等进度条类组件。其中，用于显示某个耗时操作完成的百分比的组件称为进度条组件，用 ProgressBar 表示；允许用户通过拖曳滑块来改变值的组件称为拖曳条组件，用 SeekBar 表示；同样也是允许用户通过拖曳来改变进度，但是使用星星图案表示进度的组件称为星级评分条，用 RatingBar 表示。它们的继承关系如图 6.5 所示。

从图 6.5 可以看出，ProgressBar 组件继承自 View，而 SeekBar 和 RatingBar 组件又间接继承自 ProgressBar 组件。所以对于 ProgressBar 的属性，同样适用于 SeekBar 和 RatingBar 组件。下面将对这 3 个组件分别进行介绍。

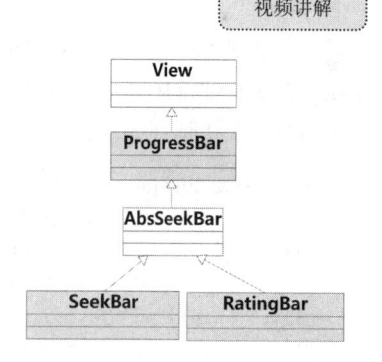

图 6.5　进度条类组件继承关系图

### 6.2.1　进度条

当一个应用在后台执行时，前台界面不会有任何信息，这时用户根本不知道程序是否在执行以及执行进度等，因此需要使用进度条来提示程序执行的进度。在 Android 中，提供了两种进度条：一种

99

是水平进度条；另一种是圆形进度条。例如，开心消消乐的启动页面中的进度条为水平进度条；而一键清理大师的垃圾清理界面的进度条为圆形进度条。

在屏幕中添加进度条，可以在 XML 布局文件中通过<ProgressBar>标记添加，基本语法格式如下。

```
<ProgressBar
    属性列表
    >
</ProgressBar>
```

ProgressBar 组件支持的 XML 属性如表 6.1 所示。

表 6.1  ProgressBar 支持的 XML 属性

| XML 属性 | 描 述 |
| --- | --- |
| android:max | 用于设置进度条的最大值 |
| android:progress | 用于指定进度条已完成的进度值 |
| android:progressDrawable | 用于设置进度条轨道的绘制形式 |

除了表 6.1 介绍的属性外，进度条组件还提供了下面两个常用方法用于操作进度。

☑  setProgress(int progress)方法：用于设置进度完成的百分比。

☑  incrementProgressBy(int diff)方法：用于设置进度条的进度增加或减少。当参数值为正数时，表示进度增加；当参数值为负数时，表示进度减少。

下面编写一个关于在屏幕中使用进度条的实例。

【例 6.03】 模拟开心消消乐启动界面（**实例位置：资源包\源码\06\6.03**）

在 Android Studio 中创建 Module，名称为 Horizontal Progress Bar。在该 Module 中实现本实例，具体步骤如下。

（1）修改新建 Module 的 res/ayout 目录下的布局文件 activity_main.xml，将默认添加的布局管理器修改为相对布局管理器，并将 TextView 组件删除，然后添加一个水平进度条，并且将名称为 xxll.jpg 的背景图片复制到 mipmap-mdpi 目录中，修改后的代码如下。

```
01  <RelativeLayout xmlns:android="http://schemas.android.com/apk/res/android"
02      xmlns:tools="http://schemas.android.com/tools"
03      android:layout_width="match_parent"
04      android:layout_height="match_parent"
05      android:background="@mipmap/xxll"
06      tools:context="com.mingrisoft.MainActivity">
07      <!--水平进度条-->
08      <ProgressBar
09          android:id="@+id/progressBar1"
10          style="@android:style/Widget.ProgressBar.Horizontal"
11          android:layout_width="match_parent"
12          android:layout_height="25dp"
13          android:layout_alignParentBottom="true"
14          android:layout_alignParentLeft="true"
15          android:layout_alignParentStart="true"
16          android:layout_marginLeft="10dp"
```

```
17          android:layout_marginRight="10dp"
18          android:layout_marginBottom="60dp"
19          android:max="100" />
20  </RelativeLayout>
```

> **说明**
> 在上面的代码中,通过 android:max 属性设置水平进度条的最大进度值;通过 style 属性为 ProgressBar 指定风格。常用的 style 属性值如表 6.2 所示。
>
> 表 6.2  ProgressBar 的 style 属性的可选值
>
> | XML 属性 | 描　　述 |
> | --- | --- |
> | ?android:attr/progressBarStyleHorizontal | 细水平长条进度条 |
> | ?android:attr/progressBarStyleLarge | 大圆形进度条 |
> | ?android:attr/progressBarStyleSmall | 小圆形进度条 |
> | @android:style/Widget.ProgressBar.Large | 大跳跃、旋转画面的进度条 |
> | @android:style/Widget.ProgressBar.Small | 小跳跃、旋转画面的进度条 |
> | @android:style/Widget.ProgressBar.Horizontal | 粗水平长条进度条 |

（2）打开主活动 MainActivity,修改默认生成的代码,让 MainActivity 直接继承 Activity,并导入 android.app.Activity 类,然后在 onCreate()方法中添加设置当前 Activity 全屏的代码,修改后的具体代码如下。

```
01  public class MainActivity extends Activity {
02      @Override
03      protected void onCreate(Bundle savedInstanceState) {
04          super.onCreate(savedInstanceState);
05          setContentView(R.layout.activity_main);
06          getWindow().setFlags(WindowManager.LayoutParams.FLAG_FULLSCREEN,
07                  WindowManager.LayoutParams.FLAG_FULLSCREEN);    //设置全屏显示
08      }
09  }
```

（3）在主活动 MainActivity 中,定义一个 ProgressBar 类的对象(用于表示水平进度条)、一个 int 型的变量(用于表示完成进度)和一个处理消息的 Handler 类的对象,具体代码如下。

```
01  private ProgressBar horizonP;                       //水平进度条
02  private int mProgressStatus = 0;                    //完成进度
03  private Handler mHandler;                           //声明一个用于处理消息的 Handler 类的对象
```

（4）在主活动的 onCreate()方法中,首先获取水平进度条,然后通过匿名内部类实例化处理消息的 Handler 类（位于 android.os 包中）的对象,并重写 handleMessage()方法,实现当耗时操作没有完成时更新进度,否则设置进度条不显示,关键代码如下。

```
01  horizonP = (ProgressBar) findViewById(R.id.progressBar1);    //获取水平进度条
02  mHandler = new Handler() {
```

```
03        @Override
04        public void handleMessage(Message msg) {
05            if (msg.what == 0x111) {
06                horizonP.setProgress(mProgressStatus);        //更新进度
07            } else {
08                Toast.makeText(MainActivity.this,
09                        "耗时操作已经完成", Toast.LENGTH_SHORT).show();
10                horizonP.setVisibility(View.GONE);     //设置进度条不显示，并且不占用空间
11            }
12        }
13    };
```

> **说明**
> 在上面的代码中，0x111 为自定义的消息代码，通过它可以区分消息，以便进行不同的处理。

（5）开启一个线程，用于模拟一个耗时操作。在该线程中，调用 sendMessage()方法发送处理消息，具体代码如下。

```
01  new Thread(new Runnable() {
02      public void run() {
03          while (true) {                              //循环获取耗时操作完成的百分比，直到耗时操作结束
04              mProgressStatus = doWork();             //获取耗时操作完成的百分比
05              Message m = new Message();              //创建并实例化一个消息对象
06              if (mProgressStatus < 100) {            //当完成进度不到 100 时，表示耗时任务未完成
07                  m.what = 0x111;                     //设置代表耗时操作未完成的消息代码
08                  mHandler.sendMessage(m);            //发送信息
09              } else {                                //当完成进度到达 100 时，表示耗时操作完成
10                  m.what = 0x110;                     //设置代表耗时操作已经完成的消息代码
11                  mHandler.sendMessage(m);            //发送消息
12                  break;                              //退出循环
13              }
14          }
15      }
16      //模拟一个耗时操作
17      private int doWork() {
18          mProgressStatus += Math.random() * 10;      //改变完成进度
19          try {
20              Thread.sleep(200);                      //线程休眠 200 毫秒
21          } catch (InterruptedException e) {
22              e.printStackTrace();                    //输出异常信息
23          }
24          return mProgressStatus;                     //返回新的进度
25      }
26  }).start();                                         //开启一个线程
```

（6）运行本实例，将显示如图 6.6 所示的运行结果。

图 6.6　模拟开心消消乐启动界面的水平进度条

## 6.2.2 拖动条

拖动条与进度条类似，所不同的是，拖动条允许用户拖动滑块来改变值，通常用于实现对某种数值的调节。例如，美图秀秀中的调整相片亮度的界面，以及在一键清理大师的设置界面中设置延迟时间和摇晃灵敏度的拖动条，都应用了拖动条。

在 Android 中，如果想在屏幕中添加拖动条，可以在 XML 布局文件中通过<SeekBar>标记添加，基本语法格式如下。

```
<SeekBar
    android:layout_height="wrap_content"
    android:id="@+id/seekBar1"
    android:layout_width="match_parent">
</SeekBar>
```

SeekBar 组件允许用户改变拖动滑块的外观，这可以使用 android:thumb 属性实现，该属性的属性值为一个 Drawable 对象，该 Drawable 对象将作为自定义滑块。

由于拖动条可以被用户控制，所以需要为其添加 OnSeekBarChangeListener 监听器，基本代码如下。

```
01  seekbar.setOnSeekBarChangeListener(new SeekBar.OnSeekBarChangeListener() {
02      @Override
03      public void onStopTrackingTouch(SeekBar seekBar) {
04          //要执行的代码
05      }
06      @Override
07      public void onStartTrackingTouch(SeekBar seekBar) {
08          //要执行的代码
09      }
10      @Override
11      public void onProgressChanged(SeekBar seekBar, int progress,
12                          boolean fromUser) {
```

```
13              //其他要执行的代码
14          }
15      });
```

> **说明**
> 在上面的代码中，onProgressChanged()方法中的参数 progress 表示当前进度，也就是拖动条的值。

下面通过一个实例说明拖动条的应用。

**【例6.04】** 可以设置屏幕亮度的拖动条（**实例位置：资源包\源码\06\6.04**）

在 Android Studio 中创建 Module，名称为 SeekBar。在该 Module 中实现本实例，具体步骤如下。

（1）修改新建 Module 的 res/ayout 目录下的布局文件 activity_main.xml。首先将默认添加的布局管理器修改为相对布局管理器，并将默认添加的 TextView 组件删除；然后添加一个拖动条，关键代码如下。

```
01  <SeekBar
02      android:id="@+id/set_light"
03      android:layout_width="match_parent"
04      android:layout_height="wrap_content"
05      android:layout_centerVertical="true" />
```

（2）创建 BrightnessUtils 类，该类为亮度工具类，首先在该类中创建 getScreenBrightness()方法用于获取当前屏幕的亮度，代码如下。

```
01  public static int getScreenBrightness(Context context) {
02      int nowBrightnessValue = 0;
03      //创建内容解析对象
04      ContentResolver resolver = context.getContentResolver();
05      try {
06          //获取当前屏幕亮度
07          nowBrightnessValue = Settings.System.getInt(resolver,
08                  Settings.System.SCREEN_BRIGHTNESS);
09      }
10      catch (Exception e) {
11          e.printStackTrace();
12      }
13      return nowBrightnessValue;
14  }
```

（3）创建 setSystemBrightness()方法，用于设置系统屏幕亮度，代码如下。

```
01  public static void setSystemBrightness(Context context, int brightness) {
02      //异常处理
03      if (brightness < 1) {
04          brightness = 1;
05      }
06      //异常处理
07      if (brightness > 255) {
08          brightness = 255;
09      }
```

```
10      saveBrightness(context, brightness);                //调用保存屏幕亮度的方法
11   }
```

（4）创建 saveBrightness()方法，用于保存亮度设置状态，代码如下。

```
01   public static void saveBrightness(Context context, int brightness) {
02       //获取设置系统屏幕亮度的 uri
03       Uri uri = Settings.System.getUriFor("screen_brightness");
04       //保存修改后的屏幕亮度值
05       Settings.System.putInt(context.getContentResolver(),
06               "screen_brightness", brightness);
07       //更新亮度值
08       context.getContentResolver().notifyChange(uri, null);
09   }
```

（5）在主活动 MainActivity 中，声明一个 SeekBar 类的对象用于表示拖动条，再声明一个 BrightnessUtils 对象用于代表屏幕亮度工具类，代码如下。

```
01   private BrightnessUtils utils;                          //屏幕亮度工具类
02   private SeekBar seekBar;                                //拖动条
```

（6）在 onCreate()方法中判断当前系统的版本是否大于或等于 6.0，符合条件将跳转开启系统设置权限的界面，代码如下。

```
01   if(Build.VERSION.SDK_INT >= Build.VERSION_CODES.M) {    //判断系统版本是否大于或等于 6.0
02       if (!Settings.System.canWrite(this)) {              //判断系统权限设置
03           //跳转系统权限界面
04           Intent intent = new Intent
05                   (android.provider.Settings.ACTION_MANAGE_WRITE_SETTINGS);
06           intent.setData(Uri.parse("package:" + getPackageName()));
07           intent.addFlags(Intent.FLAG_ACTIVITY_NEW_TASK);
08           startActivity(intent);
09       }
10   }
```

（7）初始化工具类，然后获取拖动条控件，获取当前屏幕亮度并同步拖动条，最后设置拖动条的最大值，代码如下。

```
01   utils =new BrightnessUtils();                           //初始化工具类
02   seekBar = (SeekBar) findViewById(R.id.set_light);       //获取拖动条控件
03   seekBar.setProgress(utils.getScreenBrightness(this));   //获取当前屏幕亮度并同步拖动条
04   seekBar.setMax(225);                                    //设置拖动条的最大值为 225
```

（8）设置拖动条滑动监听器，用于监听拖动条变化并与屏幕亮度同步，代码如下。

```
01   seekBar.setOnSeekBarChangeListener(new SeekBar.OnSeekBarChangeListener() {
02       @Override
03       public void onProgressChanged(SeekBar seekBar, int i, boolean b) {    //改变中的监听
04           utils.setSystemBrightness(MainActivity.this,i);                   //将当前的进度条的值传给系统
05       }
06       @Override
07       public void onStartTrackingTouch(SeekBar seekBar) {                   //开始改变时监听
```

```
08          }
09          @Override
10          public void onStopTrackingTouch(SeekBar seekBar) {      //结束改变时监听
11          }
12      });
```

(9) 在 AndroidManifest.xml 文件中添加修改系统设置的权限,代码如下。

`<uses-permission android:name="android.permission.WRITE_SETTINGS"/>`

(10) 运行本实例,将显示如图 6.7 所示的运行结果。

图 6.7　改变屏幕亮度的拖动条

> **注意**
> 使用拖动条设置屏幕亮度前,需要将手机自动调节屏幕亮度的功能关闭。

## 6.2.3　星级评分条

星级评分条与拖动条类似,都允许用户通过拖动的方式来改变进度,所不同的是,星级评分条是通过五角星图案来表示进度的。通常情况下,使用星级评分条表示对某一事物的支持度或对某种服务的满意程度等。例如,淘宝中对卖家的好评度就是通过星级评分条实现的,百度外卖的添加评论界面也应用了星级评分条。

在 Android 中,如果想在屏幕中添加星级评分条,可以在 XML 布局文件中通过<RatingBar>标记添加,基本语法格式如下。

```
<RatingBar
    属性列表
    >
</RatingBar>
```

RatingBar 组件支持的 XML 属性如表 6.3 所示。

表 6.3 RatingBar 组件支持的 XML 属性

| XML 属性 | 描 述 |
| --- | --- |
| android:isIndicator | 用于指定该星级评分条是否允许用户改变，true 为不允许改变 |
| android:numStars | 用于指定该星级评分条总共有多少个星 |
| android:rating | 用于指定该星级评分条默认的星级 |
| android:stepSize | 用于指定每次最少需要改变多少个星级，默认为 0.5 个 |

除了表 6.3 介绍的属性外，星级评分条还提供了以下 3 个比较常用的方法。

☑ getRating()方法：用于获取等级，表示选中了几颗星。
☑ getStepSize()方法：用于获取每次最少要改变多少个星级。
☑ getProgress()方法：用于获取进度，获取到的进度值为 getRating()方法返回值与 getStepSize() 方法返回值之商。

下面通过一个具体的实例来说明星级评分条的应用。

【例 6.05】 模拟淘宝评价界面（**实例位置：资源包\源码\06\6.05**）

在 Android Studio 中创建 Module，名称为 Star Rating。实现本实例的具体步骤如下。

（1）修改新建 Module 的 res/ayout 目录下的布局文件 activity_main.xml，首先将默认添加的布局管理器修改为相对布局管理器，然后添加一个星级评分条和一个普通按钮，并将背景图片复制到 mipmap-mdpi 文件夹中，修改后的代码如下。

```
01  <RelativeLayout xmlns:android="http://schemas.android.com/apk/res/android"
02      xmlns:tools="http://schemas.android.com/tools"
03      android:layout_width="match_parent"
04      android:layout_height="match_parent"
05      android:background="@mipmap/xing1"
06      android:padding="16dp"
07      tools:context="com.mingrisoft.MainActivity">
08      <!--店铺评分-->
09      <TextView
10          android:id="@+id/textView"
11          android:layout_width="wrap_content"
12          android:layout_height="wrap_content"
13          android:layout_above="@+id/btn"
14          android:layout_marginBottom="130dp"
15          android:text="店铺评分"
16          android:textSize="20sp" />
17      <!--星级评分条-->
18      <RatingBar
19          android:id="@+id/ratingBar1"
```

```
20          android:layout_width="wrap_content"
21          android:layout_height="wrap_content"
22          android:layout_above="@+id/btn"
23          android:layout_marginBottom="60dp"
24          android:numStars="5"
25          android:rating="0" />
26      <!--发表评价-->
27      <Button
28          android:id="@+id/btn"
29          android:layout_width="wrap_content"
30          android:layout_height="wrap_content"
31          android:layout_alignParentBottom="true"
32          android:layout_alignParentRight="true"
33          android:background="#FF5000"
34          android:text="发表评价" />
35  </RelativeLayout>
```

（2）打开主活动 MainActivity，修改默认生成的代码，让 MainActivity 直接继承 Activity，并导入 android.app.Activity 类，然后定义一个 RatingBar 类的对象，用于表示星级评分条，修改后的具体代码如下。

```
01  public class MainActivity extends Activity {
02      private RatingBar ratingbar;                          //星级评分条
03      @Override
04      protected void onCreate(Bundle savedInstanceState) {
05          super.onCreate(savedInstanceState);
06          setContentView(R.layout.activity_main);
07      }
08  }
```

（3）在主活动的 onCreate()方法中，首先获取布局文件中添加的星级评分条，然后获取提交按钮，并为其添加单击事件监听器，在重写的 onClick()事件中，实现获取进度、等级和每次最少要改变多少个星级并显示到日志中，同时通过消息提示框显示获得的星的个数，关键代码如下。

```
01  ratingbar = (RatingBar) findViewById(R.id.ratingBar1);    //获取星级评分条
02  Button button=(Button)findViewById(R.id.btn);             //获取提交按钮
03  button.setOnClickListener(new View.OnClickListener() {
04      @Override
05      public void onClick(View v) {
06          int result = ratingbar.getProgress();             //获取进度
07          float rating = ratingbar.getRating();             //获取等级
08          float step = ratingbar.getStepSize();             //获取每次最少要改变多少个星级
09          Log.i("星级评分条","step="+step+" result="+result+" rating="+rating);
10          Toast.makeText(MainActivity.this,
11              "你得到了" + rating + "颗星", Toast.LENGTH_SHORT).show();
12      }
13  });
```

（4）运行本实例，将显示如图 6.8 所示的运行结果。

图 6.8　单击"发表评价"按钮显示选择了几颗星

## 6.3　实　　战

### 6.3.1　模拟 12306 添加乘客界面

通过复选框组件实现模拟铁路 12306 购票系统 App 中添加乘客界面的显示效果。（**实例位置：资源包\源码\06\实战\01**）

### 6.3.2　模拟美团评价界面

通过星级评分条组件实现美团 App 中的评价界面，要求评价为 1 颗星时，评分条右侧显示不满意，2~3 颗星表示比较满意，4~5 颗星表示非常满意。（**实例位置：资源包\源码\06\实战\02**）

## 6.4　小　　结

本章主要介绍了 Android 应用开发中级 UI 组件，主要有文本类组件（中级）、按钮类组件（中级）以及进度条类组件。其中，需要重点掌握的是状态开关按钮、单选按钮、复选框以及进度条类组件；在实际开发中这些组件最为常用，需要读者重点掌握并能做到融会贯通。

# 第 7 章

## 高级 UI 组件

（ 视频讲解：58 分钟 ）

本章介绍 Android 开发常用的一些高级 UI 组件，主要包括列表类组件、切换类组件以及通用组件。本章主要学习一些可以滑动的列表或是切换类的组件，通过此类组件可以实现动态 UI 界面的效果。

# 7.1 列表类组件

在 Android 中提供了两种列表类组件：一种是下拉列表框，通常用于弹出一个下拉菜单供用户选择，用 Spinner 表示；另一种是列表视图，通常用于实现在一个窗口中只显示一个列表，使用 ListView 表示，它们的继承关系如图 7.1 所示。

从图 7.1 中可以看出，Spinner 和 ListView 组件都间接继承自 ViewGroup，所以它们都属于容器类组件。而由于它们又间接继承自 AdapterView，所以它们都可以采用合适的方式显示多个列表项。下面将对这两个组件分别进行介绍。

## 7.1.1 下拉列表框

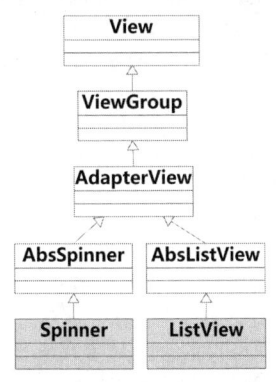

图 7.1 列表类组件继承关系图

Android 中提供的下拉列表框（Spinner）通常用于提供一系列列表项供用户进行选择。例如，豆瓣网搜索界面中的选择搜索类型的下拉列表框，以及手机相册的选择相片显示方式的下拉列表框。

在 Android 中，在 XML 布局文件中通过<Spinner>标记添加下拉列表框，基本语法格式如下。

```
<Spinner
android:entries="@array/数组名称"
android:prompt="@string/info"
其他属性
    >
</Spinner>
```

其中，android:entries 为可选属性，用于指定列表项，如果在布局文件中不指定该属性，可以在 Java 代码中通过为其指定适配器的方式指定；android:prompt 属性也是可选属性，用于指定下拉列表框的标题。

> **说明**
> 在 Android 5.0 中，当采用默认的主题（Theme.Holo）时，设置 android:prompt 属性看不到具体的效果，如果采用 Theme.Black，就可以在弹出的下拉列表框中显示该标题。

通常情况下，如果下拉列表框中要显示的列表项是可知的，那么可将其保存在数组资源文件中，然后通过数组资源来为下拉列表框指定列表项。这样，就可以在不编写 Java 代码的情况下实现一个下拉列表框。下面将通过一个具体的实例来说明如何在不编写 Java 代码的情况下，在屏幕中添加下拉列表框。

【例 7.01】 豆瓣网搜索下拉列表框（**实例位置：资源包\源码\07\7.01**）

在 Android Studio 中创建 Module，名称为 Spinner，实现本实例的具体步骤如下。

（1）修改新建 Module 的 res\layout 目录中的布局文件 activity_main.xml。首先将默认添加的布局管理器修改为水平线性布局管理器，然后在布局文件中添加一个<spinner>标记，并为其指定 android:entries 属性，最后添加一个 EditText 组件，将需要的背景图片复制到 mipmap-mdpi 文件夹中，具体代码如下。

```xml
01  <LinearLayout xmlns:android="http://schemas.android.com/apk/res/android"
02      xmlns:tools="http://schemas.android.com/tools"
03      android:layout_width="match_parent"
04      android:layout_height="match_parent"
05      android:background="@mipmap/xila"
06      android:orientation="horizontal"
07      tools:context="com.mingrisoft.MainActivity">
08      <!--列表选择框-->
09      <Spinner
10          android:id="@+id/spinner"
11          android:layout_width="wrap_content"
12          android:layout_height="50dp"
13          android:entries="@array/ctype">
14      </Spinner>
15      <!--搜索文本框-->
16      <EditText
17          android:layout_width="wrap_content"
18          android:layout_height="wrap_content"
19          android:text="搜索"
20          android:textColor="#F8F8FF" />
21  </LinearLayout>
```

（2）编写用于指定列表项的数组资源文件，并将其保存在 res\values 目录中，这里将其命名为 arrays.xml，在该文件中添加一个字符串数组，名称为 ctype，具体代码如下。

```xml
01  <?xml version="1.0" encoding="utf-8"?>
02  <resources>
03      <string-array name="ctype">
04          <item>全部</item>
05          <item>电影/电视</item>
06          <item>图书</item>
07          <item>唱片</item>
08          <item>小事</item>
09          <item>用户</item>
10          <item>小组</item>
11          <item>群聊</item>
12          <item>游戏/应用</item>
13          <item>活动</item>
14      </string-array>
15  </resources>
```

（3）打开主活动 MainActivity，修改默认生成的代码，让 MainActivity 直接继承 Activity，并导入 android.app.Activity 类，修改后的关键代码如下。

```java
01  import android.app.Activity;
02  public class MainActivity extends Activity {
03  }
```

（4）打开 AndroidManifest.xml 文件，将其中的<application>标记的 android:theme 属性值@style/AppTheme 修改为@style/Theme.AppCompat.Light.DarkActionBar，修改后的 android:theme 属性的代码如下。

```
android:theme="@style/Theme.AppCompat.Light.DarkActionBar"
```

（5）添加下拉列表框后，如果需要在用户选择不同的列表项后，执行相应的处理，则可以为该下拉列表框添加 OnItemSelectedListener 事件监听器。例如，为 spinner 添加选择列表项事件监听器，并通过 getItemAtPosition()方法获取选中的值，然后用 Toast.makeText()方法将获取的值显示出来，可以在 onCreate()方法中使用下面的代码。

```
01  Spinner spinner = (Spinner) findViewById(R.id.spinner);              //获取下拉列表框
02  //为下拉列表框创建监听事件
03  spinner.setOnItemSelectedListener(new AdapterView.OnItemSelectedListener() {
04      @Override
05      public void onItemSelected(AdapterView<?> parent, View view,
06              int position, long id) {
07          String result = parent.getItemAtPosition(position).toString();   //获取选择项的值
08          //显示被选中的值
09          Toast.makeText(MainActivity.this, result, Toast.LENGTH_SHORT).show();
10      }
11      @Override
12      public void onNothingSelected(AdapterView<?> parent) {
13      }
14  });
```

（6）运行本实例，将显示类似豆瓣网搜索页面，单击下拉列表框右侧的黑色倒三角，可以显示下拉列表框的各个列表项，如图 7.2 所示，选择某一列表项（如电影/电视）后，将显示选择项的值，如图 7.3 所示。

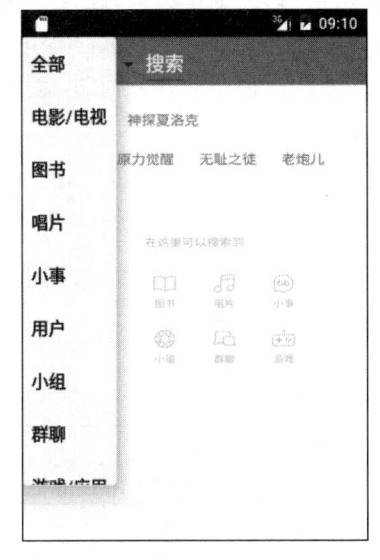

图 7.2　豆瓣网搜索下拉列表框　　　　　图 7.3　显示选择的结果

在使用下拉列表框时，如果不在布局文件中直接为其指定要显示的列表项，也可以通过为其指定适配器的方式指定。下面仍然以例 7.1 为例介绍通过指定适配器的方式指定列表项的方法。

为下拉列表框指定适配器，通常分为以下 3 个步骤。

（1）创建一个适配器对象，通常使用 ArrayAdapter 类。首先需要创建一个一维的字符串数组，用于保存要显示的列表项，然后使用 ArrayAdapter 类的构造方法 ArrayAdapter(Context context, int textViewResourceId, T[] objects)实例化一个 ArrayAdapter 类的实例，具体代码如下。

```
01    String[] ctype=new String[]{"全部","电影","图书","唱片","小事",
02                   "用户","小组","群聊","游戏","活动"};
03    ArrayAdapter<String> adapter=new ArrayAdapter<String>
04                   (this,android.R.layout.simple_spinner_item,ctype);
```

（2）为适配器设置列表框下拉时的选项样式，具体代码如下。

```
adapter.setDropDownViewResource(android.R.layout.simple_spinner_dropdown_item);
```

（3）将适配器与下拉列表框关联，具体代码如下。

```
spinner.setAdapter(adapter);                              //将适配器与选择列表框关联
```

在屏幕上添加下拉列表框后，可以使用下拉列表框的 getSelectedItem()方法获取下拉列表框的选中值，例如，要获取下拉列表框选中项的值，可以使用下面的代码：

```
01    Spinner spinner = (Spinner) findViewById(R.id.spinner);    //获取下拉列表框
02    spinner.getSelectedItem();                                  //获取选中项的值
```

## 7.1.2 列表视图

列表视图（ListView）是 Android 中最常用的一种视图组件，它以垂直列表的形式列出需要显示的列表项。例如，微信通讯录界面中的联系人列表，以及 QQ 的图片浏览设置界面。

在 Android 中，可以通过在 XML 布局文件中使用<ListView>标记添加列表视图，其基本语法格式如下。

```
<ListView
属性列表
    >
</ListView>
```

ListView 组件支持的常用 XML 属性如表 7.1 所示。

表 7.1　ListView 组件支持的 XML 属性

| XML 属性 | 描述 |
| --- | --- |
| android:divider | 用于为列表视图设置分隔条，既可以用颜色分隔，也可以用 Drawable 资源分隔 |
| android:dividerHeight | 用于设置分隔条的高度 |
| android:entries | 用于通过数组资源为 ListView 指定列表项 |

续表

| XML 属性 | 描　述 |
| --- | --- |
| android:footerDividersEnabled | 用于设置是否在 footer View（底部视图）之前绘制分隔条，默认值为 true，设置为 false 时，表示不绘制。使用该属性时，需要通过 ListView 组件提供的 addFooterView() 方法为 ListView 设置 footer View |
| android:headerDividersEnabled | 用于设置是否在 header View（头部视图）之后绘制分隔条，默认值为 true，设置为 false 时，表示不绘制。使用该属性时，需要通过 ListView 组件提供的 addHeaderView() 方法为 ListView 设置 header View |

例如，在布局文件中添加一个列表视图，并通过数组资源为其设置列表项，具体代码如下。

```
01  <ListView android:id="@+id/listView1"
02      android:entries="@array/ctype"
03      android:layout_height="wrap_content"
04      android:layout_width="match_parent"/>
```

在上面的代码中，使用了名称为 ctype 的数组资源，因此，需要在 res\values 目录中创建一个定义数组资源的 XML 文件 arrays.xml，并在该文件中添加名称为 ctype 的字符串数组，关键代码如下。

```
01  <resources>
02      <string-array name="ctype">
03          <item>情景模式</item>
04          …      <!--省略了其他项的代码-->
05          <item>连接功能</item>
06      </string-array>
07  </resources>
```

运行上面的代码，将显示如图 7.4 所示的列表视图。

在使用列表视图时，重要的是如何设置选项内容。同 Spinner 下拉列表框一样，如果没有在布局文件中为 ListView 指定要显示的列表项，也可以通过为其设置 Adapter 来指定需要显示的列表项。通过 Adapter 来为 ListView 指定要显示的列表项，可以分为以下两个步骤。

（1）创建 Adapter 对象。对于纯文字的列表项，通常使用 ArrayAdapter 对象。创建 ArrayAdapter 对象通常可以有两种方式：一种是通过数组资源文件创建；另一种是通过在 Java 文件中使用字符串数组创建。这与 7.1.1 节 Spinner 下拉列表框中介绍的创建 ArrayAdapter 对象基本相同，所不同的就是在创建该对象时，指定列表项的外观形式。在 Android API 中默认提供了一些用于设置外观形式的布局文件，通过这些布局文件，可以很方便地指定 ListView 的外观形式。常用的布局文件有以下几个。

图 7.4　在布局文件中添加的列表视图

- ☑ simple_list_item_1：每个列表项都是一个普通的文本。
- ☑ simple_list_item_2：每个列表项都是一个普通的文本（字体略大）。

- ☑ simple_list_item_checked：每个列表项都有一个已选中的列表项。
- ☑ simple_list_item_multiple_choice：每个列表项都是带复选框的文本。
- ☑ simple_list_item_single_choice：每个列表项都是带单选按钮的文本。

（2）将创建的适配器对象与 ListView 相关联，可以通过 ListView 对象的 setAdapter()方法实现，具体代码如下。

```
listview.setAdapter(adapter); //将适配器与 ListView 关联
```

下面通过一个具体的实例演示通过适配器指定列表项来创建 ListView。

【例 7.02】 模拟支付宝朋友列表（**实例位置：资源包\源码\07\7.02**）

在 Android Studio 中创建 Module，名称为 Alipay Friends。在该 Module 中实现本实例，具体步骤如下。

（1）修改新建 Module 的 res\layout 目录下的布局文件 activity_main.xml，将默认添加的布局管理器修改为相对布局管理器，将默认添加的 TextView 组件删除，添加一个 ListView 组件，用于显示朋友列表，关键代码如下。

```
01 <ListView
02     android:id="@+id/listview"
03     android:layout_width="match_parent"
04     android:layout_height="match_parent"
05     android:layout_marginTop="180dp"
06     android:layout_marginBottom="58dp">
07 </ListView>
```

（2）在新建项目的 res\layout 目录下右击新建一个布局文件，命名为 item，用来显示图片、名称以及信息内容，具体代码如下。

```
01 <?xml version="1.0" encoding="utf-8"?>
02 <LinearLayout xmlns:android="http://schemas.android.com/apk/res/android"
03     android:layout_width="match_parent"
04     android:layout_height="match_parent"
05     android:orientation="horizontal">
06     <!--图标-->
07     <ImageView
08         android:id="@+id/img"
09         android:layout_width="60dp"
10         android:layout_height="60dp" />
11     <LinearLayout
12         android:layout_width="wrap_content"
13         android:layout_height="60dp"
14         android:layout_toRightOf="@+id/img"
15         android:gravity="center_vertical"
16         android:orientation="vertical">
17         <!--名称-->
18         <TextView
19             android:id="@+id/name"
```

```
20              android:layout_width="match_parent"
21              android:layout_height="wrap_content"
22              android:layout_marginLeft="20dp"
23              android:textColor="#000000"
24              android:textSize="18sp" />
25          <!--信息-->
26          <TextView
27              android:id="@+id/info"
28              android:layout_width="match_parent"
29              android:layout_height="wrap_content"
30              android:layout_marginLeft="20dp"
31              android:layout_marginRight="15dp"
32              android:singleLine="true"
33              android:textSize="13sp" />
34      </LinearLayout>
35  </LinearLayout>
```

（3）打开主活动 MainActivity，修改默认生成的代码，让 MainActivity 直接继承 Activity，并导入 android.app.Activity 类，然后分别定义图标数组、名字数组、信息数组。

（4）在主活动的 onCreate()方法中，首先获取布局文件中添加的 ListView，然后创建一个 List 集合，通过 for 循环将图标、名字、信息放到 Map 中，并添加到 List 集合中，关键代码如下。

```
01  ListView listview = (ListView) findViewById(R.id.listview);           //获取列表视图
02  //创建一个 list 集合
03  List<Map<String, Object>> listItems = new ArrayList<Map<String, Object>>();
04  //通过 for 循环将图片 id 和列表项文字放到 Map 中，并添加到 List 集合中
05  for (int i = 0; i < icons.length; i++) {
06      Map<String, Object> map = new HashMap<String, Object>();      //实例化 Map 对象
07      map.put("图标", icons[i]);
08      map.put("名字", names[i]);
09      map.put("信息",infos[i]);
10      listItems.add(map);                                            //将 Map 对象添加到 List 集合中
11  }
```

（5）创建 SimpleAdapter 适配器，并且将适配器与 ListView 关联，为 ListView 创建监听事件，然后通过 getItemAtPosition()方法获取选中的值，最后通过 Toast.makeText()方法将获取的值显示出来，具体代码如下。

```
01  SimpleAdapter adapter = new SimpleAdapter(this, listItems,
02          R.layout.item, new String[]{"名字", "图标","信息"}, new int[]{
03          R.id.name, R.id.img,R.id.info});                              //创建 SimpleAdapter
04  listview.setAdapter(adapter);                                         //将适配器与 ListView 关联
05  listview.setOnItemClickListener(new AdapterView.OnItemClickListener() {
06      @Override
07      public void onItemClick(AdapterView<?> parent, View view, int position, long id) {
08          //获取选择项的值
09          Map<String, Object> map = (Map<String, Object>) parent.getItemAtPosition(position);
10          Toast.makeText(MainActivity.this, map.get("名字"));
```

```
11                    toString(), Toast.LENGTH_SHORT).show();
12          }
13    });
```

（6）运行本实例，将显示如图 7.5 所示的运行结果。

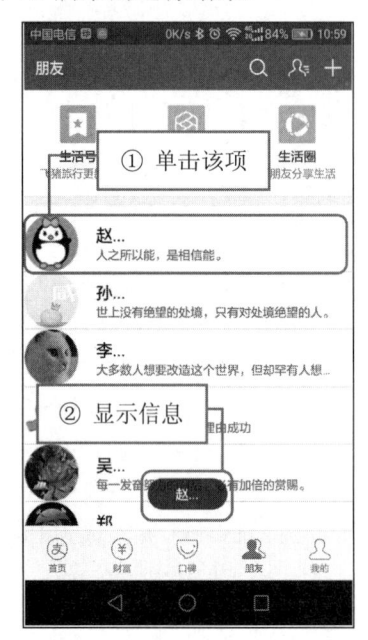

图 7.5　支付宝朋友列表

## 7.2　切换类组件

本节将介绍如何使用 ViewFlipper 组件实现组件之间的切换，然后介绍翻页组件 ViewPager 配合适配器 PagerAdapter 的用法以及翻页标题栏 PagerTabStrip 的用法。下面将对这 3 种切换类组件进行详细的介绍。

### 7.2.1　翻页组件（ViewPager）

ViewPager 是由 Android v4 包提供的一个组件，它是 ViewGroup 的子类，所以它也是一个容器类，可以在其中添加其他的 view 类。ViewPager 需要一个 PagerAdapter 适配器给它提供数据，它使用的监听器是 OnPageChangeListener，用于监听页面切换的事件。在 Android 中，该组件经常被使用在左右滑动时显示多个页面的运行效果。例如，App 中的引导界面，以及京东商城中自动轮播的广告都可以使用 ViewPager 来实现。

在 XML 布局文件中添加 ViewPager 的基本语法格式如下。

```
<android.support.v4.view.ViewPager
    android:id="@+id/ID 号"
```

```
        android:layout_width="wrap_content"
        android:layout_height="wrap_content">
</android.support.v4.view.ViewPager>
```

下面对 ViewPager 的重要方法进行介绍。

- ☑ PagerAdapter：ViewPager 的适配器。创建该对象时需要重写它的 4 个方法，具体方法如下。
  - ➢ instantiateItem()：将当前视图添加到视图容器中并返回当前所显示的视图。
  - ➢ destroyItem()：从视图容器中移除指定位置的页面。
  - ➢ getCount()：可用滑动页面的数量。
  - ➢ isViewFromObject()：确定页面视图是否与返回的对象相关联，返回 view == object 即可。
- ☑ ViewPager.OnPageChangeListener：页面切换时的监听事件，其中需要实现的 3 个方法如下。
  - ➢ onPageScrollStateChanged()：在翻译状态发生改变时被调用。
  - ➢ onPageScrolled()：在翻页过程中该方法被调用。
  - ➢ onPageSelected()：当页面被选中时该方法被调用。

例如，为名称 viewPager 添加页面切换时的监听事件，可以使用下面的代码来实现。

```
01  ViewPager viewPager= (ViewPager) findViewById(R.id.viewPager);    //获取 ViewPager 组件
02  //添加页面切换时的监听事件
03  viewPager.addOnPageChangeListener(new ViewPager.OnPageChangeListener() {
04      @Override
05      public void onPageScrolled(int position, float positionOffset, int positionOffsetPixels) {
06      }
07      @Override
08      public void onPageSelected(int position) {
09      }
10      @Override
11      public void onPageScrollStateChanged(int state) {
12      }
13  });
```

下面通过一个实例演示 ViewPager 的具体应用。

**【例 7.03】** 模拟 App 引导界面（**实例位置：资源包\源码\07\7.03**）

在 Android Studio 中创建 Module，名称为 View Pager，具体步骤如下。

（1）修改新建 Module 的 res\layout 目录下的布局文件 activity_main.xml，首先将默认添加的布局管理器修改为相对布局管理器并将 TextView 组件删除，然后添加一个 ViewPager 组件用于实现引导页面的切换，具体代码如下。

```
01  <?xml version="1.0" encoding="utf-8"?>
02  <RelativeLayout xmlns:android="http://schemas.android.com/apk/res/android"
03      xmlns:app="http://schemas.android.com/apk/res-auto"
04      xmlns:tools="http://schemas.android.com/tools"
05      android:layout_width="match_parent"
06      android:layout_height="match_parent"
07      tools:context="com.mingrisoft.MainActivity">
08      <!--ViewPager 组件-->
```

```
09        <android.support.v4.view.ViewPager
10            android:id="@+id/viewPager"
11            android:layout_width="match_parent"
12            android:layout_height="match_parent">
13        </android.support.v4.view.ViewPager>
14    </RelativeLayout>
```

（2）在 java/com.mingrisoft 目录中创建一个新的 Activity，名称为 Main2Activity。首先让 Main2Activity 直接继承 Activity 并导入 android.app.Activity 类，然后在 onCreate()方法中设置当前界面的全屏代码，最后在 activity_main2.xml 的布局文件中设置显示主界面 2 的背景图片。

（3）在 res\layout 目录中分别创建名称为 layout1.xml、layout2.xml、layout3.xml、layout4.xml 的文件，然后在前 3 个文件的布局管理器中分别设置 3 个页面的背景图片，最后在 layout4.xml 文件中设置第 4 个页面的背景图片并设置一个 Button 按钮用于启动主界面 2。layout4.xml 的布局代码如下。

```
01  <?xml version="1.0" encoding="utf-8"?>
02  <LinearLayout xmlns:android="http://schemas.android.com/apk/res/android"
03      android:layout_width="match_parent"
04      android:layout_height="match_parent"
05      android:background="@mipmap/bg4"
06      android:orientation="vertical">
07      <!--启动主界面 2 的按钮-->
08      <Button
09          android:id="@+id/btn"
10          android:layout_width="170dp"
11          android:layout_height="50dp"
12          android:layout_gravity="center_horizontal"
13          android:layout_marginTop="360dp"
14          android:background="@mipmap/btn_bg"
15          android:onClick="onEnter"
16          android:textSize="20sp" />
17  </LinearLayout>
```

（4）打开主活动 MainActivity.java 文件，修改默认生成的代码，首先让 MainActivity 直接继承 Activity，并导入 android.app.Activity 类，然后定义所需的全局变量并在 onCreate()方法中加载需要显示在页面中的布局文件，最后将所有页面添加在数组列表中并且为 ViewPager 指定所使用的适配器，修改后的具体代码如下。

```
01  public class MainActivity extends Activity {
02      private View view1,view2,view3,view4;                       //4 个页面视图
03      private List<View> viewList;                                //保存页面的数组列表
04      private ViewPager viewPager;                                //ViewPager 组件
05      @Override
06      protected void onCreate(Bundle savedInstanceState) {
07          super.onCreate(savedInstanceState);
08          setContentView(R.layout.activity_main);
09          getWindow().setFlags(WindowManager.LayoutParams.FLAG_FULLSCREEN,
10              WindowManager.LayoutParams.FLAG_FULLSCREEN);          //设置全屏显示
11          LayoutInflater lf = getLayoutInflater().from(this);       //获取布局填充器
```

```
12      viewPager= (ViewPager) findViewById(R.id.viewPager);    //获取 ViewPager 组件
13      view1 = lf.inflate(R.layout.layout1, null);              //加载页面 1 的布局文件
14      view2 = lf.inflate(R.layout.layout2, null);              //加载页面 2 的布局文件
15      view3 = lf.inflate(R.layout.layout3, null);              //加载页面 3 的布局文件
16      view4 = lf.inflate(R.layout.layout4, null);              //加载页面 4 的布局文件
17      viewList = new ArrayList<View>();                        //创建保存 4 个页面的数组列表
18      viewList.add(view1);                                     //向数组列表中添加第 1 个页面
19      viewList.add(view2);                                     //向数组列表中添加第 2 个页面
20      viewList.add(view3);                                     //向数组列表中添加第 3 个页面
21      viewList.add(view4);                                     //向数组列表中添加第 4 个页面
22      viewPager.setAdapter(adapter);                           //设置适配器
23    }
24  }
```

（5）创建 PagerAdapter 对象并重写所需要的 4 个方法来实现所有页面的切换功能，具体代码如下。

```
01  PagerAdapter adapter = new PagerAdapter() {                  //创建适配器
02      @Override
03      public int getCount() {                                  //获取页面个数
04          return viewList.size();                              //返回页面数量
05      }
06      //确定页面视图是否与返回的对象相关联
07      @Override
08      public boolean isViewFromObject(View view, Object object) {
09          return view == object;
10      }
11      //从视图容器中移除指定位置的页面
12      @Override
13      public void destroyItem(ViewGroup container, int position, Object object) {
14          container.removeView(viewList.get(position));
15      }
16      //返回当前所显示的视图
17      @Override
18      public Object instantiateItem(ViewGroup container, int position) {
19          container.addView(viewList.get(position));
20          return viewList.get(position);
21      }
22  };
```

（6）创建 onEnter()方法，该方法是第 4 个页面中按钮的单击事件，用于实现单击"开启私人订制"按钮后跳转至主界面 2 中，具体代码如下。

```
01  public void onEnter(View view){                              //第 4 个页面中按钮单击事件方法
02      //创建 Intent 跳转主界面 2 中
03      Intent intent=new Intent(MainActivity.this,Main2Activity.class);
04      startActivity(intent);                                   //启动 Intent
05  }
```

（7）运行本实例，如图 7.6 所示。从右向左滑动 3 次将显示如图 7.7 所示的第 4 个界面，单击"开启私人订制"按钮将显示如图 7.8 所示的主界面 2。

图 7.6　引导第 1 页　　　　图 7.7　引导第 4 页　　　　图 7.8　主界面 2

## 7.2.2　翻页的标题栏（PagerTabStrip）

ViewPager 还有两个比较好的搭档，分别是 PagerTitleStrip 类与 PagerTabStrip 类。PagerTitleStrip 类直接继承自 ViewGroup 类，而 PagerTabStrip 是 PagerTitleStrip 的子类，所以这两个类也是容器类。二者都是可以实现在 ViewPager 页面上方显示标题文字，不同的是 PagerTitleStrip 只能显示单纯的标题文字，而 PagerTabStrip 类似于选项卡，标题文字下面有条横线，单击或者左右滑动都可以切换标题文字所对应的页面。

在 XML 布局文件中添加 PagerTabStrip 时，必须是 ViewPager 标签的子标签，基本语法格式如下。

```
01  <!--ViewPager 组件-->
02  <android.support.v4.view.ViewPager
03      android:id="@+id/ID 号"
04      android:layout_width="wrap_content"
05      android:layout_height="wrap_content">
06      <!--PagerTabStrip 组件-->
07      <android.support.v4.view.PagerTabStrip
08          android:id="@+id/ID 号"
09          android:layout_width="wrap_content"
10          android:layout_height="wrap_content">
11      </android.support.v4.view.PagerTabStrip>
12  </android.support.v4.view.ViewPager>
```

下面对 PagerTabStrip 类的常用方法进行介绍。

☑　setDrawFullUnderline：参数为布尔类型，true 为显示标题文字底部的长横线，false 为不显示。

☑　setTabIndicatorColor：设置标题文字指示条的颜色。

☑　setTextColor：设置标题文字的颜色。

☑　setTextSize：设置标题文字的大小。

在标题栏中显示文字时需要重写 PagerAdapter 中的 getPageTitle()方法，代码示例如下。

```
01  //设置标题文字
02  @Override
03  public CharSequence getPageTitle(int position) {
04      return tabList.get(position);
05  }
```

下面通过一个实例来演示 PagerTabStrip 的具体应用。

【例 7.04】 可以翻页的标题栏（**实例位置：资源包\源码\07\7.04**）

在 Android Studio 中创建 Module，名称为 PagerTabStrip，具体步骤如下。

（1）修改新建 Module 的 res\layout 目录下的布局文件 activity_main.xml，首先将默认添加的布局管理器修改为相对布局管理器，并将 TextView 组件删除，然后添加一个 ViewPager 组件并且在该组件中添加一个 PagerTabStrip 组件用于显示标题文字，具体代码如下。

```
01  <?xml version="1.0" encoding="utf-8"?>
02  <RelativeLayout xmlns:android="http://schemas.android.com/apk/res/android"
03      xmlns:app="http://schemas.android.com/apk/res-auto"
04      xmlns:tools="http://schemas.android.com/tools"
05      android:layout_width="match_parent"
06      android:layout_height="match_parent"
07      tools:context="com.mingrisoft.MainActivity">
08      <!--设置 ViewPager 组件-->
09      <android.support.v4.view.ViewPager
10          android:id="@+id/viewPager"
11          android:layout_width="wrap_content"
12          android:layout_height="wrap_content">
13          <!--设置 PagerTabStrip 组件-->
14          <android.support.v4.view.PagerTabStrip
15              android:id="@+id/pagerTabStrip"
16              android:layout_width="wrap_content"
17              android:layout_height="50dp">
18          </android.support.v4.view.PagerTabStrip>
19      </android.support.v4.view.ViewPager>
20  </RelativeLayout>
```

（2）在 res\layout 目录中分别创建名称为 layout1.xml、layout2.xml、layout3.xml、layout4.xml 的文件，然后在每个文件的布局管理器中添加一个 ImageView 组件用于显示页面内容，layout1.xml 布局代码如下。

```
01  <?xml version="1.0" encoding="utf-8"?>
02  <LinearLayout xmlns:android="http://schemas.android.com/apk/res/android"
03      android:layout_width="match_parent"
04      android:layout_height="match_parent"
05      android:orientation="vertical">
06      <!--显示页面中的图片-->
07      <ImageView
08          android:layout_width="300dp"
```

```
09              android:layout_height="450dp"
10              android:layout_gravity="center_horizontal"
11              android:src="@mipmap/img1" />
12      </LinearLayout>
```

（3）打开主活动 MainActivity.java 文件，修改默认生成的代码，首先让 MainActivity 直接继承 Activity，并导入 android.app.Activity 类，然后定义所需的全局变量并在 onCreate()方法中加载需要显示在页面中的布局文件，最后将所有页面与相对应的标题文字添加在数组列表中并且为 ViewPager 指定所使用的适配器，修改后的具体代码如下。

```
01  public class MainActivity extends Activity {
02      private List<View> pageList = new ArrayList<View>();           //存放页面
03      private List<String> tabList = new ArrayList<String>();        //存放标题文字
04      @Override
05      protected void onCreate(Bundle savedInstanceState) {
06          super.onCreate(savedInstanceState);
07          setContentView(R.layout.activity_main);
08          getWindow().setFlags(WindowManager.LayoutParams.FLAG_FULLSCREEN,
09                  WindowManager.LayoutParams.FLAG_FULLSCREEN);       //设置全屏显示
10          //获取 ViewPager 组件
11          ViewPager  viewPager = (ViewPager) findViewById(R.id.viewPager);
12          //加载 4 个页面的布局文件
13          View view_1 = LayoutInflater.from(getApplicationContext()).
14                  inflate(R.layout.layout1,null);
15          View view_2 = LayoutInflater.from(getApplicationContext()).
16                  inflate(R.layout.layout2,null);
17          View view_3 = LayoutInflater.from(getApplicationContext()).
18                  inflate(R.layout.layout3,null);
19          View view_4 = LayoutInflater.from(getApplicationContext()).
20                  inflate(R.layout.layout4,null);
21          //添加 ViewPage 的 4 个页面
22          pageList.add(view_1);
23          pageList.add(view_2);
24          pageList.add(view_3);
25          pageList.add(view_4);
26          //添加标题文字
27          tabList.add("Android 精彩编程 200 例");
28          tabList.add("Java 精彩编程 200 例");
29          tabList.add("ASP.NET 精彩编程 200 例");
30          tabList.add("C# 精彩编程 200 例");
31          //设置适配器
32          viewPager.setAdapter(adapter);
33      }
34  }
```

（4）创建 PagerAdapter 对象并重写所需要的 5 个方法来实现通过标题栏切换页面的功能，具体代码如下。

```
01  PagerAdapter adapter=new PagerAdapter() {
02      @Override
```

```
03      public int getCount() {                                    //获取页面个数
04          return pageList.size();                                //返回页面数量
05      }
06      //确定页面视图是否与返回的对象相关联
07      @Override
08      public boolean isViewFromObject(View view, Object object) {
09          return view == object;
10      }
11      //从视图容器中移除指定位置的页面
12      @Override
13      public void destroyItem(ViewGroup container, int position, Object object) {
14          container.removeView(pageList.get(position));
15      }
16      //返回当前所显示的视图
17      @Override
18      public Object instantiateItem(ViewGroup container, int position) {
19          container.addView(pageList.get(position));
20          return pageList.get(position);
21      }
22      //设置标题文字
23      @Override
24      public CharSequence getPageTitle(int position) {
25          return tabList.get(position);
26      }
27  };
```

（5）运行本实例，将显示如图 7.9 所示的运行效果。单击标题栏或滑动页面将显示如图 7.10 所示的运行效果。

图 7.9　显示第 1 个页面　　　　　　　　　　图 7.10　显示第 2 个页面

## 7.3 通用组件

在 Android 中,提供了用于为其他组件添加滚动条的滚动视图,用 ScrollView 表示。另外,还提供了选项卡,它主要涉及 3 个组件,分别为 TabHost、TabWidget 和 FrameLayout。其中,TabHost 表示承载选项卡的容器;TabWidget 表示显示选项卡栏,主要用于当用户选择一个选项卡时,向父容器对象 TabHost 发送一个消息,通知 TabHost 切换到对应的页面;FrameLayout 是用于指定选项卡内容的。其次还有搜索框(SearchView)用于搜索相关数据,下面将分别进行介绍。

### 7.3.1 滚动视图

在默认情况下,当窗体中的内容比较多而一屏显示不下时,超出的部分将不能被用户所看到。因为 Android 的布局管理器本身没有提供滚动屏幕的功能。如果要让其滚动,就需要使用滚动视图(ScrollView),这样用户可以通过滚动屏幕查看完整的内容。例如,今日头条的新闻界面就应用了滚动视图,QQ 的聊天窗口也应用了滚动视图。

滚动视图是 android.widget.FrameLayout(帧布局管理器)的子类。因此,在滚动视图中,可以添加任何想要放入其中的组件。但是,一个滚动视图中只能放置一个组件。如果想要放置多个,可以在滚动视图中放置一个布局管理器,再将要放置的其他多个组件放置到该布局管理器中。在滚动视图中,使用比较多的是线性布局管理器。

> **说明**
> 滚动视图 ScrollView 只支持垂直滚动。如果想要实现水平滚动条,可以使用水平滚动视图(HorizontalScrollView)来实现。

在 Android 中,可以使用两种方法向屏幕中添加滚动视图:一种是通过在 XML 布局文件中使用 <ScrollView> 标记添加;另一种是在 Java 文件中通过 new 关键字创建出来。下面分别进行介绍。

#### 1. 在 XML 布局文件中添加

在 XML 布局文件中添加滚动视图,比较简单,只需要在要添加滚动条的组件外面使用下面的布局代码添加即可。

```
<ScrollView
    android:id="@+id/scrollView1"
    android:layout_width="match_parent"
    android:layout_height="wrap_content" >
    <!--要添加滚动条的组件-->
</ScrollView>
```

例如,要为一个显示公司简介的 TextView 文本框添加滚动条,可以使用下面的代码。

```
01  <ScrollView
02      android:id="@+id/scrollView1"
03      android:layout_width="match_parent"
04      android:layout_height="wrap_content" >
05  <TextView
06      android:id="@+id/textView1"
07      android:layout_width="match_parent"
08      android:layout_height="match_parent"
09      android:textSize="20sp"
10      android:text="@string/content" />
11  </ScrollView>
```

**2．通过 new 关键字创建**

在 Java 代码中，通过 new 关键字创建滚动视图需要经过以下 3 个步骤。

（1）使用构造方法 ScrollView(Context context)就可以创建一个滚动视图。

（2）创建或者获取需要添加滚动条的组件，并应用 addView()方法将其添加到滚动视图中。

（3）将滚动视图添加到整个布局管理器中，用于显示该滚动视图。

下面通过一个具体的实例来介绍如何通过 new 关键字创建滚动视图。

**【例 7.05】** 为编程词典目录添加垂直滚动条（**实例位置：资源包\源码\07\7.05**）

在 Android Studio 中创建 Module，名称为 ScrollView，实现本实例的具体步骤如下。

（1）在 res/values/Strings.xml 文件中添加一个名称为 cidian 的字符串资源，关键代码如下。

```
01  <resources>
02      <string name="app_name">编程词典目录滚动视图</string>
03      <string name="cidian">Java Web　编程词典（个人版）主干目录
04  入门训练营\n
05      第 1 部分　　从零开始\n
06          第 1 课　　第 1 课　搭建开发环境\n
07              第 1 讲　　课堂讲解\n
08              第 2 讲　　照猫画虎——基本功训练\n
09              第 3 讲　　情景应用——拓展与实践\n
10          第 2 课　　第 2 课　JSP 中的 Java 程序\n
11              第 4 讲　　课堂讲解\n
12              第 5 讲　　照猫画虎——基本功训练\n
13              第 6 讲　　情景应用——拓展与实践\n
14          第 3 课　　第 3 课　HTML 语言与 CSS 样式\n
15              第 7 讲　　课堂讲解\n
16              第 8 讲　　照猫画虎——基本功训练\n
17              第 9 讲　　情景应用——拓展与实践\n
18          第 4 课　　第 4 课　JavaScript 脚本语言\n
19              第 10 讲　　课堂讲解\n
20              第 11 讲　　照猫画虎——基本功训练\n
21              第 12 讲　　情景应用——拓展与实践\n
22          第 5 课　　第 5 课　掌握 JSP 语法\n
23              第 13 讲　　课堂讲解\n
24              第 14 讲　　照猫画虎——基本功训练\n
```

```
25              第 15 讲    情景应用——拓展与实践\n
26      第6课    第 6 课   使用 JSP 内置对象\n
27              第 16 讲   课堂讲解\n
28              第 17 讲   照猫画虎——基本功训练\n
29              第 18 讲   情景应用——拓展与实践\n</string>
30  </resources>
```

（2）修改 res\layout 目录下的布局文件 activity_main.xml，将默认添加的布局管理器修改为垂直线性布局管理器，为其设置 id，并且将默认添加的 TextView 组件删除，修改后的代码如下。

```
01  <?xml version="1.0" encoding="utf-8"?>
02  <LinearLayout
03      xmlns:android="http://schemas.android.com/apk/res/android"
04      xmlns:tools="http://schemas.android.com/tools"
05      android:id="@+id/ll"
06      android:orientation="vertical"
07      android:layout_width="match_parent"
08      android:layout_height="match_parent"
09      tools:context=".MainActivity">
10  </LinearLayout>
```

（3）在 MainActivity 类的 onCreate()方法中，首先获取布局文件中添加的线性布局管理器（linearLayout），然后创建一个滚动视图（scrollView）和一个新的布局管理器（linearLayout2），在默认布局管理器中添加滚动视图组件，然后在滚动视图中添加新创建的布局管理器，具体代码如下。

```
01  public class MainActivity extends AppCompatActivity {
02      //定义 linearLayout 为默认布局管理器，linearLayout2 为新建布局管理器
03      LinearLayout linearLayout, linearLayout2;
04      ScrollView scrollView;                                      //定义滚动视图组件
05      @Override
06      protected void onCreate(Bundle savedInstanceState) {
07          super.onCreate(savedInstanceState);
08          setContentView(R.layout.activity_main);
09          linearLayout = (LinearLayout) findViewById(R.id.ll);    //获取布局管理器
10          linearLayout2 = new LinearLayout(MainActivity.this);    //创建一个新的布局管理器
11          linearLayout2.setOrientation(LinearLayout.VERTICAL);    //设置为纵向排列
12          scrollView = new ScrollView(MainActivity.this);         //创建滚动视图组件
13          linearLayout.addView(scrollView);                       //默认布局中添加滚动视图组件
14          scrollView.addView(linearLayout2);                      //滚动视图组件中添加新建布局
15      }
16  }
```

（4）在 MainActivity 类的 onCreate()方法中，创建 ImageView 对象和 TextView 对象分别用于存放词典图片和文本目录，并且将这两个对象添加到新的布局管理器（linearLayout2）中，具体代码如下。

```
01  ImageView imageView = new ImageView(MainActivity.this);    //创建 ImageView 组件
02  imageView.setImageResource(R.mipmap.cidian);               //为 ImageView 添加图片
03  TextView textView = new TextView(MainActivity.this);       //创建 TextView 组件
04  textView.setText(R.string.cidian);                         //为 TextView 添加文字
```

```
05    linearLayout2.addView(imageView);                      //新建布局中添加 ImageView 组件
06    linearLayout2.addView(textView);                       //新建布局中添加 TextView 组件
```

（5）运行本实例，将显示如图 7.11 所示的运行结果。

图 7.11　为编程词典目录添加垂直滚动条

> **说明**
> 在默认情况下滚动条不显示，向上拖动后方可显示，停止拖动后滚动条消失。

## 7.3.2　选项卡

选项卡用于实现一个多标签页的用户界面，通过它可以将一个复杂的对话框分割成若干个标签页，实现对信息的分类显示和管理。使用该组件不仅可以使界面简洁大方，还可以有效地减少窗体的个数。例如，微信的表情商店界面，百度贴吧的进吧界面。

在 Android 中，使用选项卡不能通过某一个具体的组件在 XML 布局文件中添加。通常需要按照以下步骤来实现。

（1）在布局文件中添加实现选项卡所需的 TabHost、TabWidget 和 FrameLayout 组件。
（2）编写各标签页中要显示内容所对应的 XML 布局文件。
（3）在 Activity 中，获取并初始化 TabHost 组件。
（4）为 TabHost 对象添加标签页。

下面通过一个具体的实例来说明选项卡的应用。

【例 7.06】　模拟微信表情商店的选项卡（**实例位置：资源包\源码\07\7.06**）

在 Android Studio 中创建 Module，名称为 TabHost，在该 Module 中实现本实例，具体步骤如下。

（1）修改新建 Module 的 res\layout 目录下的布局文件 activity_main.xml，首先将默认添加的布局管理器删除，然后添加实现选项卡所需的 TabHost、TabWidget 和 FrameLayout 组件。具体的步骤是：

首先添加一个 TabHost 组件,然后在该组件中添加线性布局管理器,并且在该布局管理器中添加一个作为标签组的 TabWidget 和一个作为标签内容的 FrameLayout 组件,最后删除内边距。在 XML 布局文件中添加选项卡的基本代码如下。

```xml
01  <?xml version="1.0" encoding="utf-8"?>
02  <TabHost
03      xmlns:android="http://schemas.android.com/apk/res/android"
04      xmlns:tools="http://schemas.android.com/tools"
05      android:id="@android:id/tabhost"
06      android:layout_width="match_parent"
07      android:layout_height="match_parent"
08      tools:context="com.mingrisoft.MainActivity">
09      <LinearLayout
10          android:orientation="vertical"
11          android:layout_width="match_parent"
12          android:layout_height="match_parent">
13          <TabWidget
14              android:id="@android:id/tabs"
15              android:layout_width="match_parent"
16              android:layout_height="wrap_content"/>
17          <FrameLayout
18              android:id="@android:id/tabcontent"
19              android:layout_width="match_parent"
20              android:layout_height="match_parent">
21          </FrameLayout>
22      </LinearLayout>
23  </TabHost>
```

> **说明**
> 在应用 XML 布局文件添加选项卡时,必须使用系统的 id 来为各组件指定 id 属性,否则将出现异常。

(2)在 res\layout 目录下右击,在弹出的快捷菜单中选择 New→Layout resource file 命令创建一个 XML 布局文件,名称为 tab1.xml,用于指定第一个标签页中要显示的内容,具体代码如下。

```xml
01  <LinearLayout xmlns:android="http://schemas.android.com/apk/res/android"
02      android:id="@+id/linearlayout1"
03      android:orientation="vertical"
04      android:layout_width="match_parent"
05      android:layout_height="match_parent">
06      <ImageView
07          android:layout_width="match_parent"
08          android:layout_height="match_parent"
09          android:src="@mipmap/biaoqing_left"/>
10  </LinearLayout>
```

(3)创建第二个 XML 布局文件,名称为 tab2.xml,用于指定第二个标签页中要显示的内容,具体代码如下。

```
01  <FrameLayout xmlns:android="http://schemas.android.com/apk/res/android"
02      android:id="@+id/framelayout"
03      android:layout_width="match_parent"
04      android:layout_height="match_parent">
05      <LinearLayout
06          android:id="@+id/linearlayout2"
07          android:layout_width="match_parent"
08          android:layout_height="match_parent">
09          <ImageView
10              android:layout_width="match_parent"
11              android:layout_height="match_parent"
12              android:src="@mipmap/biaoqing_right"/>
13      </LinearLayout>
14  </FrameLayout>
```

**说明**

在本实例中，除了需要编写名称为 tab1.xml 的布局文件外，还需要编写名称为 tab2.xml 的布局文件，用于指定第二个标签页中要显示的内容。

（4）在 MainActivity 中，首先获取并初始化 TabHost 组件，然后为 TabHost 对象添加标签页，这里共添加两个标签页：一个用于精选表情；另一个用于投稿表情，具体代码如下。

```
01  public class MainActivity extends AppCompatActivity {
02      private TabHost tabHost;                                        //声明 TabHost 组件的对象
03      @Override
04      protected void onCreate(Bundle savedInstanceState) {
05          super.onCreate(savedInstanceState);
06          setContentView(R.layout.activity_main);
07          tabHost=(TabHost)findViewById(android.R.id.tabhost);        //获取 TabHost 对象
08          tabHost.setup();                                            //初始化 TabHost 组件
09          //声明并实例化一个 LayoutInflater 对象
10          LayoutInflater inflater = LayoutInflater.from(this);
11          inflater.inflate(R.layout.tab1, tabHost.getTabContentView());
12          inflater.inflate(R.layout.tab2,tabHost.getTabContentView());
13          tabHost.addTab(tabHost.newTabSpec("tab1")
14                  .setIndicator("精选表情")
15                  .setContent(R.id.linearlayout1));                   //添加第一个标签页
16          tabHost.addTab(tabHost.newTabSpec("tab2")
17                  .setIndicator("投稿表情")
18                  .setContent(R.id.framelayout)) ;                    //添加第二个标签页
19      }
20  }
```

运行本实例，将显示如图 7.12 所示的运行结果。

图 7.12　模拟微信表情商店的选项卡

# 7.4　实　　战

## 7.4.1　模拟内涵段子首页列表

通过列表视图组件实现模拟内涵段子 App 首页中的段子列表。（**实例位置：资源包\源码\07\实战\01**）

## 7.4.2　模拟淘宝商品排序

通过下拉列表组件实现模拟淘宝商品排序的效果。（**实例位置：资源包\源码\07\实战\02**）

# 7.5　小　　结

　　本章主要介绍了 Android 应用开发中的高级 UI 组件，主要包括列表类、切换类以及通用组件。在实际开发中会经常使用到下拉列表框、列表视图，以及切换类中的组件，需要读者对以上组件的用法加强练习，并灵活运用。

# 第 8 章

## 基本程序单元 Activity

（ 视频讲解：1 小时 27 分钟）

  在前面介绍的实例中已经应用过 Activity，不过那些实例中的所有操作都是在一个 Activity 中进行的，在实际的应用开发中，经常需要包含多个 Activity，而且这些 Activity 之间可以相互跳转或传递数据。本章将对 Activity 进行详细介绍。

## 8.1 Activity 概述

在 Android 应用中，提供了 4 大基本组件，分别是 Activity、Service、BroadcastReceiver 和 ContentProvider。其中，Activity 是 Android 应用最常见的组件之一，它的中文意思是活动。在 Android 中，Activity 代表手机或者平板电脑中的一屏，它提供了和用户交互的可视化界面。在一个 Activity 中，可以添加很多组件，这些组件负责具体的功能。

在一个 Android 应用中，可以有多个 Activity，这些 Activity 组成了 Activity 栈（Stack），当前活动的 Activity 位于栈顶，之前的 Activity 被压入下面，成为非活动 Activity，等待是否可能被恢复为活动状态。在 Activity 的生命周期中，有如表 8.1 所示的 4 个重要状态。

表 8.1 Activity 的 4 个重要状态

| 状 态 | 描 述 |
| --- | --- |
| 运行状态 | 当前的 Activity，位于 Activity 栈顶，用户可见，并且可以获得焦点 |
| 暂停状态 | 失去焦点的 Activity，仍然可见，但是在内存低的情况下，不能被系统 killed（杀死） |
| 停止状态 | 该 Activity 被其他 Activity 所覆盖，不可见，但是它仍然保存所有的状态和信息。当内存低的情况下，它将会被系统 killed（杀死） |
| 销毁状态 | 该 Activity 结束，或 Activity 所在的虚拟器进程结束 |

在了解了 Activity 的 4 个重要状态后，再来看图 8.1（参照 Android 官方文档），该图显示了一个 Activity 的各种重要状态，以及相关的回调方法。

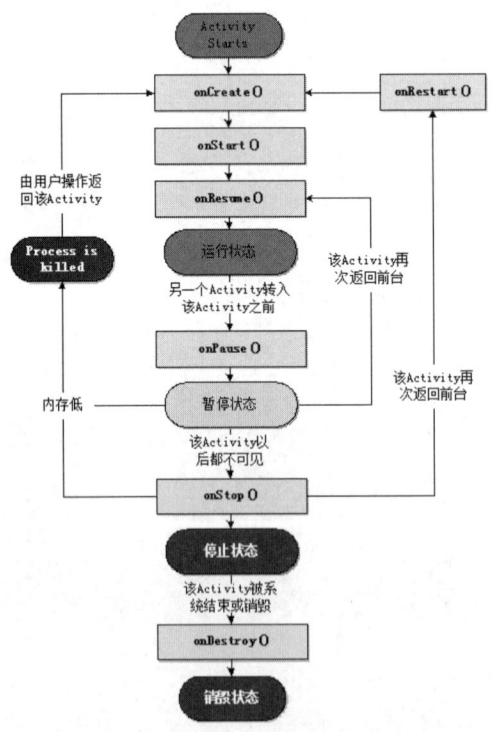

图 8.1 Activity 的生命周期及回调方法

在图 8.1 中，矩形方块表示的内容为可以被回调的方法，而有底色的椭圆形则表示 Activity 的重要状态。从该图可以看出，在一个 Activity 的生命周期中有一些方法会被系统回调，这些方法的名称及其描述如表 8.2 所示。

表 8.2　Activity 生命周期中的回调方法

| 方　法　名 | 描　　　述 |
| --- | --- |
| onCreate() | 在创建 Activity 时被回调。该方法是最常见的方法，在 Android Studio 中创建 Android 项目时，会自动创建一个 Activity，在该 Activity 中，默认重写了 onCreate(Bundle savedInstanceState)方法，用于对该 Activity 执行初始化 |
| onStart() | 启动 Activity 时被回调，也就是当一个 Activity 变为可见时被回调 |
| onResume() | 当 Activity 由暂停状态恢复为活动状态时调用。调用该方法后，该 Activity 位于 Activity 栈的栈顶。该方法总是在 onPause()方法以后执行 |
| onPause() | 暂停 Activity 时被回调。该方法需要被非常快速地执行，因为直到该方法执行完毕后，下一个 Activity 才能被恢复。在该方法中，通常用于持久保存数据。例如，当我们正在玩游戏时，突然来了一个电话，这时就可以在该方法中将游戏状态持久保存起来 |
| onRestart() | 重新启动 Activity 时被回调，该方法总是在 onStart()方法以后执行 |
| onStop() | 停止 Activity 时被回调 |
| onDestroy() | 销毁 Activity 时被回调 |

**说明**

在 Activity 中，可以根据程序的需要来重写相应的方法。其中，onCreate()和 onPause()方法是最常用的，经常需要重写这两个方法。

## 8.2　创建、配置、启动和关闭 Activity

在 Android 中，Activity 提供了与用户交互的可视化界面。在使用 Activity 时，需要先对其进行创建和配置，然后才可以启动或关闭 Activity。下面将详细介绍创建、配置、启动和关闭 Activity 的方法。

### 8.2.1　创建 Activity

创建 Activity 的基本步骤如下。

（1）创建一个 Activity，一般是继承 android.app 包中的 Activity 类，不过在不同的应用场景下，也可以继承 Activity 的子类。例如，在一个 Activity 中，如果只实现一个列表，就可以让该 Activity 继承 ListActivity；如果只实现选项卡效果，就可以让该 Activity 继承 TabActivity。创建一个名为 MyActivity 的 Activity，具体代码如下。

```
01    import android.app.Activity;
02    public class MyActivity extends Activity {
03    }
```

（2）重写需要的回调方法。通常情况下，都需要重写 onCreate()方法，并且在该方法中调用 setContentView()方法设置要显示的页面。例如，在步骤（1）中创建的 Activity 中，重写 onCreate()方法，并设置要显示的页面为 activity_my.xml，具体代码如下。

```
01    @Override
02    public void onCreate(Bundle savedInstanceState) {
03        super.onCreate(savedInstanceState);
04        setContentView(R.layout.activity_my);
05    }
```

另外，使用 Android Studio 也可以很方便地创建 Activity，具体步骤如下。

（1）在 Module 的包名（如 com.mingrisoft）节点上右击，在弹出的快捷菜单上依次选择 New→Activity→Empty Activity 命令，如图 8.2 所示。

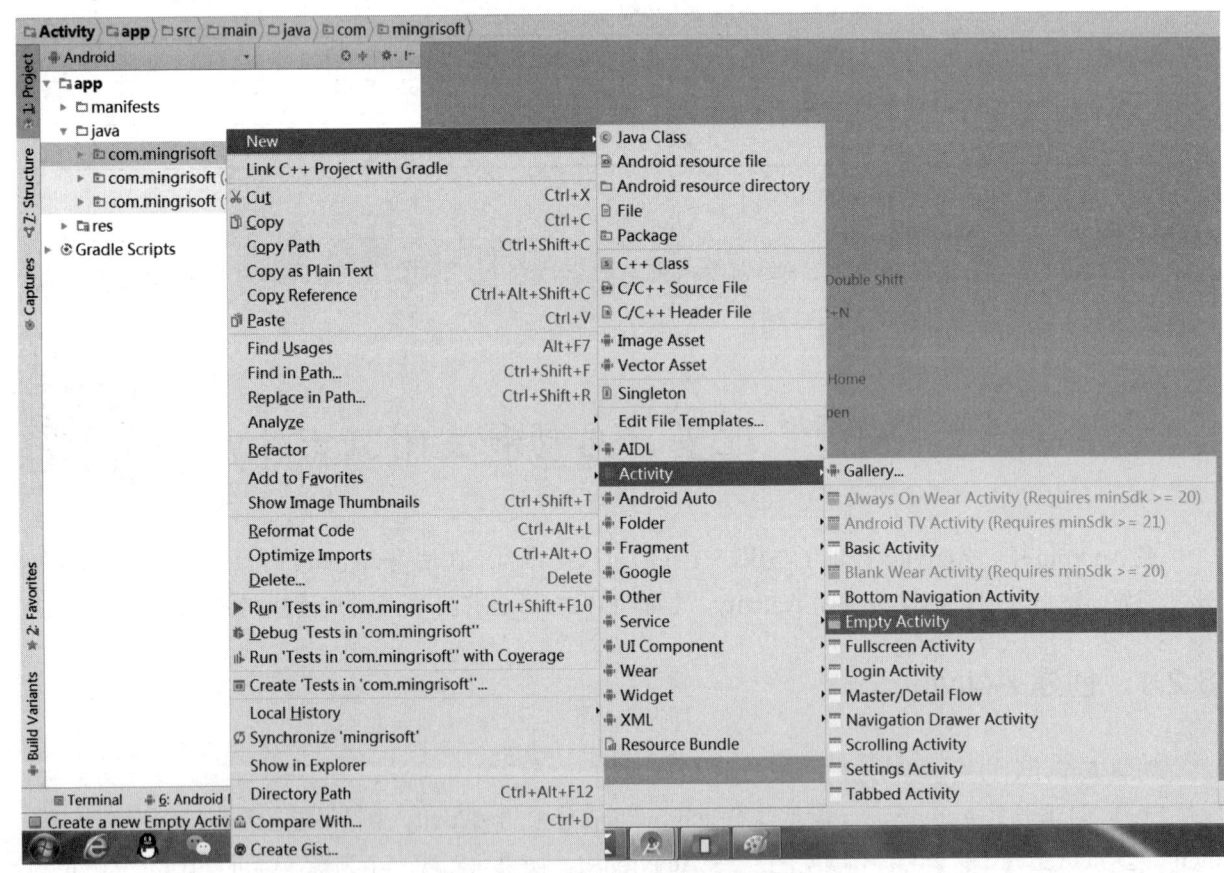

图 8.2　选择 Empty Activity 命令

（2）在弹出的对话框中修改 Activity 的名称，如图 8.3 所示。
（3）单击 Finish 按钮即可创建一个空的 Activity，然后就可以在该类中重写需要的回调方法。

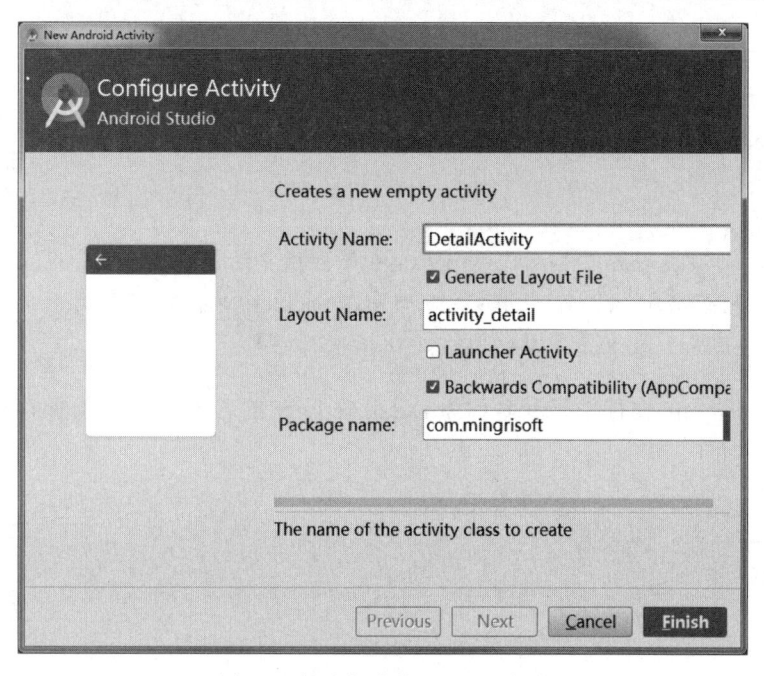

图 8.3　修改创建的 Activity 名称

## 8.2.2　配置 Activity

使用 Android Studio 向导创建 Activity 后，会自动在 AndroidManifest.xml 文件中配置该 Activity。如果没有在 AndroidManifest.xml 文件中配置，而又在程序中启动了该 Activity，将会抛出如图 8.4 所示的异常信息。

```
05-09 02:44:22.148 6787-6787/? E/AndroidRuntime: FATAL EXCEPTION: main
                                    Process: com.mingrisoft, PID: 6787
                                    android.content.ActivityNotFoundException: Unable to find explicit
 activity class {com.mingrisoft/com.mingrisoft.DetailActivity}; have you declared this activity in your AndroidManifest.xml?
```

图 8.4　LogCat 面板中抛出的异常信息

具体的配置方法是在<application></application>标记中添加<activity></activity>标记实现（每个 Activity 对应一个<activity></activity>标记），<activity>标记的基本格式如下。

```
<activity
android:name="实现类"
android:label="说明性文字"
android:theme="要应用的主题"
    ...
    >
    ...
</activity>
```

从上面格式中可以看出，配置 Activity 时通常需要指定以下几个属性。

- ☑ android:name：指定对应的 Activity 实现类。
- ☑ android:label：为该 Activity 指定标签。
- ☑ android:theme：设置要应用的主题。

> **说明**
> 如果该 Activity 类在<manifest>标记的 package 属性指定的包中，则 android:name 属性的属性值可以直接写类名，也可以是".类名"的形式；如果在 package 属性指定包的子包中，则属性值需要设置为".子包序列.类名"或者是完整的类名（包括包路径）。

在 AndroidManifest.xml 文件中配置名称为 DetailActivity 的 Activity，该类保存在<manifest>标记指定的包中，关键代码如下。

```
01  <activity
02      android:name=".DetailActivity"
03      android:label="详细"
04      >
05  </activity>
```

## 8.2.3 启动和关闭 Activity

### 1. 启动 Activity

启动 Activity 分为以下两种情况。

（1）在一个 Android 应用中，只有一个 Activity 时，那么只需要在 AndroidManifest.xml 文件中对其进行配置，并且将其设置为程序的入口。这样，当运行该项目时，将自动启动该 Activity。

（2）在一个 Android 应用中，存在多个 Activity 时，需要应用 startActivity()方法来启动需要的 Activity。startActivity()方法的语法格式如下。

```
public void startActivity(Intent intent)
```

该方法没有返回值，只有一个 Intent 类型的入口参数，Intent 是 Android 应用里各组件之间的通信方式，一个 Activity 通过 Intent 来表达自己的"意图"。在创建 Intent 对象时，需要指定想要被启动的 Activity。

> **说明**
> 关于 Intent 的详细介绍请参见本书的第 9 章。

例如，要启动一个名称为 DetailActivity 的 Activity，可以使用下面的代码。

```
01  Intent intent=new Intent(MainActivity.this,DetailActivity.class);
02  startActivity(intent);
```

## 2. 关闭 Activity

在 Android 中，如果想要关闭当前的 Activity，可以使用 Activity 类提供的 finish()方法。finish()方法的语法格式如下。

```
public void finish()
```

该方法的使用比较简单，既没有入口参数，也没有返回值，只需要在 Activity 中相应的事件中调用该方法即可。例如，想要在单击按钮时关闭该 Activity，可以使用下面的代码。

```
01  Button button1 = (Button)findViewById(R.id.button1);
02  button1.setOnClickListener(new View.OnClickListener() {
03      @Override
04      public void onClick(View v) {
05          finish();                    //关闭当前 Activity
06      }
07  });
```

> **说明**
> 如果当前的 Activity 不是主活动，那么执行 finish()方法后，将返回到调用它的那个 Activity；否则将返回主屏幕中。

下面通过一个具体的实例来演示如何启动和关闭 Activity。

【例 8.01】 仿喜马拉雅 FM 实现跳转到忘记密码界面（**实例位置：资源包\源码\08\8.01**）

在 Android Studio 中创建项目，名称为 Activity，然后在该项目中创建一个 Module，名称为 Startup And Shutdown Activity。在该 Module 中实现本实例，具体步骤如下。

（1）修改新建 Module 的 res\layout 目录下的布局文件 activity_main.xml。首先将默认添加的布局管理器修改为表格布局管理器，然后在该布局管理器中添加 1 个背景图片和 4 个 TableRow 表格行，并在每个表格行添加相关的组件，最后设置表格的第 1 列和第 4 列允许被拉伸。

> **说明**
> 为了节约篇幅，在接下来的实例中，如果布局文件的代码比较简单，就不再单独给出，具体代码可参见资源包中提供的实例源码，布局文件源码都在 layout 目录下。例如，本实例的布局源码文件在资源包\源码\08\8.01\Startup And Shutdown Activity\src\main\res\layout\activity_main.xml 中。

（2）创建一个名称为 PasswordActivity 的 Activity，并且设置它的布局文件为 activity_password.xml。

（3）修改 res\layout 目录中的 activity_password.xml 布局文件。首先将默认添加的布局管理器修改为垂直线性布局管理器，然后为布局管理器设置背景图片，并在该布局管理器中添加一个 ImageButton 组件（用于显示关闭按钮），在"关闭"按钮下面添加一个 TextView 组件（用于显示提示文字），在该提示文字下面添加一个 EditText 组件（用于填写邮箱或账号），最后再添加一个 Button 组件（用于提交信息）。

（4）打开 PasswordActivity.java 文件，让 PasswordActivity 直接继承 Activity，并且在 onCreate() 方法中，首先获取×按钮，然后为该图片按钮添加单击事件监听器，在重写的 onClick() 方法中调用 finish() 方法，关闭当前 Activity，具体代码如下。

```
01  public class PasswordActivity extends Activity {
02      @Override
03      protected void onCreate(Bundle savedInstanceState) {
04          super.onCreate(savedInstanceState);
05          setContentView(R.layout.activity_password);
06          ImageButton close = (ImageButton) findViewById(R.id.close);   //获取布局文件中的"关闭"按钮
07          close.setOnClickListener(new View.OnClickListener() {          //为"关闭"按钮创建监听事件
08              @Override
09              public void onClick(View v) {
10                  finish();                                              //关闭当前 Activity
11              }
12          });
13      }
14  }
```

（5）打开默认创建的主活动 MainActivity，然后让 MainActivity 直接继承 Activity，在 onCreate() 方法中，获取"忘记密码"文字，并为其添加单击事件监听器，在重写的 onClick() 方法中，创建一个 PasswordActivity 所对应的 Intent 对象，并调用 startActivity() 方法，启动 PasswordActivity，具体代码如下。

```
01  public class MainActivity extends Activity {
02      @Override
03      protected void onCreate(Bundle savedInstanceState) {
04          super.onCreate(savedInstanceState);
05          setContentView(R.layout.activity_main);
06          TextView password = (TextView) findViewById(R.id.wang_mima); //获取布局文件中的忘记密码
07          password.setOnClickListener(new View.OnClickListener() {      //为忘记密码添加单击监听事件
08              @Override
09              public void onClick(View v) {
10                  //创建 Intent 对象
11                  Intent intent = new Intent(MainActivity.this, PasswordActivity.class);
12                  startActivity(intent); //启动 Activity
13              }
14          });
15      }
16  }
```

（6）在工具栏中找到 app 下拉列表框，选择要运行的应用（这里为 Startup And Shutdown Activity），再单击右侧的▶按钮，运行效果如图 8.5 所示，在第一个 Activity 中单击"忘记密码"，进入到第二个 Activity 中，如图 8.6 所示，单击"关闭"按钮，关闭当前的 Activity，返回第一个 Activity 中。

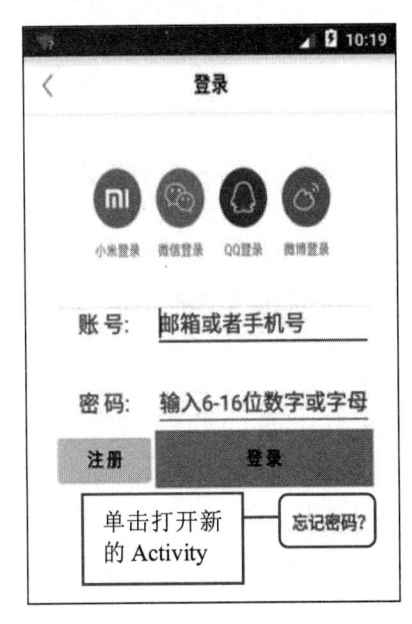

图 8.5　用户登录页面

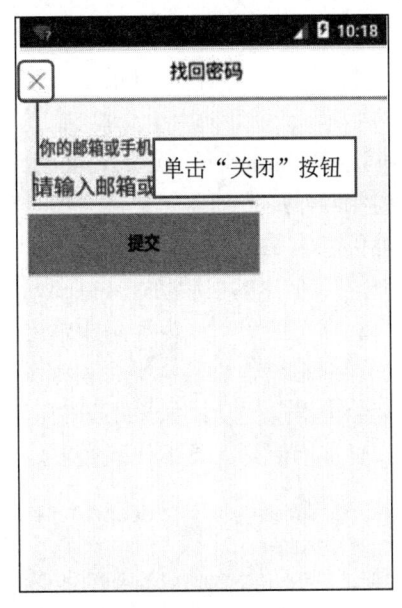

图 8.6　找回密码页面

## 8.3　多个 Activity 的使用

在 Android 应用中，经常会有多个 Activity，而这些 Activity 之间又经常需要交换数据。下面就来介绍如何使用 Bundle 在 Activity 之间交换数据，以及如何调用另一个 Activity 并返回结果。

### 8.3.1　使用 Bundle 在 Activity 之间交换数据

当在一个 Activity 中启动另一个 Activity 时，经常需要传递一些数据。这时就可以通过 Intent 来实现，因为 Intent 通常被称为是两个 Activity 之间的信使，通过将要传递的数据保存在 Intent 中，就可以将其传递到另一个 Activity 中。在 Android 中，可以将要保存的数据存放在 Bundle 对象中，然后通过 Intent 提供的 putExtras()方法将要携带的数据保存到 Intent 中。通过 Intent 传递数据的示意图如图 8.7 所示。

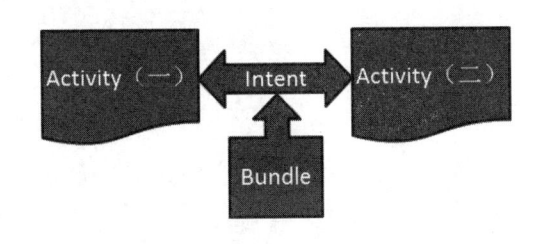

图 8.7　通过 Intent 传递数据

> **说明**
> Bundle 是一个 key-value（键-值）对的组合，用于保存要携带的数据包。这些数据可以是 boolean、byte、int、long、float、double 和 String 等基本类型或者对应的数组，也可以是对象或者对象数组。如果是对象或者对象数组时，必须实现 Serializable 或者 Parcelable 接口。

下面通过一个实例介绍如何使用 Bundle 在 Activity 之间交换数据。

**【例 8.02】** 模拟保存淘宝收货地址（实例位置：资源包\源码\08\8.02）

在 Android Studio 中创建 Module，名称为 Activity Exchange Data。在该 Module 中实现本实例，具体步骤如下：

（1）修改新建 Module 的 res\layout 目录下的布局文件 activity_main.xml。首先将默认添加的布局管理器修改为相对布局管理器，然后添加一个 ImageView 组件，用于存放导航条图片，在下面再添加用于输入地址信息的 6 个编辑框和一个"保存"按钮。

（2）打开默认创建的主活动 MainActivity，然后让 MainActivity 直接继承 Activity，并且在 onCreate() 方法中获取"保存"按钮，并为其添加单击事件监听器。在重写的 onClick()方法中，首先获取输入的地区、街道、详细地址、姓名、电话和邮编，并保存到相应的变量中，然后判断输入信息是否为空，如果为空，则给出消息提示；如果不为空，将输入的信息保存到 Bundle 中，并启动一个新的 Activity 显示输入的收货地址信息，具体代码如下。

```
01  public class MainActivity extends Activity {
02      @Override
03      protected void onCreate(Bundle savedInstanceState) {
04          super.onCreate(savedInstanceState);
05          setContentView(R.layout.activity_main);
06          Button btn = (Button) findViewById(R.id.btn);              //获取"保存"按钮
07          btn.setOnClickListener(new View.OnClickListener() {        //为按钮添加单击监听事件
08              @Override
09              public void onClick(View v) {
10                  //获取输入的所在地区
11                  String site1 = ((EditText) findViewById(R.id.et_site1)).getText().toString();
12                  //获取输入的所在街道
13                  String site2 = ((EditText) findViewById(R.id.et_site2)).getText().toString();
14                  //获取输入的详细地址
15                  String site3 = ((EditText) findViewById(R.id.et_site3)).getText().toString();
16                  //获取输入的用户信息
17                  String name = ((EditText) findViewById(R.id.et_name)).getText().toString();
18                  //获取输入的手机号码
19                  String phone = ((EditText) findViewById(R.id.et_phone)).getText().toString();
20                  //获取输入的邮箱
21                  String email= ((EditText) findViewById(R.id.et_email)).getText().toString();
22                  if (!"".equals(site1) && !"".equals(site2) && !"".equals(site3)&&
23                      !"".equals(name) && !"".equals(phone) &&!"".equals(email) ) {
24                      //将输入的信息保存到 Bundle 中，通过 Intent 传递到另一个 Activity 中显示出来
25                      Intent intent = new Intent(MainActivity.this, AddressActivity.class);
26                      //创建并实例化一个 Bundle 对象
27                      Bundle bundle = new Bundle();
28                      bundle.putCharSequence("name", name);          //保存姓名
29                      bundle.putCharSequence("phone", phone);        //保存手机号码
30                      bundle.putCharSequence("site1", site1);        //保存所在地区信息
31                      bundle.putCharSequence("site2", site2);        //保存所在街道信息
32                      bundle.putCharSequence("site3", site3);        //保存详细地址信息
33                      intent.putExtras(bundle);                      //将 Bundle 对象添加到 Intent 对象中
34                      startActivity(intent);                         //启动 Activity
```

```
35                }else {
36                    Toast.makeText(MainActivity.this,
37                            "请将收货地址填写完整！",Toast.LENGTH_SHORT).show();
38                }
39            }
40        });
41    }
42 }
```

（3）在工具窗口中的 Activity Exchange Data 节点上右击，在弹出的快捷菜单中选择 New→Activity→Empty Activity 命令，然后在弹出的自定义 Actvivity 对话框中，修改 Activity 的名称为 AddressActivity，单击"完成"按钮，创建一个 AddressActivity，并且自动创建一个名称为 activity_address.xml 的布局文件。

（4）修改 res\layout 目录中的 activity_address.xml 布局文件。首先将默认的布局管理器修改为相对布局管理器，然后添加一个 ImageView 组件，用于存放导航条图片，再添加 3 个 TextView 组件，分别用于显示姓名、电话和地址。由于此处的布局代码比较简单，这里不再给出，具体代码可以参见资源包。

（5）打开 AddressActivity.java，让 AddressActivity 直接继承 Activity，在 onCreate()方法中，首先获取 Intent 对象和传递的数据包，然后将传递过来的姓名、电话和地址显示到对应的 TextView 组件中。关键代码如下。

```
01  public class AddressActivity extends Activity {
02      @Override
03      protected void onCreate(Bundle savedInstanceState) {
04          super.onCreate(savedInstanceState);
05          setContentView(R.layout.activity_address);
06          Intent intent = getIntent();                                //获取 Intent 对象
07          Bundle bundle = intent.getExtras();                         //获取传递的 Bundle 信息
08          TextView name = (TextView) findViewById(R.id.name);        //获取显示姓名的 TextView 组件
09          name.setText(bundle.getString("name"));                     //获取输入的姓名并显示到 TextView 组件中
10          //获取显示手机号码的 TextView 组件
11          TextView phone = (TextView) findViewById(R.id.phone);
12          phone.setText(bundle.getString("phone"));                   //获取输入的电话号码并显示到 TextView 组件中
13          TextView site = (TextView) findViewById(R.id.site);        //获取显示地址的 TextView 组件
14          //获取输入的地址并显示到 TextView 组件中
15          site.setText(bundle.getString("site1")
16                  + bundle.getString("site2") + bundle.get("site3"));
17      }
18  }
```

（6）在工具栏中找到 下拉列表框，选择要运行的应用（这里为 Activity Exchange Data），再单击右侧的▶按钮，将显示收货地址管理页面，如图 8.8 所示，填写收货地址，单击"保存"按钮后，将启动第二个 Activity，并显示填写好的收货地址，如图 8.9 所示。

> **说明**
> 在运行本实例时，由于需要输入中文，所以需要为模拟器安装中文输入法。

图 8.8　填写收货地址信息界面　　　　图 8.9　显示收货地址信息界面

## 8.3.2　调用另一个 Activity 并返回结果

在 Android 应用开发时，有时需要在一个 Activity 中调用另一个 Activity，当用户在第二个 Activity 中选择完成后，程序将自动返回到第一个 Activity 中，第一个 Activity 能够获取并显示用户在第二个 Activity 中选择的结果。例如，用户在修改信息的时候可以对头像进行修改，在修改头像时首先需要调用选择头像的界面。在选择头像后会自动返回到修改信息界面，并显示用户选择的新头像。

此功能也可以通过 Intent 和 Bundle 来实现。与在两个 Acitivity 之间交换数据不同的是，此处需要使用 startActivityForResult()方法来启动另一个 Activity。调用 startActivityForResult()方法启动 Activity 后，关闭新启动的 Activity 时，可以将选择的结果返回到原 Activity 中。startActivityForResult()方法的语法格式如下。

```
public void startActivityForResult(Intent intent, int requestCode)
```

该方法将以指定的请求码启动 Activity，并且程序将会获取新启动的 Activity 返回的结果（通过重写 onActivityResult()方法来获取）。requestCode 参数代表了启动 Activity 的请求码，该请求码的值由开发者根据业务自行设置，用于标识请求来源。

下面通过一个实例介绍如何调用另一个 Activity 并返回结果。

【例 8.03】　模拟喜马拉雅 FM 实现选择头像功能（**实例位置：资源包\源码\08\8.03**）

在 Android Studio 中创建 Module，名称为 Select Avatar。在该 Module 中实现本实例，具体步骤如下。

（1）修改新建 Module 的 res\layout 目录下的布局文件 activity_main.xml，将默认添加的布局管理器修改为垂直线性布局管理器，在该布局管理器中，添加一个背景图片，将需要的背景图片复制到 drawable-mdpi 中，并将默认添加的 TextView 组件和内边距代码删除，然后添加一个 ImageView 组件，让这个组件水平居中，最后在 ImageView 组件下方添加一个 Button 按钮组件。

（2）打开默认创建的主活动 MainActivity，然后让 MainActivity 直接继承 Activity，在 onCreate()方法中，获取"选择头像"按钮，并为其添加单击事件监听器，在重写的 onClick()方法中，创建一个要启动的 Activity 对应的 Intent 对象，并应用 startActivityForResult()方法启动指定的 Activity，等待返回结果，具体代码如下。

```
01  Button button= (Button) findViewById(R.id.btn);              //获取"选择头像"按钮
02  button.setOnClickListener(new View.OnClickListener() {       //为按钮添加单击事件
03      @Override
04      public void onClick(View v) {
05          //创建 Intent 对象
06          Intent intent=new Intent(MainActivity.this,HeadActivity.class);
07          startActivityForResult(intent, 0x11);                //启动 intent 对应的 Activity
08      }
09  });
```

（3）创建一个新的 Activity，名称为 HeadActivity，对应的布局文件为 activity_head.xml。

（4）在 res\layout 目录中找到名称为 activity_head.xml 的布局文件，在该布局文件中添加一个 GridView 组件，用于显示可选择的头像列表，关键代码如下。

```
01  <GridView
02      android:id="@+id/gridView"
03      android:layout_width="match_parent"
04      android:layout_height="match_parent"
05      android:layout_marginTop="10dp"
06      android:horizontalSpacing="3dp"
07      android:verticalSpacing="3dp"
08      android:numColumns="4">
09  </GridView>
```

（5）打开 HeadActivity.java，让 HeadActivity 直接继承 Activity，并且重写 onCreate()方法。然后在重写的 onCreate()方法的上方定义一个保存要显示头像 ID 的数组，关键代码如下。

```
01  public int[] imageId = new int[]{R.drawable.touxiang1, R.drawable.touxiang2,
02          R.drawable.touxiang3, R.drawable.touxiang4, R.drawable.touxiang5
03      };                                                        //定义并初始化保存头像 ID 的数组
```

（6）在重写的 onCreate()方法中，获取 GridView 组件，并创建一个与之关联的 BaseAdapter 适配器，关键代码如下。

```
01  GridView gridview = (GridView) findViewById(R.id.gridView);   //获取 GridView 组件
02  BaseAdapter adapter=new BaseAdapter() {
03      @Override
04      public View getView(int position, View convertView, ViewGroup parent) {
05          ImageView imageview;                                  //声明 ImageView 的对象
06          if(convertView==null){
07              imageview=new ImageView(HeadActivity.this);       //实例化 ImageView 的对象
08              /**************设置图像的宽度和高度******************/
09              imageview.setAdjustViewBounds(true);
10              imageview.setMaxWidth(158);
11              imageview.setMaxHeight(150);
12              /*************************************************/
```

```
13              imageview.setPadding(5, 5, 5, 5);              //设置 ImageView 的内边距
14          }else{
15              imageview=(ImageView)convertView;
16          }
17          imageview.setImageResource(imageId[position]);     //为 ImageView 设置要显示的图片
18          return imageview;                                  //返回 ImageView
19      }
20      /*
21       * 功能：获得当前选项的 ID
22       */
23      @Override
24      public long getItemId(int position) {
25          return position;
26      }
27      /*
28       * 功能：获得当前选项
29       */
30      @Override
31      public Object getItem(int position) {
32          return position;
33      }
34      /*
35       * 获得数量
36       */
37      @Override
38      public int getCount() {
39          return imageId.length;
40      }
41  };
42  gridview.setAdapter(adapter);                              //将适配器与 GridView 关联
```

（7）为 GridView 添加 OnItemClickListener 事件监听器，在重写的 onItemClick()方法中，首先获取 Intent 对象，然后创建一个要传递的数据包，并将选中的头像 ID 保存到该数据包中，再将要传递的数据包保存到 Intent 中，并设置返回的结果码及返回的 Activity，最后关闭当前 Activity，关键代码如下。

```
01  gridview.setOnItemClickListener(new AdapterView.OnItemClickListener() {
02      @Override
03      public void onItemClick(AdapterView<?> parent, View view, int position, long id) {
04          Intent intent = getIntent();                       //获取 Intent 对象
05          Bundle bundle = new Bundle();                      //实例化要传递的数据包
06          bundle.putInt("imageId", imageId[position]);       //显示选中的图片
07          intent.putExtras(bundle);                          //将数据包保存到 intent 中
08          setResult(0x11, intent);                           //设置返回的结果码，并返回调用该 Activity 的 Activity
09          finish();                                          //关闭当前 Activity
10      }
11  });
```

（8）重新打开 MainActivity，在该类中，重写 onActivityResult()方法，在该方法中，需要判断

requestCode 请求码和 resultCode 结果码是否与预先设置的相同，如果相同，则获取传递的数据包，并从该数据包中获取选择的头像 ID 并显示，具体代码如下。

```
01  @Override
02  protected void onActivityResult(int requestCode, int resultCode, Intent data) {
03      super.onActivityResult(requestCode, resultCode, data);
04      if(requestCode==0x11 && resultCode==0x11){        //判断是否为待处理的结果
05          Bundle bundle=data.getExtras();               //获取传递的数据包
06          int imageId=bundle.getInt("imageId");         //获取选择的头像 ID
07          //获取布局文件中添加的 ImageView 组件
08          ImageView iv=(ImageView)findViewById(R.id.imageView);
09          iv.setImageResource(imageId);                 //显示选择的头像
10      }
11  }
```

（9）在工具栏中找到 app 下拉列表框，选择要运行的应用（这里为 QQ Zone），再单击右侧的▶按钮，在选择头像界面中单击"选择头像"按钮，如图 8.10 所示，打开新的 Activity 选择头像后，如图 8.11 所示，将选择的头像返回到原 Activity 中。

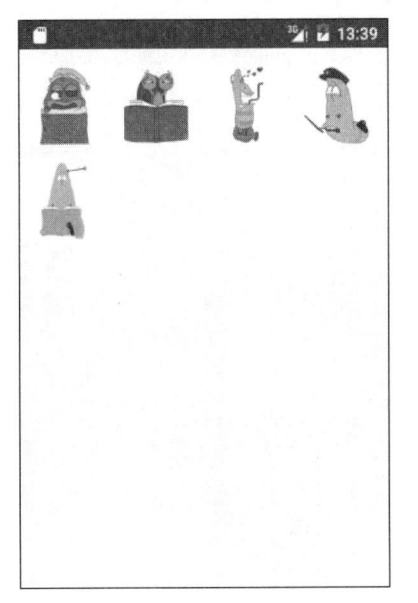

图 8.10　选择头像界面　　　　　图 8.11　模拟喜马拉雅 FM 选择头像的界面

## 8.4　使用 Fragment

Fragment 是 Android 3.0 新增的概念，其中文意思是碎片，它与 Activity 十分相似，用来在一个 Activity 中描述一些行为或一部分用户界面。使用多个 Fragment 可以在一个单独的 Activity 中建立多个 UI 面板，也可以在多个 Activity 中重用 Fragment。例如，微信主界面就相当于一个 Activity，在这个 Activity 中包含多个 Fragment，其中"微信""通讯录""发现""我"这 4 个功能界面，每一个

147

功能界面就相当于一个 Fragment，它们之间可以随意切换。

## 8.4.1　Fragment 的生命周期

和 Activity 一样，Fragment 也有自己的生命周期。一个 Fragment 必须被嵌入一个 Activity 中，它的生命周期直接受其所属的宿主 Activity 的生命周期影响。例如，当 Activity 被暂停时，其中的所有 Fragment 也被暂停；当 Activity 被销毁时，所有隶属于它的 Fragment 也将被销毁。然而，当一个 Activity 正在运行时（处于 resumed 状态），我们可以单独地对每一个 Fragment 进行操作，如添加或删除等。Fragment 完整的生命周期如图 8.12 所示。

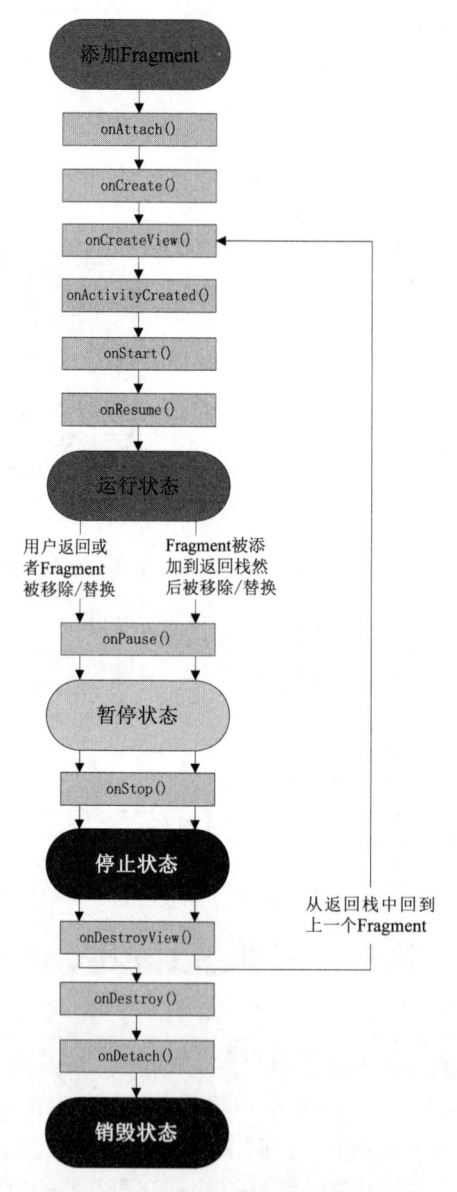

图 8.12　Fragment 的生命周期示意图

## 8.4.2 创建 Fragment

要创建一个 Fragment，必须创建一个 Fragment 的子类，或者继承自另一个已经存在的 Fragment 的子类。例如，要创建一个名称为 NewsFragment 的 Fragment，并重写 onCreateView()方法，可以使用下面的代码。

```
01  public class NewsFragment extends Fragment {
02      @Override
03      public View onCreateView(LayoutInflater inflater,
04                              ViewGroup container, Bundle savedInstanceState) {
05          //从布局文件 news.xml 加载一个布局文件
06          View v = inflater.inflate(R.layout.news, container, false);
07          return v;
08      }
09  }
```

**说明**

当系统首次调用 Fragment 时，如果想绘制一个 UI 界面，那么在 Fragment 中，必须重写 onCreateView()方法返回一个 View；如果 Fragment 没有 UI 界面，可以返回 null。

## 8.4.3 在 Activity 中添加 Fragment

向 Activity 中添加 Fragment 有两种方法：一种是直接在布局文件中添加，将 Fragment 作为 Activity 整个布局的一部分；另一种是当 Activity 运行时，将 Fragment 放入 Activity 布局中。下面分别进行介绍。

**1. 直接在布局文件中添加 Fragment**

直接在布局文件中添加 Fragment 可以使用<fragment></fragment>标记实现。例如，要在一个布局文件中添加两个 Fragment，可以使用下面的代码。

```
01  <LinearLayout xmlns:android="http://schemas.android.com/apk/res/android"
02      android:layout_width="fill_parent"
03      android:layout_height="fill_parent"
04      android:orientation="horizontal" >
05      <fragment android:name="com.mingrisoft.ListFragment"
06          android:id="@+id/list"
07          android:layout_weight="1"
08          android:layout_width="0dp"
09          android:layout_height="match_parent" />
10      <fragment android:name="com.mingrisoft.DetailFragment"
11          android:id="@+id/detail"
12          android:layout_weight="2"
13          android:layout_marginLeft="20dp"
14          android:layout_width="0dp"
```

```
15              android:layout_height="match_parent" />
16      </LinearLayout>
```

> **说明**
> 在<fragment></fragment>标记中，android:name 属性用于指定要添加的 Fragment。

### 2. 当 Activity 运行时添加 Fragment

当 Activity 运行时，也可以将 Fragment 添加到 Activity 的布局中，实现方法是获取一个 FragmentTransaction 的实例，然后使用 add()方法添加一个 Fragment，add()方法的第一个参数是 Fragment 要放入的 ViewGroup（由 Resource ID 指定），第二个参数是需要添加的 Fragment，最后为了使改变生效，还必须调用 commit()方法提交事务。例如，要在 Activity 运行时添加一个名称为 DetailFragment 的 Fragment，可以使用下面的代码。

```
01    DetailFragment details = new DetailFragment();       //实例化 DetailFragment 的对象
02    FragmentTransaction ft = getFragmentManager()
03            .beginTransaction();                         //获得一个 FragmentTransaction 的实例
04    ft.add(android.R.id.content, details);               //添加一个显示详细内容的 Fragment
05    ft.commit();                                         //提交事务
```

Fragment 比较强大的功能之一就是可以合并两个 Activity，从而让这两个 Activity 在一个屏幕上显示。如图 8.13 所示（参照 Android 官方文档），左边的两个图分别代表两个 Activity，右边的图表示包括两个 Fragment 的 Activity，其中第一个 Fragment 的内容是 Activity A，第二个 Fragment 的内容是 Activity B。

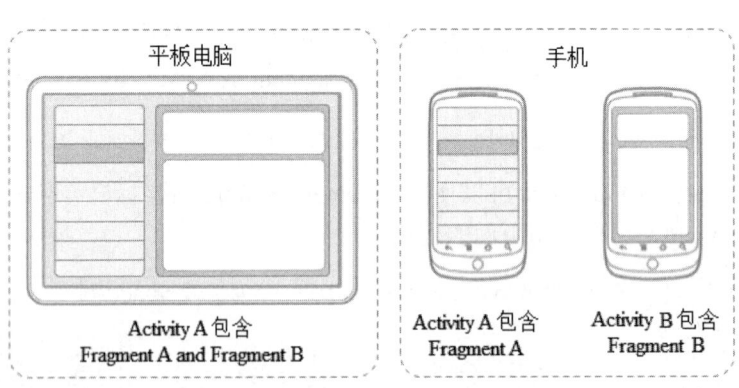

图 8.13　使用 Fragment 合并两个 Activity

下面通过一个实例介绍 Fragment 在 App 中的实际应用。

**【例 8.04】** 模拟微信切换界面功能（**实例位置：资源包\源码\08\8.04**）

在 Android Studio 中创建 Module，名称为 WeChat Interface Change。在该 Module 中实现本实例，具体步骤如下。

（1）修改新建 Module 的 res\layout 目录下的布局文件 activity_main.xml，将默认添加的布局管理器修改为相对布局管理器，并将 TextView 组件删除，然后在布局管理器中添加一个 Fragment 组件，并为其设置 id 属性，在 Fragment 组件下方添加一个水平线性布局管理器，并设置其显示在容器底部，最后在水平线性布局管理器中添加 4 个布局宽度相同的 ImageView，将它们的 layout_weight 属性均设置为 1，具体代码如下。

```xml
01 <RelativeLayout xmlns:android="http://schemas.android.com/apk/res/android"
02     xmlns:tools="http://schemas.android.com/tools"
03     android:layout_width="match_parent"
04     android:layout_height="match_parent"
05     tools:context="com.mingrisoft.MainActivity">
06     <!--Fragment 组件-->
07     <fragment
08         android:id="@+id/fragment"
09         android:name="com.mingrisoft.WeChat_Fragment"
10         android:layout_width="match_parent"
11         android:layout_height="match_parent" />
12     <LinearLayout
13         android:layout_width="match_parent"
14         android:layout_height="50dp"
15         android:layout_alignParentBottom="true"
16         android:orientation="horizontal">
17         <!--微信图标-->
18         <ImageView
19             android:id="@+id/image1"
20             android:layout_width="0dp"
21             android:layout_height="50dp"
22             android:layout_weight="1"
23             android:src="@drawable/bottom_1" />
24         <!--通讯录图标-->
25         <ImageView
26             android:id="@+id/image2"
27             android:layout_width="0dp"
28             android:layout_height="50dp"
29             android:layout_weight="1"
30             android:src="@drawable/bottom_2" />
31         <!--发现图标-->
32         <ImageView
33             android:id="@+id/image3"
34             android:layout_width="0dp"
35             android:layout_height="50dp"
36             android:layout_weight="1"
37             android:src="@drawable/bottom_3" />
38         <!--我图标-->
39         <ImageView
40             android:id="@+id/image4"
41             android:layout_width="0dp"
42             android:layout_height="50dp"
43             android:layout_weight="1"
44             android:src="@drawable/bottom_4" />
45     </LinearLayout>
46 </RelativeLayout>
```

（2）在 res\layout 目录下创建一个名称为 wechat_fragment.xml 的布局文件，并且将默认创建的线性布局管理器修改为相对布局管理器，然后在该部局文件中添加一个 ImageView 组件，用于存放要显示的图片。

（3）在工具窗口中的 WeChat Interface Change\java 节点的第一个 com.mingrisoft 包中创建一个名称为 WeChat_Fragment 的类，让这个类继承 Fragment 类，并且重写 onCreateView()方法，然后为 WeChatFragment 添加 wechat_fragment.xml 布局文件，具体代码如下。

```
01    public class WeChat_Fragment extends Fragment {
02        @Override
03        public View onCreateView(LayoutInflater inflater,
04                                 ViewGroup container, Bundle savedInstanceState) {
05            View view=inflater.inflate(R.layout.wechat_fragment,null);
06            return view;
07        }
08    }
```

> **说明**
>
> 按照步骤（2）和步骤（3）的方法，再创建 3 个 Fragment 类和 3 个对应的布局文件，分别用于实现"通讯录""发现""我"3 个界面。

（4）打开默认创建的 MainActivity，让 MainActivity 直接继承 Activity，获取布局文件中的 4 张 Tab 标签图片，并且为每一个图片设置单击事件监听器，然后通过 switch 判断单击哪张导航图片，并创建相应的 Fragment 替换原有的 Fragment，具体代码如下。

```
01    public class MainActivity extends Activity {
02        @Override
03        protected void onCreate(Bundle savedInstanceState) {
04            super.onCreate(savedInstanceState);
05            setContentView(R.layout.activity_main);
06            //获取布局文件的第一个导航图片
07            ImageView imageView1 = (ImageView) findViewById(R.id.image1);
08            //获取布局文件的第二个导航图片
09            ImageView imageView2 = (ImageView) findViewById(R.id.image2);
10            //获取布局文件的第三个导航图片
11            ImageView imageView3 = (ImageView) findViewById(R.id.image3);
12            //获取布局文件的第四个导航图片
13            ImageView imageView4 = (ImageView) findViewById(R.id.image4);
14            imageView1.setOnClickListener(l);       //为第一个导航图片添加单击事件监听器
15            imageView2.setOnClickListener(l);       //为第二个导航图片添加单击事件监听器
16            imageView3.setOnClickListener(l);       //为第三个导航图片添加单击事件监听器
17            imageView4.setOnClickListener(l);       //为第四个导航图片添加单击事件监听器
18        }
19        //创建单击事件监听器
20        View.OnClickListener l = new View.OnClickListener() {
21            @Override
22            public void onClick(View v) {
23                FragmentManager fm = getFragmentManager();   //获取 Fragment
```

```
24           FragmentTransaction ft = fm.beginTransaction();   //开启一个事务
25           Fragment f = null;                                 //为 Fragment 初始化
26           switch (v.getId()) {                               //通过获取单击的 id 判断单击了哪张图片
27               case R.id.image1:
28                   f = new WeChat_Fragment();                 //创建第一个 Fragment
29                   break;
30               case R.id.image2:
31                   f = new Message_Fragment();                //创建第二个 Fragment
32                   break;
33               case R.id.image3:
34                   f = new Find_Fragment();                   //创建第三个 Fragment
35                   break;
36               case R.id.image4:
37                   f = new Me_Fragment();                     //创建第四个 Fragment
38                   break;
39               default:
40                   break;
41           }
42           ft.replace(R.id.fragment, f);                      //替换 Fragment
43           ft.commit();                                       //提交事务
44       }
45   };
46 }
```

（5）在工具栏中找到 app 下拉列表框，选择要运行的应用（这里为 WeChat Interface Change），再单击右侧的▶按钮，运行效果如图 8.14 所示。

图 8.14　模拟微信界面

## 8.5 实　　战

### 8.5.1 实现3个界面切换的运行效果

实现 3 个界面切换的运行效果，要求界面为 3 个，顶部为切换选项并且可以进行左右滑动切换界面。(**实例位置：资源包\源码\08\实战\01**)

### 8.5.2 模拟中国工商银行App

模拟中国工商银行 App，实现登录后单击左上角的"安全退出"按钮，即可退出该应用，这里不需要实现弹出确认退出对话框。(**实例位置：资源包\源码\08\实战\02**)

## 8.6 小　　结

本章主要介绍了 Android 应用的重要组成单元——Activity。首先介绍了如何创建、启动和关闭单一的 Activity，实际上，在应用 Android Studio 创建 Android 项目时，就已经默认创建并配置了一个 Activity，如果只需一个 Activity，直接使用即可。然后介绍了多个 Activity 的使用，主要包括如何在两个 Activity 之间交换数据和如何调用另一个 Activity 并返回结果。最后介绍了可以合并多个 Activity 的 Fragment。本章的内容在实际开发中经常应用，需要重点学习，为以后的项目开发奠定基础。

# 第 9 章

## Android 应用核心 Intent

（视频讲解：25 分钟）

一个 Android 程序由多个组件组成，各个组件之间使用 Intent 进行通信。Intent 对象中包含组件名称、动作、数据等内容。根据 Intent 中的内容，Android 系统可以启动需要的组件。

## 9.1 初识 Intent

Intent 中文意思为"意图"。它是 Android 程序中传输数据的核心对象，在 Android 官方文档中，对 Intent 的定义是执行某操作的一个抽象描述。它可以开启新的 Activity，也可以发送广播消息，或者开启 Service 服务。下面将对 Intent 及其基本应用分别进行介绍。

### 9.1.1 Intent 概述

一个 Android 程序主要是由 Activity、Service 和 BroadcastReceiver 3 种组件组成，这 3 种组件是独立的，它们之间可以互相调用、协调工作，最终组成一个真正的 Android 程序。这些组件之间的通信主要由 Intent 协助完成。Intent 负责对应用中一次操作的 Action（动作）、Action 涉及的 Data（数据）、Extras（附加数据）进行描述，Android 则根据 Intent 的描述找到对应的组件，将 Intent 传递给调用的组件，并完成组件的调用。因此，Intent 在这里起着一个媒体中介的作用，专门提供组件间互相调用的相关信息，实现调用者与被调用者之间的解耦。

例如，在一个联系人维护的应用中，联系人列表界面（假设对应的 Activity 为 ListActivity），如图 9.1 所示，当单击联系人 Mr 后，会打开该联系人的详细信息界面（假设对应的 Activity 为 DetailActivity），如图 9.2 所示。

图 9.1 联系人列表界面（ListActivity） 　　图 9.2 联系人详细信息界面（DetailActivity）

为了实现这个目的，ListActivity 需要构造一个 Intent，这个 Intent 用于告诉系统：需要完成"查看"动作，而此动作对应的查看对象是"某联系人"；然后调用 startActivity(Intent intent)方法，并将构造的 Intent 传入，系统会根据此 Intent 中的描述，在 AndroidManifest.xml 文件中找到满足此 Intent 要求的

Activity（即 DetailActivity）；最后，DetailActivity 会根据此 Intent 中的描述，执行相应的操作，如图 9.3 所示。

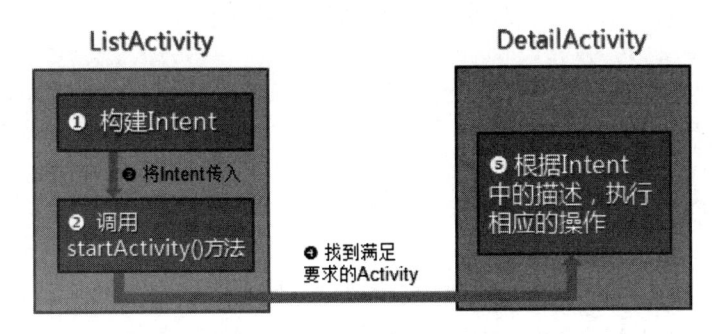

图 9.3　Intent 的作用

## 9.1.2　Intent 的基本应用

Intent 是一个可以从另一个应用程序请求动作的消息处理对象。它可以实现组件间的通信，主要有以下 3 种基本应用。

**1．开启 Activity**

通过将一个 Intent 对象传递给 startActivity()方法，可以启动一个新的 Activity，并且还可以携带一些必要的数据。另外，也可以将 Intnet 对象传递到 startActivityForRestult()方法中，这样，在需要获取返回结果时，即可在调用它的 Activity 的 onActivityResult()方法中接收返回结果。

**2．开启 Service**

通过将一个 Intent 对象传递给 startService()方法，可以启动一个 Service 来完成一次操作（如下载文件）或者传递一个新的指令给正在运行的 Service。另外，将一个 Intent 对象传递给 bindService()方法，可以建立调用组件和目标服务之间的连接。

**3．传递 Broadcast（广播）**

通过任何一个广播方法（如 sendBroadcast()、sendOrderedBroadcast()或 sendStickyBroadcast()方法等），都可以将广播传递给所有感兴趣的广播接收者。

第 8 章已经介绍了如何使用 Intent 来启动 Activity，关于如何使用 Intent 来启动另外两种组件（Service 和 Broadcast）的内容会在后面的章节中进行介绍。

> **说明**
> Android 程序会自动查找合适的 Activity、Service 或者 BroadcastReceiver 来响应 Intent（意图），如果初始化这些消息的系统之间没有重叠，那么 BroadcastReceiver 的意图只会传递给广播接收者，而不会传递给 Activity 或 Service。

## 9.2　Intent 种类

Intent 可以分成显式 Intent 和隐式 Intent 两种，下面分别进行介绍。

### 9.2.1　显式 Intent

显式 Intent 是指在创建 Intent 对象时，就指定接收者（如 Activity、Service 或者 BroadcastReceiver），因为我们已经知道要启动的 Activity 或者 Service 的类名称。由于 Service 还没有介绍，所以这里将以 Activity 为例介绍如何使用显式 Intent。

在启动 Activity 时必须在 Intent 中指明要启动的 Activity 所在的类。通常情况下，在一个 Android 项目中，如果只有一个 Activity，那么只需要在 AndroidManifest.xml 文件中配置，并且将其设置为程序的入口。这样，当运行该项目时，将自动启动该 Activity；否则，需要应用 Intent 和 startActivity()方法来启动需要的 Activity，即通过显式 Intent 来启动，具体步骤如下。

（1）创建 Intent 对象，可以使用下面的语法格式。

```
Intent intent = new Intent(Context packageContext, Class<?> cls)
```

- ☑ intent：用于指定对象名称。
- ☑ packageContext：用于指定一个启动 Activity 的上下文对象，可以使用 Activity 名.this（如 MainActivity.this）来指定。
- ☑ cls：用于指定要启动的 Activity 所在的类，可以使用 Activity 名.class（如 DetailActivity.class）来指定。

**说明**

Intent 位于 android.content 包中，在使用 Intent 时，需要应用 "import android.content.Intent;" 语句导入该类。

例如，创建一个启动 DetailActivity 的 Intent 对象，可以使用下面的代码。

```
Intent intent=new Intent(MainActivity.this,DetailActivity.class);
```

（2）应用 startActivity()方法来启动 Activity，startActivity()方法的语法格式如下。

```
public void startActivity(Intent intent)
```

startActivity()方法没有返回值，只有一个 Intent 类型的入口参数，该 Intent 对象为步骤（1）中创建的 Intent 对象。

**说明**

由于在第 8 章中启动 Activity 采用的都是显式 Intent，所以这里将不再举例说明。

## 9.2.2 隐式 Intent

隐式 Intent 是指在创建 Intent 对象时，不指定具体的接收者，而是定义要执行的 Action、Category 和 Data，然后让 Android 系统根据相应的匹配机制找到要启动的 Activity。例如，在 Activity A 中隐式启动 Activity B 需要经过如图 9.4 所示的过程。

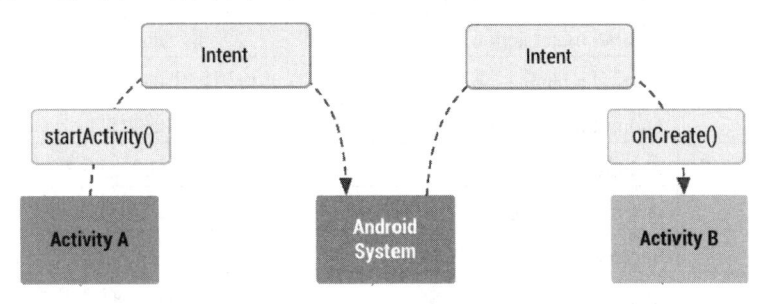

图 9.4　隐式 Intent 示意图

**说明**

从图 9.4 可以看出，在 Activity A 中，创建一个设置了 Action 的 Intent 对象，并且把它传递到 startActivity() 方法中；然后 Android 系统将搜索所有的应用程序来匹配这个 Intent，当找到匹配后，系统将通过传递 Intent 到 onCreate() 方法来启动匹配的 Activity B。

使用隐式 Intent 启动 Activity 时，需要为 Intent 对象定义 Action、Category 和 Data 属性；然后再调用 startActivity() 方法来启动匹配的 Activity。

例如，我们要在自己的应用程序中展示一个网页，就可以直接调用系统的浏览器来打开这个网页，而不必自己再编写一个浏览器，可以使用下面的语句实现。

```
01  Intent intent = new Intent();                                //创建 Intent 对象
02  intent.setAction(Intent.ACTION_VIEW);                        //为 Intent 设置动作
03  intent.setData(Uri.parse("http://www.mingribook.com"));      //为 Intent 设置数据
04  startActivity(intent);                                       //将 Intent 传递给 Activity
```

也可以使用下面的语句实现。

```
01  Intent intent = new Intent(Intent.ACTION_VIEW,
02      Uri.parse("http://www.mingribook.com"));                 //创建 Intent 对象
03  startActivity(intent);                                       //将 Intent 传递给 Activity
```

☑ Intent.ACTION_VIEW：为 Intent 的 action，表示需要执行的动作。Android 系统支持的标准 action 字符串常量如表 9.1 所示。

表 9.1　标准 Activity 动作说明

| 常　　量 | 对应字符串 | 说　　明 |
| --- | --- | --- |
| ACTION_MAIN | android.intent.action.MAIN | 作为初始的 Activity 启动,没有数据输入/输出 |
| ACTION_VIEW | android.intent.action.VIEW | 将数据显示给用户 |

续表

| 常　量 | 对应字符串 | 说　明 |
| --- | --- | --- |
| ACTION_ATTACH_DATA | android.intent.action.ATTACH_DATA | 用于指示一些数据应该附属于其他地方 |
| ACTION_EDIT | android.intent.action.EDIT | 将数据显示给用户用于编辑 |
| ACTION_PICK | android.intent.action.PICK | 从数据中选择一项，并返回该项 |
| ACTION_CHOOSER | android.intent.action.CHOOSER | 显示一个 Activity 选择器 |
| ACTION_GET_CONTENT | android.intent.action.GET_CONTENT | 允许用户选择特定类型的数据并将其返回 |
| ACTION_DIAL | android.intent.action.DIAL | 使用提供的数字拨打电话 |
| ACTION_CALL | android.intent.action.CALL | 使用提供的数据给某人拨打电话 |
| ACTION_SEND | android.intent.action.SEND | 向某人发送消息，接收者未指定 |
| ACTION_SENDTO | android.intent.action.SENDTO | 向某人发送消息，接收者已指定 |
| ACTION_ANSWER | android.intent.action.ANSWER | 接听电话 |
| ACTION_INSERT | android.intent.action.INSERT | 在给定容器中插入空白项 |
| ACTION_DELETE | android.intent.action.DELETE | 从容器中删除给定数据 |
| ACTION_RUN | android.intent.action.RUN | 无条件运行数据 |
| ACTION_SYNC | android.intent.action.SYNC | 执行数据同步 |
| ACTION_PICK_ACTIVITY | android.intent.action.PICK_ACTIVITY | 选择给定 Intent 的 Activity，返回选择的类 |
| ACTION_SEARCH | android.intent.action.SEARCH | 执行查询 |
| ACTION_WEB_SEARCH | android.intent.action.WEB_SEARCH | 执行联机查询 |
| ACTION_FACTORY_TEST | android.intent.action.FACTORY_TEST | 工厂测试的主入口点 |

**说明**

关于表 9.1 内容的详细说明请参考 API 文档中 Intent 类的说明。

☑ Uri.parse()方法：用于把字符串解释为 URI 对象，表示需要传递的数据。

在执行上面的代码时，系统首先根据 Intent.ACTION_VIEW 得知需要启动具备浏览功能的 Activity，但是具体的浏览内容，还需要根据第二个参数的数据类型来判断。这里面提供的是 Web 地址，所以将使用内置的浏览器显示。

下面通过一个实例演示如何实现隐式启动 Intent。

**【例 9.01】** 隐式 Intent 实现拨打电话功能（**实例位置：资源包\源码\09\9.01**）

在 Android Studio 中创建项目，名称为 Intent，然后在该项目中创建一个 Module，名称为 Intent Dial。在该 Module 中实现本实例，具体步骤如下。

（1）修改新建 Module 的 res\layout 目录下的布局文件 activity_main.xml，将默认添加的布局管理器修改为相对布局管理器，然后在布局管理器中添加 4 个用于显示公司信息的文本框，然后添加两个 ImageButton 组件，分别为"拨打电话"按钮和"发送短信"按钮。

（2）修改 MainActivity.java 文件，在 onCreate()方法中，获取布局文件中的电话图标按钮和短信图标按钮，并为它们设置单击事件监听器，代码如下。

```
01  public class MainActivity extends AppCompatActivity {
02      @Override
03      protected void onCreate(Bundle savedInstanceState) {
04          super.onCreate(savedInstanceState);
05          setContentView(R.layout.activity_main);
06          //获取电话图标按钮
07          ImageButton imageButton = (ImageButton) findViewById(R.id.imageButton_phone);
08          //获取短信图标按钮
09          ImageButton imageButton1 = (ImageButton) findViewById(R.id.imageButton_sms);
10          imageButton.setOnClickListener(listener);              //为电话图标按钮设置单击事件
11          imageButton1.setOnClickListener(listener);             //为短信图标按钮设置单击事件
12      }
13  }
```

（3）上面的代码中用到了 listener 对象，该对象为 OnClickListener 类型。因此，在 Activity 中创建该对象，并重写其 onClick()方法，在该方法中，通过判断单击按钮的 id，分别为两个 ImageButton 组件设置拨打电话和发送短信的 Action 及 Data，代码如下。

```
01  //创建监听事件对象
02  View.OnClickListener listener = new View.OnClickListener() {
03      @Override
04      public void onClick(View v) {
05          Intent intent = new Intent();                          //创建 Intent 对象
06          switch (v.getId()) {                                   //根据 ImageButton 组件的 id 进行判断
07              case R.id.imageButton_phone:                       //如果是电话图标按钮
08                  intent.setAction(intent.ACTION_DIAL);          //调用拨号面板
09                  intent.setData(Uri.parse("tel:043184978981")); //设置要拨打的号码
10                  startActivity(intent);                         //启动 Activity
11                  break;
12              case R.id.imageButton_sms:                         //如果是短信图标按钮
13                  intent.setAction(intent.ACTION_SENDTO);        //调用发送短信面板
14                  intent.setData(Uri.parse("smsto:5554"));       //设置要发送的号码
15                  intent.putExtra("sms_body", "Welcome to Android!"); //设置要发送的信息内容
16                  startActivity(intent);                         //启动 Activity
17          }
18      }
19  };
```

（4）在 AndroidManifest.xml 文件中，设置允许该应用拨打电话和发送短信的权限，代码如下。

```
01  <uses-permission android:name="android.permission.CALL_PHONE"/>
02  <uses-permission android:name="android.permission.SEND_SMS"/>
```

（5）在工具栏中找到 app 下拉列表框，选择要运行的应用（这里为 Intent Dial），再单击右侧的▶按钮，将显示如图 9.5 所示的关于明日学院的界面，在该界面中，若单击电话图标按钮将显示如图 9.6 所示的拨打电话界面；若单击短信图标按钮将显示如图 9.7 所示的发送信息界面。

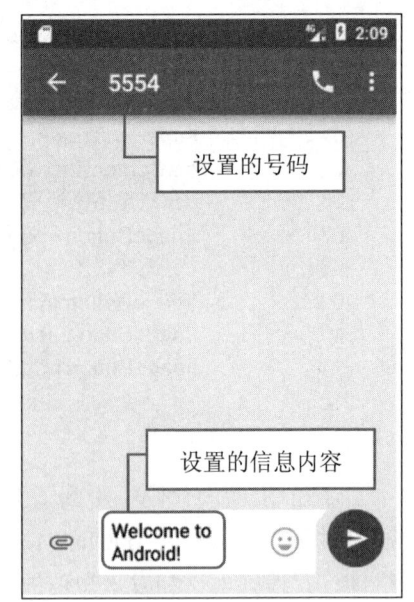

图 9.5　主 Activity 界面　　　　图 9.6　拨打电话界面　　　　图 9.7　发送信息

## 9.3　Intent 过滤器

使用隐式 Intent 启动 Activity 时，并没有在 Intent 中指明 Activity 所在的类。因此，Android 系统要根据某种匹配机制，找到要启动的 Activity。这种机制就是根据 Intent 过滤器来实现的。

> **说明**
> Intent 过滤器是一种根据 Intent 中的 Action、Data 和 Category 等属性对适合接收该 Intent 的组件进行匹配和筛选的机制。

为了使组件能够注册 Intent 过滤器，通常在 AndroidManifest.xml 文件的各个组件声明标记中，使用<intent-filter>标记声明该组件所支持的动作、数据和种类等信息。当然，也可以在程序代码中，使用 Intent 对象提供的对应属性的方法来进行设置。这里主要介绍通过<intent-filter>标记在 AndroidManifest.xml 文件中进行配置。在<intent-filter>标记中，用于设置 Action 属性的标记为<action>；用于设置 Data 属性的标记为<data>；用于设置 Category 属性的标记为<category>。下面将对这几个标记进行详细介绍。

### 9.3.1　配置<action>标记

<action>标记用于指定组件所能响应的动作，以字符串形式表示，通常由 Java 类名和包的完全限定名组成。<action>标记的语法格式如下。

```
<action android:name="string" />
```

其中，string 为字符串，可以是表 9.1 中的"对应字符串"列的内容，但不能直接使用类常量。例如，要设置其作为初始启动 Activity（对应常量为 ACTION_MAIN），那么需要将其指定为 android.intent.action.MAIN，代码如下。

```
<action android:name="android.intent.action.MAIN"/>
```

除了使用标准的 Action 常量外，还可以自定义 action 的名字，为了确保名字的唯一性，一定要用该应用程序的包名作为前缀。例如，要设置名字为 DETAIL，可以使用下面的代码。

```
<action android:name="com.mingrisoft.action.DETAIL "/>
```

## 9.3.2 配置<data>标记

<data>标记用于向 Action 提供要操作的数据。它可以是一个 URI 对象或者数据类型（MIME 媒体类型）。其中，URI 可以分成 scheme（协议或服务方式）、host（主机）、port（端口）以及 path（路径）等，格式如下。

```
<scheme>://<host>:<port>/<path>
```

例如下面的 URI。

```
content://com.example.project:200/folder/subfolder/etc
```

其中，content 是 scheme；com.example.project 是 host；200 是 port；folder/subfolder/etc 是 path。host 和 port 一起组成了 URI 授权，如果 host 没有指定，则忽略 port。这些属性都是可选的，但是相互之间并非完全独立。如果授权有效，则 scheme 必须指定。如果 path 有效，则 scheme 和授权必须指定。

<data>标记的语法格式如下。

```
<data android:scheme="string"
    android:host="string"
    android:port="string"
    android:path="string"
    android:mimeType="string" />
```

- ☑ android:scheme：用于指定所需要的特定协议。
- ☑ android:host：用于指定一个有效的主机名。
- ☑ android:port：用于指定主机的有效端口号。
- ☑ android:path：用于指定有效的 URI 路径名。
- ☑ android:mimeType：用于指定组件能处理的数据类型，支持使用*通配符来包含子类型（如 image/*或者 audio/*）。在过滤器中，该属性比较常用。

例如，要设置数据类型为 JPG 图片，可以使用下面的代码。

```
<data android:mimeType="image/jpeg"/>
```

### 9.3.3 配置<category>标记

<category>标记用于指定以何种方式去执行 Intent 请求的动作。<category>标记的语法格式如下。

<category android:name="string" />

其中，string 为字符串，可以是表 9.2 中的"对应字符串"列的内容，但不能直接使用类常量。

表 9.2 标准 Category 说明

| 常量 | 对应字符串 | 说明 |
| --- | --- | --- |
| CATEGORY_DEFAULT | android.intent.category.DEFAULT | 将 Activity 作为默认动作选项 |
| CATEGORY_BROWSABLE | android.intent.category.BROWSABLE | 让 Activity 能够安全地从浏览器中调用 |
| CATEGORY_TAB | android.intent.category.TAB | 将 Activity 作为 TabActivity 的选项卡 |
| CATEGORY_ALTERNATIVE | android.intent.category.ALTERNATIVE | 将 Activity 作为用户正在查看数据的备用动作 |
| CATEGORY_SELECTED_ALTERNATIVE | android.intent.category.SELECTED_ALTERNATIVE | 将 Activity 作为用户当前选择数据的备用动作 |
| CATEGORY_LAUNCHER | android.intent.category.LAUNCHER | 让 Activity 在顶层启动器中显示 |
| CATEGORY_INFO | android.intent.category.INFO | 用于提供 Activity 所在包的信息 |
| CATEGORY_HOME | android.intent.category.HOME | 用于返回 Home Activity（系统桌面） |
| CATEGORY_PREFERENCE | android.intent.category.PREFERENCE | 让 Activity 作为一个偏好面板 |
| CATEGORY_TEST | android.intent.category.TEST | 用于测试 |
| CATEGORY_CAR_DOCK | android.intent.category.CAR_DOCK | 用于在设备插入 car dock 时运行 Activity |
| CATEGORY_DESK_DOCK | android.intent.category.DESK_DOCK | 用于在设备插入 desk dock 时运行 Activity |
| CATEGORY_LE_DESK_DOCK | android.intent.category.LE_DESK_DOCK | 用于在设备插入模拟 dock（低端）时运行 Activity |
| CATEGORY_HE_DESK_DOCK | android.intent.category.HE_DESK_DOCK | 用于在设备插入数字 dock（高端）时运行 Activity |
| CATEGORY_CAR_MODE | android.intent.category.CAR_MODE | 指定 Activity 可以用于汽车环境 |
| CATEGORY_APP_MARKET | android.intent.category.APP_MARKET | 让 Activity 允许用户浏览和下载新应用 |

**说明**

关于表 9.2 所示内容的详细说明请参考 API 文档中 Intent 类的说明。

例如，要设置其作为测试的 Activity（对应常量为 CATEGORY_TEST），那么需要将其指定为 android.intent.category.TEST，代码如下。

<action android:name="android.intent.category.TEST"/>

除了使用标准的 Category 常量外，还可以自定义 Category 的名字，为了确保名字的唯一性，一定要用该应用程序的包名作为前缀，例如，要设置名字为 DETAIL，可以使用下面的代码。

```xml
<action android:name="com.mingrisoft.category.DETAIL"/>
```

下面通过一个实例说明 Intent 过滤器的具体应用。

【例 9.02】  使用 Intent 过滤器实现查看大图功能（**实例位置：资源包\源码\09\9.02**）

在 Android Studio 中创建 Module，名称为 Intent Filter。在该 Module 中实现本实例，具体步骤如下。

（1）修改新建 Module 的 res\layout 目录下的布局文件 activity_main.xml，将默认添加的布局管理器修改为相对布局管理器并将文本框组件删除，添加一个 ImageView 组件（用于显示小图）和一个 Button 组件（单击查看大图）。

（2）打开 MainActivity，在 onCreate()方法中获得布局文件中的 Button 组件并为其增加单击事件监听器。在监听器中传递包含动作的隐式 Intent，其代码如下。

```java
01  public class MainActivity extends AppCompatActivity {
02      @Override
03      protected void onCreate(Bundle savedInstanceState) {
04          super.onCreate(savedInstanceState);
05          setContentView(R.layout.activity_main);
06          Button button= (Button) findViewById(R.id.btn);        //获取按钮组件
07          //为按钮创建单击事件
08          button.setOnClickListener(new View.OnClickListener() {
09              @Override
10              public void onClick(View v) {
11                  Intent intent=new Intent();                    //创建 Intent 对象
12                  intent.setAction(intent.ACTION_VIEW);          //为 Intent 设置动作
13                  startActivity(intent);                         //启动 Activity
14              }
15          });
16      }
17  }
```

> **注意**
> 在上面的代码中，并没有指定将 Intent 对象传递给哪个 Activity。

（3）创建名称为 ContactsActivity 的 Activity，让 ContactsActivity 直接继承 Activity，并且在 onCreate()方法中设置全屏显示。

（4）在 res\layout 目录中找到名称为 activity_contacts.xml 的文件，将默认添加的布局管理器修改为相对布局管理器，然后添加一个 ImageView 组件，用于设置图片，关键代码如下。

```xml
01  <RelativeLayout
02      xmlns:android="http://schemas.android.com/apk/res/android"
03      xmlns:tools="http://schemas.android.com/tools"
```

```
04        android:layout_width="match_parent"
05        android:layout_height="match_parent"
06        tools:context=".ContactsActivity">
07    <ImageView
08        android:id="@+id/image1"
09        android:layout_width="match_parent"
10        android:layout_height="match_parent"
11        android:src="@drawable/hehua"
12        android:scaleType="fitXY"/>
13  </RelativeLayout>
```

（5）编写 AndroidManifest.xml 文件，为两个 Activity 设置不同的 Intent 过滤器，其代码如下。

```
01  <manifest
02      package="com.mingrisoft"
03      xmlns:android="http://schemas.android.com/apk/res/android">
04      <application
05          android:allowBackup="true"
06          android:icon="@mipmap/ic_launcher"
07          android:label="@string/app_name"
08          android:supportsRtl="true"
09          android:theme="@style/AppTheme">
10          <activity android:name=".MainActivity">
11              <intent-filter>
12                  <action android:name="android.intent.action.MAIN"/>
13                  <category android:name="android.intent.category.LAUNCHER"/>
14              </intent-filter>
15          </activity>
16          <activity android:name=".ContactsActivity">
17              <intent-filter>
18                  <action android:name="android.intent.action.VIEW"/>
19                  <category android:name="android.intent.category.DEFAULT"/>
20              </intent-filter>
21          </activity>
22      </application>
23  </manifest>
```

**说明**

由于有多种匹配 ACTION_VIEW 的方式，因此需要用户进行选择。

（6）在工具栏中找到 app 下拉列表框，选择要运行的应用（这里为 Intent Filter），再单击右侧的▶按钮，将显示如图 9.8 所示的主界面，单击"查看大图"按钮，显示如图 9.9 所示的选择打开方式界面，选择"Intent 过滤器"跳转到第二个 Activity，显示完整图片。

图 9.8　选择发送方式界面　　　　　　图 9.9　选择打开方式界面

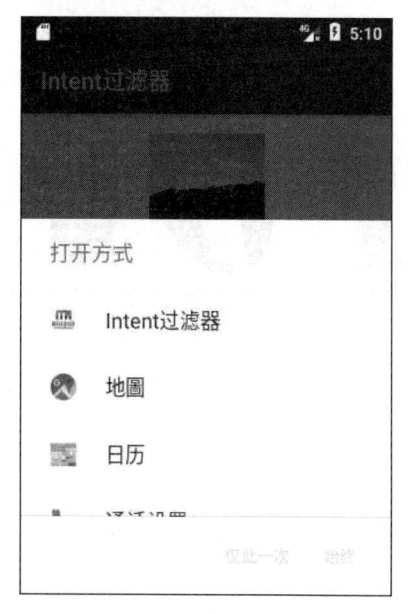

## 9.4　实　　战

### 9.4.1　通过隐式 Intent 实现一个打开手机相册的运行效果

通过隐式 Intent 实现一个打开手机相册的运行效果，要求在主界面中设置触发打开手机相册的文字，单击该文字将打开手机相册。（**实例位置：资源包\源码\09\实战\01**）

### 9.4.2　通过 Intent 过滤器实现一个打开手机拨号面板的运行效果

通过 Intent 过滤器实现一个打开手机拨号面板的运行效果，要求在界面中设置触发打开方式列表的文字，单击该文字显示打开方式列表，然后选择自己创建的应用名称打开手机的拨号面板。（**实例位置：资源包\源码\09\实战\02**）

## 9.5　小　　结

本章首先介绍了什么是 Intent，以及 Intent 的基本应用；然后介绍了显式 Intent 和隐式 Intent；最后介绍了 Intent 过滤器。其中，显式 Intent 和隐式 Intent 是本章的重点，需要重点掌握，并做到合理应用。

# 第 10 章

## Android 事件处理和手势

（视频讲解：1 小时 2 分钟）

用户在使用手机、平板电脑时，是通过各种操作来与软件进行交互的，较常见的方式包括物理按键操作、触摸屏操作和手势等。在 Android 中，这些操作都将转换为对应的事件进行处理，本章将对 Android 中的事件处理进行介绍。

## 10.1 事件处理概述

现在的图形界面应用程序都是通过事件来实现人机交互的。事件就是用户对图形界面的操作。在 Android 手机和平板电脑上，主要包括物理按键事件和触摸屏事件两大类。物理按键事件包括按下、抬起和长按等；触摸屏事件包括按下、抬起、滑动和双击等。

在 Android 组件中，提供了事件处理的相关方法。例如，在 View 类中，提供了 onTouchEvent()方法，我们可以重写该方法来处理触摸屏事件。这种方式主要适用于重写组件的场景。但是仅仅通过重写这个方法来完成事件处理是不够的。为此，Android 为我们提供了使用 setOnTouchListener()方法为组件设置监听器来处理触摸屏事件，这在日常开发中更加常用。

在 Android 中提供了两种方式的事件处理：一种是基于监听的事件处理；另一种是基于回调的事件处理，下面分别进行介绍。

### 10.1.1 基于监听的事件处理

实现基于监听的事件处理，主要做法就是为 Android 的 UI 组件绑定特定的事件监听器。在事件监听的处理模型中，主要有以下 3 类对象。

☑ Event Source（事件源）：即产生事件的来源，通常是各种组件，如按钮、窗口和菜单等。
☑ Event（事件）：事件中封装了 UI 组件上发生的特定事件的具体信息，如果监听器需要获取 UI 组件上所发生事件的相关信息，一般通过 Event 对象来传递。
☑ Event Listener（事件监听器）：监听事件源所发生的事件，并对不同的事件做出相应的响应。事件处理流程示意图如图 10.1 所示。

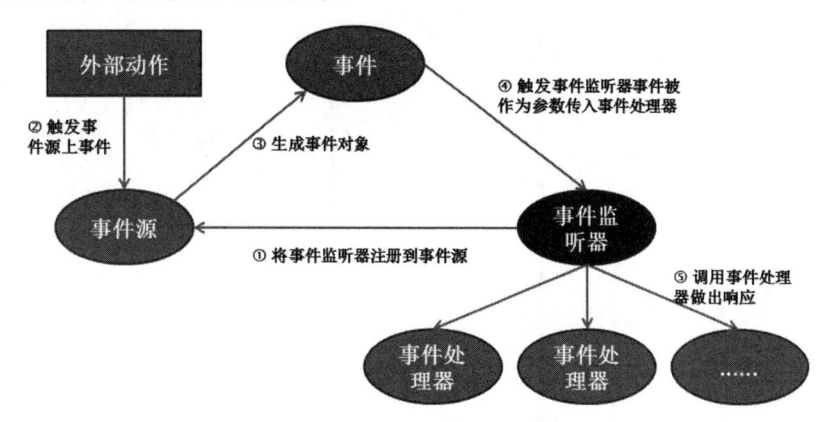

图 10.1 事件处理流程示意图

### 10.1.2 基于回调的事件处理

实现基于回调的事件处理，主要做法就是重写 Android 组件特定的回调方法，或者重写 Activity 的回调方法。从代码实现的角度来看，基于回调的事件处理模型更加简单。为了使用回调机制来处理 GUI

组件上所发生的事件，需要为该组件提供对应的事件处理方法，可以通过继承 GUI 组件类，并重写该类的事件处理方法来实现。

为了实现回调机制的事件处理，Android 为所有 GUI 组件都提供了一些事件处理的回调方法，例如，在 View 类中就包含了一些事件处理的回调方法，这些方法如表 10.1 所示。

表 10.1 View 类中事件处理的回调方法

| 方 法 | 说 明 |
| --- | --- |
| boolean onKeyDown(int keyCode, KeyEvent event) | 当用户在该组件上按某个按键时触发 |
| boolean onKeyLongPress(int keyCode, KeyEvent event) | 当用户在该组件上长按某个按键时触发 |
| boolean onKeyShortcut(int keyCode, KeyEvent event) | 当一个键盘快捷键事件发生时触发 |
| boolean onKeyUp(int keyCode, KeyEvent event) | 当用户在该组件上松开某个按键时触发 |
| boolean onTouchEvent(MotionEvent event) | 当用户在该组件上触发触摸屏事件时触发 |
| boolean onTrackballEvent(MotionEvent event) | 当用户在该组件上触发轨迹球事件时触发 |

一般来说，基于回调的事件处理方式可用于处理一些通用性的事件，事件处理的代码会比较简洁。但对于某些特定的事件，无法采用基于回调的事件处理方式实现时，就只能采用基于监听的事件处理方式。

## 10.2 物理按键事件处理

对于一个标准的 Android 设备，包含了多个能够触发事件的物理按键。例如，手机上的常用物理按键，如图 10.2 所示。

图 10.2 Android 手机常用物理按键

Android 设备常用物理按键能够触发的事件及其说明如表 10.2 所示。

表 10.2　Android 设备可用物理按键及其触发事件

| 物 理 按 键 | KeyEvent | 说　明 |
|---|---|---|
| 音量键 | KEYCODE_VOLUME_UP<br>KEYCODE_VOLUME_DOWN | 控制当前上下文音量，如音乐播放器、手机铃声、通话音量等 |
| 返回键 | KEYCODE_BACK | 返回到前一个界面 |
| 菜单键 | KEYCODE_MENU | 显示当前应用的可用菜单 |

在 Android 中处理物理按键事件时，常用的回调方法有以下 3 个。

☑ onKeyUp()：当用户松开某个按键时触发该方法。

☑ onKeyDown()：当用户按（未松开）某个按键时触发该方法。

☑ onKeyLongPress()：当用户长按某个按键时触发该方法。

下面通过一个实例演示返回按钮的触发事件。

【例 10.01】　模拟退出地图应用（**实例位置：资源包\源码\10\10.01**）

在 Android Studio 中创建项目，名称为 EventsAndGestures，然后在该项目中创建一个 Module，名称为 Exit Map Application。在该 Module 中实现本实例，具体步骤如下。

（1）修改新建 Module 的 res\layout 目录下的布局文件 activity_main.xml，将默认添加的布局管理器修改为相对布局管理器，然后将默认添加的 TextView 组件删除，为布局管理器添加背景图片。

（2）修改默认创建的 MainActivity，让 MainActivity 直接继承 Activity，并重写 onKeyDown()方法来拦截用户单击返回键的事件，关键代码如下。

```
01  public class MainActivity extends Activity {
02      private long exitTime = 0;                              //退出时间变量值
03      @Override
04      protected void onCreate(Bundle savedInstanceState) {
05          super.onCreate(savedInstanceState);
06          setContentView(R.layout.activity_main);
07      }
08      @Override
09      public boolean onKeyDown(int keyCode, KeyEvent event) {
10          //判断是否单击了返回按键
11          if (keyCode == KeyEvent.KEYCODE_BACK) {
12              exit();                                         //创建并调用退出方法
13              return true;                                    //拦截返回键
14          }
15          return super.onKeyDown(keyCode, event);
16      }
17  }
```

**说明**

此步骤中没有创建退出方法，所以代码显示为红色。创建退出方法后代码将显示为黑色。

（3）在 MainActivity 中，创建退出方法 exit()，在该方法中判断按键时间差是否大于 2 秒，如果大于 2 秒，则弹出消息提示，否则退出当前应用，具体代码如下。

```
01   public void exit() {
02       if ((System.currentTimeMillis() - exitTime) > 2000) {        //计算按键时间差是否大于两秒
03           Toast.makeText(getApplicationContext(), "再按一次退出程序", Toast.LENGTH_SHORT).show();
04           exitTime = System.currentTimeMillis();
05       } else {
06           finish();
07           System.exit(0);                                           //销毁强制退出
08       }
09   }
```

（4）在工具栏中找到 [app▼] 下拉列表框，选择要运行的应用（这里为 Exit Map Application），再单击右侧的 ▶ 按钮，运行效果如图 10.3 所示。

图 10.3　再按一次"返回键"退出地图应用

## 10.3　触摸屏事件处理

当下，主流的 Android 手机/平板电脑都以较大的屏幕取代了外置键盘，很多操作都是通过触摸屏幕来实现的。其中，常用的触摸屏事件主要包括单击事件、长按事件和触摸事件等，下面分别进行介绍。

### 10.3.1　单击事件

在手机应用中，经常需要实现在屏幕中单击某个按钮或组件执行一些操作。这时就可以通过单击事件来完成。在处理单击事件时，可以通过为组件添加单击事件监听器的方法来实现。Android 为组件提供了 setOnClickListener() 方法，用于为组件设置单击事件监听器。该方法的参数是一个 View.OnClickListener 接口的实现类对象，View.OnClickListener 接口的定义如下。

```
public static interface View.OnClickListener{
    public void onClick(View v);
}
```

从上面接口的定义中可以看出，在实现 View.OnClickListener 接口时，需要重写 onClick()方法。当单击事件触发后，将调用 onClick()方法执行具体的事件处理操作。

例如，要为名称为 button1 的按钮添加一个单击事件监听器，并且实现在单击该按钮时弹出消息提示框显示"单击了按钮"，可以通过下面的代码实现。

```
01  Button button1=new Button(this);
02  button1.setOnClickListener(new View.OnClickListener() {
03      @Override
04      public void onClick(View v) {
05          Toast.makeText(MainActivity.this, "单击了按钮", Toast.LENGTH_SHORT).show();
06      }
07  });
```

## 10.3.2 长按事件

在 Android 中还提供了长按事件的处理操作，长按事件与单击事件不同，该事件需要长按某一个组件 2 秒后才会触发。在处理长按事件时，可以通过为组件添加长按事件监听器的方法来实现。Android 为组件提供了 setOnLongClickListener ()方法，用于为组件设置长按事件监听器。该方法的参数是一个 View.OnLongClickListener 接口的实现类对象，View.OnLongClickListener 接口的定义如下。

```
public static interface View.OnLongClickListener{
    public boolean onLongClick(View v);
}
```

从上面接口的定义中可以看出，在实现 View.OnLongClickListener 接口时，需要重写 onLongClick()方法。当长按事件触发后，将调用 onLongClick()方法执行具体的事件处理操作。

下面通过一个实例演示长按事件的使用。

【例 10.02】 模拟长按朋友圈图片弹出菜单功能（**实例位置：资源包\源码\10\10.02**）

在 Android Studio 中创建 Module，名称为 Long Press Event。在该 Module 中实现本实例，具体步骤如下。

（1）修改新建 Module 的 res\layout 目录下的布局文件 activity_main.xml，将默认生成的布局管理器修改为垂直线性布局管理器，删除默认添加的 TextView 组件，然后添加 3 个 ImageView 组件用于放置图片。

（2）修改主活动 MainActivity，让其直接继承 Activity。使用 findViewById()方法获得布局文件中定义的长按图片，并为其增加 OnLongClickListener 事件监听器，然后再重写 onCreateContextMenu()方法，为菜单添加选项值，最后将长按事件注册到菜单中，代码如下。

```
01  public class MainActivity extends Activity {
02      @Override
```

```
03    protected void onCreate(Bundle savedInstanceState) {
04        super.onCreate(savedInstanceState);
05        setContentView(R.layout.activity_main);
06        ImageView imageView = (ImageView) findViewById(R.id.imageView);  //获取图片组件
07        //创建长按监听事件
08        imageView.setOnLongClickListener(new View.OnLongClickListener() {
09            @Override
10            public boolean onLongClick(View v) {
11                registerForContextMenu(v);                               //将长按事件注册菜单中
12                openContextMenu(v);                                      //打开菜单
13                return true;
14            }
15        });
16    }
17    @Override
18    public void onCreateContextMenu(ContextMenu menu, View v,
19                                    ContextMenu.ContextMenuInfo menuInfo) {  //创建菜单
20        super.onCreateContextMenu(menu, v, menuInfo);
21        menu.add("收藏");                                                 //为菜单添加参数
22        menu.add("举报");
23    }
24 }
```

（3）打开 AndroidManifest.xml 文件，修改<application>标记的 android:theme 属性，修改后的代码如下。

```
android:theme="@style/Theme.AppCompat.Light.DarkActionBar"
```

（4）在工具栏中找到 app 下拉列表框，然后选择要运行的应用（这里为 Long Press Event），再单击右侧的▶按钮，运行效果如图 10.4 所示。长按朋友圈图片将自动弹出菜单，效果如图 10.5 所示。

图 10.4　长按朋友圈图片　　　　　图 10.5　显示菜单

## 10.3.3 触摸事件

触摸事件就是指当用户触摸屏幕之后产生的一种事件，当用户在屏幕上划过时，可以通过触摸事件获取用户当前的坐标。在处理触摸事件时，可以通过为组件添加触摸事件监听器的方法来实现。Android 为组件提供了 setOnTouchListener()方法，用于为组件设置触摸事件监听器。该方法的参数是一个 View.OnTouchListener 接口的实现类对象，View.OnTouchListener 接口的定义如下。

```
public interface View.OnTouchListener{
    public abstract boolean onTouch(View v, MotionEvent event);
}
```

从上面接口的定义中可以看出，在实现 View.OnTouchListener 接口时，需要重写 onTouch()方法。当触摸事件触发后，将调用 onTouch()方法执行具体的事件处理操作，同时会产生一个 MotionEvent 事件类的对象，通过该对象可以获取用户当前的 X 坐标和 Y 坐标。

下面通过一个实例演示触摸事件的使用。

【例 10.03】 触摸屏幕帮助企鹅戴好帽子（**实例位置：资源包\源码\10\10.03**）

在 Android Studio 中创建 Module，名称为 Touch Events。在该 Module 中实现本实例，具体步骤如下。

（1）修改新建 Module 的 res\layout 目录下的布局文件 activity_main.xml，将默认添加的布局管理器修改为相对布局管理器，并设置其背景和 id 属性，然后将 TextView 组件删除。

（2）在 com.mingrisoft 包中新建一个名称为 HatView 的 Java 类，该类继承自 View 类，重写带一个参数 Context 的构造方法和 onDraw()方法。然后在构造方法中设置帽子的默认显示位置，最后在 onDraw()方法中根据图片绘制帽子，HatView 类的关键代码如下。

```
01  public class HatView extends View {
02      public float bitmapX;                                    //帽子显示位置的 X 坐标
03      public float bitmapY;                                    //帽子显示位置的 Y 坐标
04      public HatView(Context context) {                        //重写构造方法
05          super(context);
06          bitmapX = 65;                                        //设置帽子的默认显示位置的 X 坐标
07          bitmapY = 0;                                         //设置帽子的默认显示位置的 Y 坐标
08      }
09      @Override
10      protected void onDraw(Canvas canvas) {
11          super.onDraw(canvas);
12          Paint paint = new Paint();                           //创建 Paint 对象
13          //根据图片生成位图对象
14          Bitmap bitmap = BitmapFactory.decodeResource(this.getResources(), R.drawable.hat);
15          canvas.drawBitmap(bitmap, bitmapX, bitmapY, paint);  //绘制帽子
16          if (bitmap.isRecycled()) {                           //判断图片是否回收
17              bitmap.recycle();                                //强制回收图片
18          }
19      }
20  }
```

（3）修改主活动 MainActivity，让 MainActivity 直接继承 Activity。在 onCreate()方法中，首先获取相对布局管理器，并实例化帽子对象 hat；然后为 hat 添加触摸事件监听器；再在重写的触摸事件中，设置 hat 的显示位置，并重绘 hat 组件；最后将 hat 添加到布局管理器中，关键代码如下。

```
01  public class MainActivity extends Activity {
02      @Override
03      protected void onCreate(Bundle savedInstanceState) {
04          super.onCreate(savedInstanceState);
05          setContentView(R.layout.activity_main);
06          //获取相对布局管理器
07          RelativeLayout relativeLayout = (RelativeLayout) findViewById(R.id.relativeLayout);
08          final HatView hat = new HatView(MainActivity.this);     //创建并实例化 HatView 类
09          //为帽子添加触摸事件监听器
10          hat.setOnTouchListener(new View.OnTouchListener() {
11              @Override
12              public boolean onTouch(View v, MotionEvent event) {
13                  hat.bitmapX = event.getX()-80;                  //设置帽子显示位置的 X 坐标
14                  hat.bitmapY = event.getY()-50;                  //设置帽子显示位置的 Y 坐标
15                  hat.invalidate();                               //重绘 hat 组件
16                  return true;
17              }
18          });
19          relativeLayout.addView(hat);                            //将 hat 添加到布局管理器中
20      }
21  }
```

（4）在工具栏中找到 app 下拉列表框，选择要运行的应用（这里为 Touch Events），再单击右侧的▶按钮，将显示如图 10.6 所示的界面。然后通过用户触摸屏幕帮助企鹅戴好帽子，如图 10.7 所示。

图 10.6　企鹅未戴好帽子的效果　　　　图 10.7　企鹅已戴好帽子的效果

## 10.4 手势检测

手势是指用户手指或触摸笔在屏幕上的连续触碰行为。例如，在屏幕上从左到右或从上到下画出的一个动作就是手势。Android 为手势行为提供了支持。最常用的就是手势检测。下面将详细介绍如何实现手势检测。

Android 为手势检测提供了一个 GestureDetector 类，该类代表了一个手势检测器。创建 GestureDetector 时，需要传入一个 GestureDetector.OnGestureListener 实例。GestureDetector.OnGestureListener 代表一个监听器，负责对用户的手势行为提供响应。GestureDetector.OnGestureListener 中包含的事件处理方法如表 10.3 所示。

表 10.3 GestureDetector.OnGestureListener 中的事件处理方法

| 方 法 | 说 明 |
| --- | --- |
| boolean onDown(MotionEvent e) | 当触摸事件按下时触发 |
| boolean onFling(MotionEvent e1, MotionEvent e2, float velocityX, float velocityY) | 当用户手指在触摸屏上"滑过"时触发，其中，velocityX、velocityY 代表"滑过"动作在横向、纵向上的速度 |
| abstract void onLongPress(MotionEvent e) | 当用户手指在触摸屏上长按时触发 |
| boolean onScroll(MotionEvent e1, MotionEvent e2, float distanceX, float distanceY) | 当用户手指在触摸屏上连续向上或向下时触发 |
| void onShowPress(MotionEvent e) | 当用户手指在触摸屏上按下，并且未移动和松开时触发 |
| boolean onSingleTapUp(MotionEvent e) | 当用户手指在触摸屏上的轻击事件发生时触发 |

使用 Android 的手势检测只需要以下两个步骤。

（1）创建一个 GestureDetector 对象。创建该对象时必须实现一个 GestureDetector.OnGestureListener 监听器实例。

（2）为应用程序的 Activity 的 TouchEvent 事件绑定监听器，在事件处理中指定把 Activity 上的 TouchEvent 事件交给 GestureDetector 处理。这样 GestureDetector 就会检测是否触发了特定的手势动作。

下面通过一个实例演示手势的检测。

【例 10.04】 通过手势查看相片功能（**实例位置：资源包\源码\10\10.04**）

在 Android Studio 中创建 Module，名称为 Gesture Detection。在该 Module 中实现本实例，具体步骤如下。

（1）修改新建 Module 的 res\layout 节点下的布局文件 activity_main.xml，将默认添加的布局管理器修改为相对布局管理器；然后将 TextView 组件删除；再添加一个 ViewFlipper 组件，并设置其 ID 属性为 flipper；最后在 res 目录下创建动画资源文件夹 anim，用于保存动画资源文件。

> **说明**
> 此步骤中的 anim 动画资源文件夹，可以在资源包/Code/SL/010/04/Gesture Detection/src/main/res 目录中进行复制，然后粘贴到 res 目录中。关于动画资源文件的内容将在第 13 章"Android 中的动画"一节中进行介绍。

（2）修改主活动 MainActivity，让它实现 GestureDetector.OnGestureListener 接口，并且重写 onFling() 和 onTouchEvent() 方法。然后定义一个 ViewFlipper 类的对象、一个 GestureDetector 类的对象、一个 Animation 动画数组、一个 int 型变量 distance（用于指定两点之间最小的距离）、一个图片资源数组，具体代码如下。

```
01  public class MainActivity extends AppCompatActivity
02           implements GestureDetector.OnGestureListener {
03      ViewFlipper flipper;                              //定义 ViewFlipper
04      GestureDetector detector;                         //定义手势检测器
05      Animation[] animation = new Animation[4];         //定义动画数组，为 ViewFlipper 指定切换动画
06      final int distance = 50;                          //定义手势动作两点之间最小距离
07      //定义图片数组
08      private int[] images = new int[]{R.drawable.img01, R.drawable.img02, R.drawable.img03,
09              R.drawable.img04, R.drawable.img05, R.drawable.img06,
10              R.drawable.img07, R.drawable.img08, R.drawable.img09,
11      };
12      @Override
13      public boolean onDown(MotionEvent e) {
14          return false;
15      }
16      @Override
17      public void onShowPress(MotionEvent e) {
18      }
19      @Override
20      public boolean onSingleTapUp(MotionEvent e) {
21          return false;
22      }
23      @Override
24      public boolean onScroll(MotionEvent e1, MotionEvent e2, float distanceX, float distanceY) {
25          return false;
26      }
27      @Override
28      public void onLongPress(MotionEvent e) {
29      }
30      @Override
31      public boolean onFling(MotionEvent e1, MotionEvent e2, float velocityX, float velocityY) {
32          return false;
33      }
```

（3）在 onCreate() 方法中，创建手势检测器，然后获取 ViewFlipper，并通过 for() 循环加载图片数组中的图片，最后初始化动画数组，具体代码如下。

```
01  @Override
02  protected void onCreate(Bundle savedInstanceState) {
03      super.onCreate(savedInstanceState);
04      setContentView(R.layout.activity_main);
05      detector = new GestureDetector(this, this);       //创建手势检测器
```

```
06      flipper = (ViewFlipper) findViewById(R.id.flipper);        //获取 ViewFlipper 组件
07      for (int i = 0; i < images.length; i++) {
08          ImageView imageView = new ImageView(this);              //创建图像组件
09          imageView.setImageResource(images[i]);                  //设置图片资源
10          flipper.addView(imageView);                             //加载图片
11      }
12      //初始化动画数组
13      animation[0] = AnimationUtils.loadAnimation(this, R.anim.slide_in_left);
14      animation[1] = AnimationUtils.loadAnimation(this, R.anim.slide_out_left);
15      animation[2] = AnimationUtils.loadAnimation(this, R.anim.slide_in_right);
16      animation[3] = AnimationUtils.loadAnimation(this, R.anim.slide_out_right);
17  }
```

（4）在 onFling()方法中通过触摸事件的 X 坐标判断是向左滑动还是向右滑动，并且为其设置动画。最后创建 onTouchEvent()方法，将该 Activity 上的触摸事件交给 GestureDetector 处理，具体代码如下。

```
01  @Override
02  public boolean onFling(MotionEvent e1, MotionEvent e2, float velocityX, float velocityY) {
03      /*
04      如果第一个触摸点的 X 坐标到第二个触摸点的 X 坐标的距离超过 distance 就是从右向左滑动
05      */
06      if (e1.getX() - e2.getX() > distance) {
07          //为 flipper 设置切换的动画效果
08          flipper.setInAnimation(animation[2]);
09          flipper.setOutAnimation(animation[1]);
10          flipper.showPrevious();
11          return true;
12          /*
13          如果第二个触摸点的 X 坐标到第一个触摸点的 X 坐标的距离超过 distance 就是从左向右滑动
14          */
15      } else if (e2.getX() - e1.getX() > distance) {
16          //为 flipper 设置切换的动画
17          flipper.setInAnimation(animation[0]);
18          flipper.setOutAnimation(animation[3]);
19          flipper.showNext();
20          return true;
21      }
22      return false;
23  }
24  @Override
25  public boolean onTouchEvent(MotionEvent event) {
26      //将该 Activity 上的触摸事件交给 GestureDetector 处理
27      return detector.onTouchEvent(event);
28  }
```

（5）在工具栏中找到 app 下拉列表框，选择要运行的应用（这里为 Gesture Detection），再单击右侧的▶按钮，运行效果如图 10.8 所示，左右滑动可以查看相片。

图 10.8　显示滑动查看相片

## 10.5　实　　战

### 10.5.1　实现屏蔽返回物理按键

通过物理按键事件处理的技术，实现在应用的闪屏界面中屏蔽返回物理按键的功能，要求创建一个闪屏界面，该界面显示 3 秒后跳转到主界面中，闪屏界面中屏蔽返回物理按钮即可。（**实例位置：资源包\源码\10\实战\01**）

### 10.5.2　长按文字显示对话框

通过长按事件实现长按文字后，在当前界面中弹出一个对话框。（**实例位置：资源包\源码\10\实战\02**）

## 10.6　小　　结

本章首先介绍了 Android 中提供的基于监听和基于回调的两种事件处理方式；然后介绍了如何处理手机中的物理按键事件，如何对触摸屏事件进行处理；最后介绍了手势检测的方法。其中，在对触摸屏事件进行处理时，主要介绍了单击、长按和触摸 3 种情况，这是本章的重点，需要大家掌握，并做到灵活运用。另外，手势检测在实际开发时也比较常用，也需要掌握。

# 第 11 章

## Android 应用的资源

（ 视频讲解：1 小时 18 分钟 ）

　　Android 中的资源是指可以在代码中使用的外部文件，这些文件作为应用程序的一部分，被编译到应用程序中。在 Android 中，资源文件都被保存到 Android 应用的 res 目录下对应的子目录中，这些资源既可以在 Java 文件中使用，又可以在其他 XML 资源中使用。在 Android 中，利用这些资源可以为程序开发提供很多方便，使用资源有利于对程序的修改。本章将对 Android 中的资源进行详细介绍。

## 11.1 字符串（string）资源

在 Android 中，当需要使用大量的字符串作为提示信息时，可以将这些字符串声明在资源文件中，从而实现程序的可配置性。下面对字符串资源进行详细介绍。

### 11.1.1 定义字符串资源文件

字符串资源文件位于 res\values 目录下，在使用 Android Studio 创建 Android 应用时，values 目录下会自动创建字符串资源文件 strings.xml（默认），该文件的基本结构如图 11.1 所示。

从图 11.1 中可以看出，在 strings.xml 文件中，根元素是<resources> </resources>标记，在该元素中，使用<string></string>标记定义各字符串资源。其中，<string>标记的 name 属性用于指定字符串的名称，在<string>和</string>中间添加的内容为字符串资源的内容。

例如，在 strings.xml 资源文件中添加一个名称为 introduce 的字符串，内容是公司简介，具体代码如下。

```
01  <resources>
02      <string name="app_name">MyDemo</string>
03      <string name="introduce">明日科技有限公司是一家以计算机软件为核心的高科技企业，
04          多年来始终致力于行业管理软件开发、数字化出版物制作、
05          计算机网络系统综合应用以及行业电子商务网站开发等领域。</string>
06  </resources>
```

此外，还可以创建新的字符串资源文件，具体方法如下。

（1）在 values 文件夹上右击，在弹出的快捷菜单中依次选择 New→XML→Values XML file 命令，将弹出创建资源文件的对话框，如图 11.2 所示。

图 11.1  strings.xml 文件的基本结构

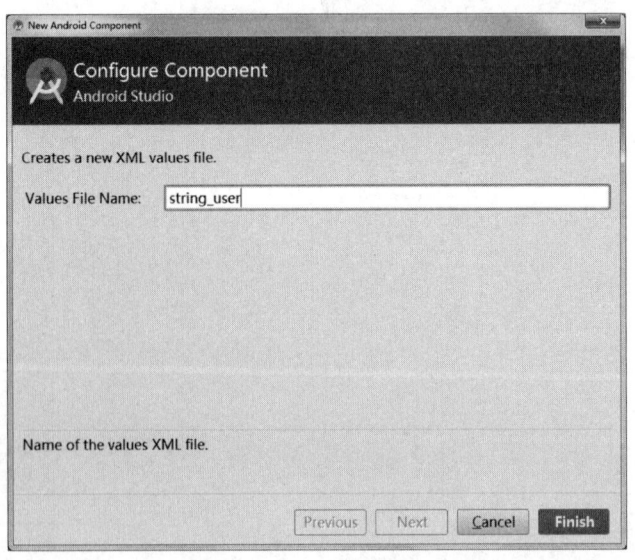

图 11.2  创建资源文件

（2）在文本框中输入自定义的资源文件名称（如 string_user），单击 Finish 按钮，即可创建一个空的资源文件，代码结构如图 11.3 所示。

```
string_user.xml ×
<?xml version="1.0" encoding="utf-8"?>
<resources></resources>
```

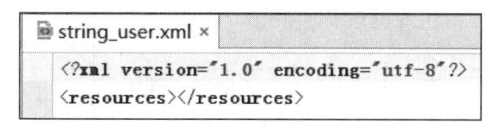

图 11.3　新创建的资源文件的代码结构

（3）在<resources></resources>标记中使用<string></string>标记来创建字符串资源。

## 11.1.2　使用字符串资源

定义字符串资源后，就可以在 Java 文件或 XML 文件中使用字符串资源。

☑　在 Java 文件中使用字符串资源的语法格式如下。

[<package>.]R.string.字符串名

例如，在 MainActivity 中要获取名称为 introduce 的字符串，可以使用下面的代码。

getResources().getString(R.string.introduce)

☑　在 XML 文件中使用字符串资源的基本语法格式如下。

@[<package>:]string/字符串名

例如，在定义 TextView 组件时，通过字符串资源设置 android:text 属性值的代码如下。

```
01  <TextView
02      android:layout_width="wrap_content"
03      android:layout_height="wrap_content"
04      android:text="@string/introduce" />
```

# 11.2　颜色（color）资源

颜色资源也是 Android 应用开发常用的资源，用于设置文字和背景的颜色等。下面将对颜色资源进行详细介绍。

## 11.2.1　颜色值的定义

在 Android 中，颜色值通过 RGB（红、绿、蓝）色值和一个透明度（Alpha）值表示。它必须以#开头，后面用 Alpha-Red-Green-Blue 形式的内容。其中，Alpha 值可以省略，如果省略则表示颜色默认是完全不透明的。在通常情况下，颜色值使用如表 11.1 所示的 4 种形式之一。

183

表 11.1　Android 支持的颜色值及其描述

| 颜色格式 | 描述 | 举例 |
| --- | --- | --- |
| #RGB | 使用红、绿、蓝三原色的值来表示颜色，其中，红、绿和蓝采用 0～f 来表示 | 要表示红色，可以使用#f00 |
| #ARGB | 使用透明度以及红、绿、蓝三原色来表示颜色，其中，透明度、红、绿和蓝均采用 0～f 来表示 | 要表示半透明的红色，可以使用#6f00 |
| #RRGGBB | 使用红、绿、蓝三原色的值来表示颜色，与#RGB 不同的是，这里的红、绿和蓝使用 00～ff 来表示 | 要表示蓝色，可以使用#0000ff |
| #AARRGGBB | 使用透明度以及红、绿、蓝三原色来表示颜色，其中，透明度、红、绿和蓝均采用 00～ff 来表示 | 要表示半透明的绿色，可以使用#6600ff00 |

> **说明**
> 在表示透明度时，0 表示完全透明，f 表示完全不透明。

## 11.2.2　定义颜色资源文件

颜色资源文件位于 res\values 目录下，在使用 Android Studio 创建 Android 项目时，values 目录下会自动创建默认的颜色资源文件 colors.xml，该文件的基本结构如图 11.4 所示。

```
<resources>
    <color name="colorPrimary">#3F51B5</color>
    <color name="colorPrimaryDark">#303F9F</color>
    <color name="colorAccent">#FF4081</color>
</resources>
```

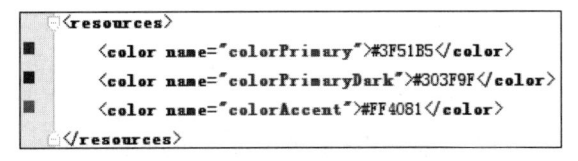

图 11.4　colors.xml 文件的基本结构

从图 11.4 中可以看出，在 colors.xml 文件中，根元素是<resources></resources>标记，在该元素中，使用<color></color>标记定义各颜色资源，其中，name 属性用于指定颜色资源的名称，在<color>和</color>标记中间添加颜色值。

例如，在 colors.xml 资源文件中添加 4 个颜色资源，其中第 1 个名称为 title，颜色值采用#AARRGGBB 格式；第 2 个名称为 title1，颜色值采用#ARGB 格式；第 3 个名称为 content，颜色值采用#RRGGBB 格式；第 4 个名称为 content1，颜色值采用#RGB 格式，关键代码如下。

```
01  <color name="title">#66ff0000</color>
02  <color name="title1">#6f00</color>
03  <color name="content">#ff0000</color>
04  <color name="content1">#f00</color>
```

> **说明**
> 第 1 个和第 2 个资源都表示半透明的红色；第 3 个和第 4 个资源都表示完全不透明的红色。

另外，还可以创建新的颜色资源文件，具体方法同 11.1.1 节中介绍的创建新的字符串资源类似，只是设置的文件名不同，这里不再赘述。

在图 11.4 中可以看到每一行<color></color>标记的左侧都有一个小色块儿，如果不想使用该颜色，可以单击小色块，将打开选择颜色的对话框，如图 11.5 所示。在该对话框中选择想要使用的颜色，选定颜色后单击 Choose 按钮即可完成选择颜色的操作。

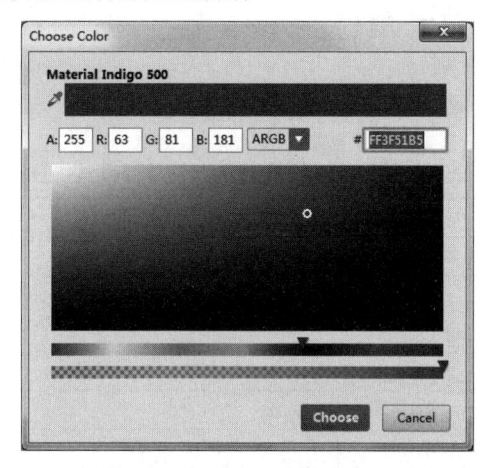

图 11.5　选择颜色的对话框

## 11.2.3　使用颜色资源

定义颜色资源后，即可在 Java 或 XML 文件中使用该颜色资源。
☑　在 Java 文件中使用颜色资源的语法格式如下。

[<package>.]R.color.颜色资源名

例如，在 MainActivity 中，通过颜色资源为 TextView 组件设置文字颜色，可以使用下面的代码。

```
01  TextView tv=(TextView)findViewById(R.id.title);
02  tv.setTextColor(getResources().getColor(R.color.title));
```

☑　在 XML 文件中使用颜色资源的基本语法格式如下。

@[<package>:]color/颜色资源名

例如，在定义 TextView 组件时，通过颜色资源为其指定 android:textColor 属性，即设置组件内文字的颜色，代码如下。

```
01  <TextView
02      android:layout_width="wrap_content"
03      android:layout_height="wrap_content"
04      android:textColor="@color/title" />
```

## 11.3　尺寸（dimen）资源

尺寸资源也是进行 Android 应用开发时比较常用的资源，它通常用于设置文字的大小、组件的间距等。下面对尺寸资源进行详细介绍。

## 11.3.1 Android 支持的尺寸单位

在 Android 中，支持的尺寸单位及其描述如表 11.2 所示。

表 11.2 Android 支持的尺寸单位及其描述

| 尺 寸 单 位 | 描 述 | 适 用 于 |
| --- | --- | --- |
| dip 或 dp（设置独立像素） | 一种基于屏幕密度的抽象单位 | 屏幕的清晰度 |
| sp（比例像素） | 主要用于处理字体的大小，可以根据用户字体大小首选项进行缩放 | 字体大小 |
| px（Pixels，像素） | 每个 px 对应屏幕上的一个点 | 屏幕横向、纵向的像素个数 |
| pt（point，磅） | 屏幕物理长度单位，1 磅为 1/72 英寸 | 设置字体大小（不常用） |
| in（Inches，英寸） | 标准长度单位。每英寸等于 2.54 厘米 | 屏幕对角线长度 |
| mm（Millimeters，毫米） | 屏幕物理长度单位 | 屏幕物理长度 |

在表 11.2 列出的几种尺寸单位中，比较常用的是 dp 和 sp。

☑ dp：在屏幕密度为 160dpi（每英寸 160 点）的显示器上，1dp=1px。随着屏幕密度的改变，dp 与 px 的换算也会发生改变。例如，在屏幕密度为 320dpi 的显示器上，1dp=2px。

☑ sp：与 dp 类似，该尺寸单位主要用于字体显示，它可以根据用户对字体大小的首选项进行缩放。因此，字体大小使用 sp 单位可以确保文字按照用户选择的大小显示。

## 11.3.2 使用尺寸资源

尺寸资源文件位于 res\values 目录下，在使用当前版本的 Android Studio 创建 Android 项目时，不会自动创建尺寸资源文件，需要在 values 目录下手动创建尺寸资源文件 dimens.xml，在 values 节点上右击，在弹出的快捷菜单中依次选择 New→Values resource file 命令，如图 11.6 所示。

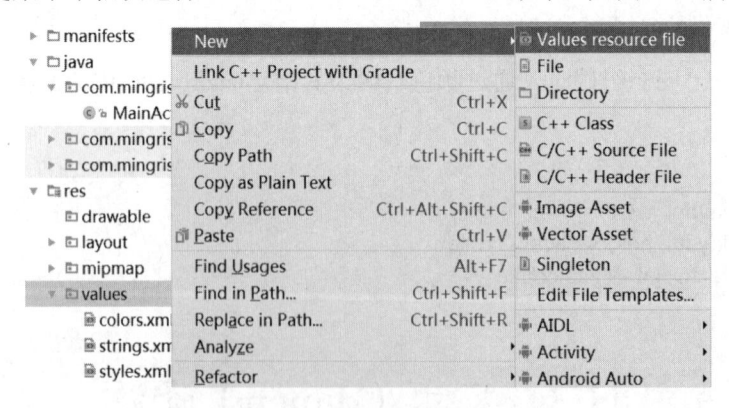

图 11.6 选择 Values resource file 命令

在弹出的 New Resouce File 对话框中填写资源文件名称，然后单击 OK 按钮，如图 11.7 所示。该文件默认的基本结构如图 11.8 所示。

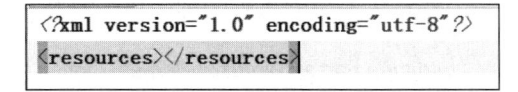

图 11.7 创建尺寸资源文件　　　　图 11.8 dimens.xml 文件默认的基本结构

在 dimens.xml 文件中，根元素是<resources></resources>标记，在该元素中，使用<dimen></dimen>标记定义各尺寸资源。其中，name 属性用于指定尺寸资源的名称，在<dimen>和</dimen>标记中间定义一个尺寸常量。

例如，在 dimens.xml 资源文件中添加两个尺寸资源：其中一个名称为 title，尺寸值为 24sp；另一个名称为 content，尺寸值为 14dp，具体代码如下。

```
01  <?xml version="1.0" encoding="utf-8"?>
02  <resources>
03      <dimen name="title">24sp</dimen>
04      <dimen name="content">14dp</dimen>
05  </resources>
```

定义尺寸资源后，即可在 Java 或 XML 文件中使用该尺寸资源。

☑ 在 Java 文件中使用尺寸资源的语法格式如下。

[<package>.]R.color.尺寸资源名

例如，在 MainActivity 中，通过尺寸资源为 TextView 组件设置文字大小，可以使用下面的代码。

```
01  TextView tv=(TextView)findViewById(R.id.title);
02  tv.setTextSize(getResources().getDimension(R.dimen.title));
```

☑ 在 XML 文件中使用尺寸资源的基本语法格式如下。

@[<package>:]dimen/尺寸资源名

例如，在定义 TextView 组件时，通过尺寸资源为其指定 android: textSize 属性，即设置组件内文字的大小，代码如下。

```
01  <TextView
02      android:layout_width="wrap_content"
03      android:layout_height="wrap_content"
04      android:textSize="@dimen/title" />
```

下面通过一个实例来演示字符串、颜色和尺寸资源的应用。

【例 11.01】 Windows Phone "方格子"界面（**实例位置：资源包\源码\11\11.01**）

在 Android Studio 中创建项目，名称为 ApplicationResources，然后在该项目中创建一个 Module，名称为 Windows Phone。在该 Module 中实现本实例，具体步骤如下。

（1）修改默认创建的布局文件 activity_main.xml。首先将默认添加的布局管理器修改为垂直线性布局管理器，并设置上边距和下边距为 80dp，然后在该线性布局管理器中再添加 3 个水平线性布局管理器，设置它们的 android:layout_weight 属性均为 1，接下来在每个水平线性布局管理器中添加 3 个文本框组件，并设置它们的 android:layout_weight 属性均为 1。

（2）创建尺寸资源文件 dimens.xml，然后在该文件中添加两个尺寸资源：一个用于指定文字的大小；另一个用于指定文本框的外边距，具体代码如下。

```
01  <dimen name="wordsize">18sp</dimen>
02  <dimen name="margin">5dp</dimen>
```

（3）为第二个和第三个水平线性布局管理器设置顶外边距，使用定义的尺寸资源 margin，关键代码如下。

```
android:layout_marginTop="@dimen/margin"
```

（4）为 ID 分别为 textView2、textView3、textView5、textView6、textView8 和 textView9 的文本框设置左外边距，使用定义的尺寸资源 margin，关键代码如下。

```
android:layout_marginLeft="@dimen/margin"
```

（5）使用尺寸资源 wordsize 来为每个文本框设置文字大小，关键代码如下。

```
android:textSize="@dimen/wordsize"
```

（6）在默认创建的颜色资源文件 colors.xml 中，添加一个名称为 wordcolor 的颜色资源，设置它的颜色值为不透明的白色，然后再添加名称为 textView1～textView9 的背景颜色资源，并设置它们的颜色值均为半透明，具体代码如下。

```
01  <color name="wordcolor">#FFFFFF</color>
02  <color name="textView1">#BBE24A83</color>
03  <color name="textView2">#BB318AD6</color>
04  <color name="textView3">#BBD73943</color>
05  <color name="textView4">#BBE69A08</color>
06  <color name="textView5">#BBBD9663</color>
07  <color name="textView6">#BBD45ABC</color>
08  <color name="textView7">#BB4AA6D6</color>
09  <color name="textView8">#BB8064D2</color>
10  <color name="textView9">#BBF7A81E</color>
```

（7）为每个文本框设置背景颜色，关键代码如下。

```
android:layout_weight="1"
```

（8）在默认创建的字符串资源文件 strings.xml 中，添加名称为 textView1～textView9 的字符串资源，具体代码如下。

```
01  <string name="textView1">微信</string>
02  <string name="textView2">通讯录</string>
03  <string name="textView3">QQ</string>
04  <string name="textView4">相机</string>
05  <string name="textView5">时钟</string>
06  <string name="textView6">备忘录</string>
07  <string name="textView7">音乐</string>
08  <string name="textView8">互联网</string>
09  <string name="textView9">邮件</string>
```

**说明**

在 Android 的资源文件中，需要使用" "表示空格。

（9）使用步骤（8）中定义的字符串资源为每个文本框设置文字，例如，为第一个文本框设置使用字符串资源 textView1，可以使用下面的代码。

android:text="@string/textView1"

（10）为每个文本框设置文字颜色为颜色资源 wordcolor 的值，关键代码如下。

android:textColor="@color/wordcolor"

（11）打开默认创建的 MainActivity，让其直接继承 Activity。然后在工具栏中找到 app 下拉列表框，选择要运行的应用（这里为 Windows Phone），再单击右侧的▶按钮，运行效果如图 11.9 所示。

图 11.9　Windows Phone 的"方格子"界面

## 11.4 布局（layout）资源

布局资源是 Android 中最常用的一种资源，从第一个 Android 应用开始，我们就已经在使用布局资源了，而且在 4.3 节中已经详细介绍了各种布局管理器的应用。因此，这里不再详细介绍布局管理器的知识，只对如何使用布局资源进行简单的归纳。

在 Android 中，将布局资源文件放置在 res\layout 目录下，布局资源文件的根元素通常为各种布局管理器，在该布局管理器中，放置各种 View 组件或是嵌套的其他布局管理器。

布局文件创建完成后，可以在 Java 代码或 XML 文件中使用。在 Java 代码中，可以通过下面的语法格式访问布局文件。

[<package>.]R.layout.<文件名>

例如，在 MainActivity 的 onCreate()方法中，可以通过下面的代码指定该 Activity 应用的布局文件为 main.xml。

setContentView(R.layout.activity_main);

在 XML 文件中，可以通过下面的语法格式访问布局资源文件。

@[<package>:]layout.文件名

例如，如果要在一个布局文件 main.xml 中包含另一个布局文件 image.xml，可以在 main.xml 文件中使用下面的代码。

<include layout="@layout/image" />

## 11.5 数组（array）资源

同 Java 一样，Android 中也允许使用数组。但是在 Android 中，不推荐在 Java 文件中定义数组，而是推荐使用数组资源文件来定义数组。下面对数组资源进行详细介绍。

### 11.5.1 定义数组资源文件

> 视频讲解：资源包\Video\011\11.5.1　定义数组资源文件.mp4

数组资源文件需要放置在 res\values 目录下。在使用 Android Studio 创建 Android 项目后，并没有在 values 目录下自动创建数组资源文件，需要手动创建（例如 arrays.xml）。定义数组时，XML 资源文件的根元素是<resources></resources>标记，在该元素中可以包括以下 3 个子元素。

- ☑ <array>子元素：用于定义普通类型的数组。

- ☑ <integer-array>子元素：用于定义整数数组。
- ☑ <string-array>子元素：用于定义字符串数组。

> **说明**
> 创建数组资源文件的方法可参考 11.3.2 小节中的创建尺寸资源文件的方法。

无论使用哪一个子元素，都可以在子元素的起始标记中使用 name 属性定义数组名称，并且在子元素的起始标记和结束标记中间使用<item></item>标记定义数组元素。

例如，要定义一个名称为 listitem.xml 的数组资源文件，并在该文件中添加一个名称为 listItem 且包括 3 个数组元素的字符串数组，可以使用下面的代码。

```
01  <?xml version="1.0" encoding="utf-8"?>
02  <resources>
03      <string-array name="listItem">
04          <item>账号管理</item>
05          <item>手机号码</item>
06          <item>辅助功能</item>
07      </string-array>
08  </resources>
```

### 11.5.2 使用数组资源

定义数组资源后，即可在 Java 或 XML 文件中使用该数组资源。

- ☑ 在 Java 文件中使用数组资源的语法格式如下。

[<package>.]R.array.数组名

例如，在 MainActivity 中，要获取名称为 listItem 的字符串数组，可以使用下面的代码。

String[] arr=getResources().getStringArray(R.array.listItem);

- ☑ 在 XML 文件中使用数组资源的基本语法格式如下。

@[<package>:]array/数组名

例如，在定义 ListView 组件时，通过字符串数组资源为其指定 android:entries 属性的代码如下。

```
01  <ListView
02      android:id="@+id/listView1"
03      android:entries="@array/listItem"
04      android:layout_width="match_parent"
05      android:layout_height="wrap_content" >
06  </ListView>
```

【例 11.02】 使用数组资源实现 Windows Phone 界面（**实例位置：资源包\源码\11\11.02**）

在 Android Studio 中创建 Module，名称为 Array Resource。在该 Module 中实现本实例，具体步骤

如下。

（1）将例 11.01 的布局代码和资源代码都复制到本实例中，然后将 textView1～textView9 所有的背景和文字删除。

（2）在 res\values 目录中创建一个名称为 arrays.xml 的数组资源文件，在该文件中添加两个数组：一个是整型数组，用于定义背景颜色；另一个是字符串数组，用于定义文本框上显示的文字，关键代码如下。

```
01  <resources>
02      <!--颜色代码-->
03      <integer-array name="bgcolor">
04          <item>0xBBE24A83</item>
05          <item>0xBB318AD6</item>
06          <item>0xBBD73943</item>
07          <item>0xBBE69A08</item>
08          <item>0xBBBD9663</item>
09          <item>0xBBD45ABC</item>
10          <item>0xBB4AA6D6</item>
11          <item>0xBB8064D2</item>
12          <item>0xBBF7A81E</item>
13      </integer-array>
14      <!--文字代码-->
15      <string-array name="word">
16          <item>微信</item>
17          <item>通讯录</item>
18          <item>QQ</item>
19          <item>相机</item>
20          <item>时钟</item>
21          <item>备忘录</item>
22          <item>音乐</item>
23          <item>互联网</item>
24          <item>邮件</item>
25      </string-array>
26  </resources>
```

（3）打开默认创建的 MainActivity，让其直接继承 Activity，然后定义一个用于保存文本框组件 ID 的数组，具体代码如下。

```
01  int[] tvid = {R.id.textView1, R.id.textView2, R.id.textView3, R.id.textView4,
02      R.id.textView5, R.id.textView6, R.id.textView7, R.id.textView8,
03      R.id.textView9};                                    //文本框组件 ID
```

（4）在 onCreate()方法中，首先获取保存在数组资源文件中的两个数组资源，然后通过循环为每个文本框设置背景颜色和显示文字，具体代码如下。

```
01  int[] color=getResources().getIntArray(R.array.bgcolor);    //获取保存背景颜色的数组
02  String[] word=getResources().getStringArray(R.array.word);  //获取保存显示文字的数组
03  //通过循环为每个文本框设置背景颜色和显示文字
04  for(int i=0;i<9;i++){
```

```
05        TextView tv=(TextView)findViewById(tvid[i]);           //获取文本框组件对象
06        tv.setBackgroundColor(color[i]);                        //设置背景颜色
07        tv.setText(word[i]);                                    //设置显示文字
08    }
```

（5）在工具栏中找到 app 下拉列表框，选择要运行的应用（这里为 Array Resource），然后单击右侧的▶按钮，运行效果如图 11.10 所示。

图 11.10　Windows Phone 的"方格子"界面

## 11.6　样式（style）资源

有时我们需要为某个类型的组件设置相似的格式，如字体、颜色、背景色等。若每次都要为该组件指定这些属性，不仅会增加工作量，还不利于项目的后期维护。

在编写 Word 文档的时候，如果为某段文本设置了样式，那么该样式下的所有格式都会应用于这段文本中。Android 的样式与此类似，每种样式都会包含一组格式，一旦为某个组件设置了样式，该样式下的所有格式都会应用于该组件中。

样式资源主要用于对组件的显示样式进行控制，如改变文本框显示文字的大小和颜色等。样式资源文件位于 res\values 目录下，它的根元素是<resources></resources>标记，在该元素中，使用<style>标记定义样式。其中，name 属性用于指定样式的名称；在<style>和</style>标记中间添加<item></item>标记来定义格式项，在一个<style></style>标记中，可以包括多个<item></item>标记。

例如，在默认创建的 styles.xml 中定义一个名称为 title 的样式，在该样式中定义两个样式：一个是设置文字大小的样式；另一个是设置文字颜色的样式，关键代码如下。

```
01  <style name="title">
02      <item name="android:textSize">30sp</item>
03      <item name="android:textColor">#f60</item>
04  </style>
```

在 Android 中，还支持继承样式的功能，只需要在<style></style>标记中使用 parent 属性进行设置。例如，定义一个名称为 basic 的样式，再定义一个名称为 title 的样式，并让该样式继承 basic 样式，关键代码如下。

```
01  <style name="basic">
02      <item name="android:textSize">30sp</item>
03      <item name="android:textColor">#f60</item>
04  </style>
05  <style name="title" parent="basic">
06      <item name="android:padding">10dp</item>
07      <item name="android:gravity">center</item>
08  </style>
```

**说明**

当一个样式（子样式）继承自另一个样式（父样式）后，如果在该子样式中，出现了与父样式相同的属性，将使用子样式中定义的属性值。

【例 11.03】 模拟今日头条的新闻界面（**实例位置：资源包\源码\11\11.03**）

在 Android Studio 中创建 Module，名称为 Style Resource。在该 Module 中实现本实例，具体步骤如下。

（1）打开 values 目录下的 styles.xml，在该文件中添加名称为 black 的样式资源，设置字体样式为加粗，字体颜色为黑色，具体代码如下。

```
01  <style name="black">
02      <item name="android:textStyle">bold</item>
03      <item name="android:textColor">@color/black</item>
04  </style>
```

（2）打开默认创建的布局文件 activity_main.xml，将默认添加的布局管理器修改为垂直线性布局管理器，并为其设置背景图片，然后在布局管理器中添加一个 TextView 组件用于显示标题，并且设置其使用名称为 black 的样式资源，关键代码如下。

```
01  <!--标题-->
02  <TextView
03      android:id="@+id/title"
04      style="@style/black"
05      android:layout_width="wrap_content"
06      android:layout_height="wrap_content"
07      android:layout_marginLeft="70dp"
08      android:layout_marginRight="70dp "
09      android:layout_marginTop="50dp"
10      android:text="@string/title"
11      android:textSize="20sp" />
```

（3）在 styles.xml 文件中，添加名称为 text_down 的样式，让其继承自 black 样式，然后再添加使组件在布局管理器的水平居中位置显示的样式，具体代码如下。

```
01    <style name="text_down" parent="black">
02        <item name="android:layout_gravity">center_horizontal</item>
03    </style>
```

（4）在标题下面添加一个 TextView 组件（用于显示新闻内容）、一个 ImageView 组件（用于显示图片），以及一个 TextView 组件（用于显示图注），并且让显示图注的文本框使用步骤（3）中编写的名称为 text_down 的样式，其中，图注文本框的代码如下。

```
01    <!--图注字-->
02    <TextView
03        android:id="@+id/text_down"
04        style="@style/text_down"
05        android:layout_width="wrap_content"
06        android:layout_height="wrap_content"
07        android:layout_below="@+id/image"
08        android:layout_marginTop="10dp "
09        android:text="@string/text_down"/>
```

（5）在工具栏中找到 app 下拉列表框，选择要运行的应用（这里为 Style Resource），然后单击右侧的▶按钮，运行效果如图 11.11 所示。

图 11.11　模拟今日头条的新闻页面

## 11.7　菜单（menu）资源

在桌面应用程序中，菜单的使用十分广泛。但是在 Android 应用中，菜单大幅减少。不过 Android 中提供了两种实现菜单的方法，分别是通过 Java 代码创建菜单和使用菜单资源文件创建菜单，Android 推荐使用菜单资源来定义菜单，下面进行详细介绍。

## 11.7.1 定义菜单资源文件

菜单资源文件通常放置在 res\menu 目录下，在 Android Studio 中创建项目时，默认是不自动创建 menu 目录的，所以需要手动创建。菜单资源的根元素通常使用<menu></menu>标记，在该标记中可以包含多个<item></item>标记，用于定义菜单项，可以通过表 11.3 所示的各属性来为菜单项设置标题等内容。

表 11.3 &lt;item&gt;&lt;/item&gt;标记的常用属性

| 属　　性 | 描　　述 |
| --- | --- |
| android:id | 用于为菜单项设置 ID，也就是唯一标识 |
| android:title | 用于为菜单项设置标题 |
| android:alphabeticShortcut | 用于为菜单项指定字符快捷键 |
| android:numericShortcut | 用于为菜单项指定数字快捷键 |
| android:icon | 用于为菜单项指定图标 |
| android:enabled | 用于指定该菜单项是否可用 |
| android:checkable | 用于指定该菜单项是否可选 |
| android:checked | 用于指定该菜单项是否已选中 |
| android:visible | 用于指定该菜单项是否可见 |

## 11.7.2 使用菜单资源

在 Android 中，定义的菜单资源可以用来创建选项菜单（Option Menu）和上下文菜单（Content Menu）。使用菜单资源创建这两种菜单的方法是不同的，下面分别进行介绍。

**1．选项菜单**

当用户单击菜单按钮时，弹出的菜单就是选项菜单。使用菜单资源创建选项菜单的具体步骤如下。

（1）重写 Activity 中的 onCreateOptionsMenu()方法。在该方法中，首先创建一个用于解析菜单资源文件的 MenuInflater 对象，然后调用该对象的 inflate()方法解析一个菜单资源文件，并把解析后的菜单保存在 menu 中，关键代码如下：

```
01  @Override
02  public boolean onCreateOptionsMenu(Menu menu) {
03      MenuInflater inflater=new MenuInflater(this);        //实例化一个 MenuInflater 对象
04      inflater.inflate(R.menu.optionmenu, menu);           //解析菜单文件
05      return super.onCreateOptionsMenu(menu);
06  }
```

（2）重写 onOptionsItemSelected()方法，用于当菜单项被选择时，做出相应的处理。例如，当菜单项被选择时，弹出一个消息提示框显示被选中菜单项的标题，可以使用下面的代码。

```
01    @Override
02    public boolean onOptionsItemSelected(MenuItem item) {
03        Toast.makeText(MainActivity.this, item.getTitle(), Toast.LENGTH_SHORT).show();
04        return super.onOptionsItemSelected(item);
05    }
```

**【例 11.04】** 明日学院的选项菜单（**实例位置：资源包\源码\11\11.04**）

在 Android Studio 中创建 Module，名称为 Menu Resource。在该 Module 中实现本实例，具体步骤如下。

（1）打开默认创建的布局文件 activity_main.xml，将默认添加的布局管理器修改为相对布局管理器，然后为布局管理器添加一张背景图片。

（2）在 res 目录上右击，在弹出的快捷菜单中选择 New→Android resource directory 命令，在弹出的对话框中，在 Resource type 类型的下拉列表框中选择 menu，单击 OK 按钮。创建一个 menu 目录，并在该目录中创建一个名称为 menu.xml 的菜单资源文件，在 menu.xml 文件中，定义两个菜单项分别是"设置"和"关于"，显示文字通过字符串资源指定，具体代码如下。

```
01  <?xml version="1.0" encoding="utf-8"?>
02  <menu xmlns:android="http://schemas.android.com/apk/res/android">
03      <item
04          android:id="@+id/settings"
05          android:title="@string/menu_title_settings"></item>
06      <item
07          android:id="@+id/regard"
08          android:title="@string/menu_title_regard"></item>
09  </menu>
```

（3）在 MainActivity 中重写 onCreateOptionsMenu()方法，在该方法中，首先创建一个用于解析菜单资源文件的 MenuInflater 对象；然后调用该对象的 inflate()方法解析一个菜单资源文件，并把解析后的菜单保存在 menu 中；最后将菜单返回，关键代码如下。

```
01    @Override
02    public boolean onCreateOptionsMenu(Menu menu) {
03        MenuInflater menuInflater = new MenuInflater(this);    //实例化一个 MenuInflater 对象
04        menuInflater.inflate(R.menu.menu, menu);               //解析菜单文件
05        return super.onCreateOptionsMenu(menu);
06    }
```

（4）在 com.mingrisoft 包中创建一个名称为 Settings 的 Activity，用于显示设置界面；然后再创建一个名称为 Regard 的 Activity 用于显示关于界面。

（5）在 MainActivity 中重写 onOptionsItemSelected()方法，然后通过 switch 语句根据选中的菜单 id 跳转到指定的 Activity，关键代码如下。

```
01    @Override
02    public boolean onOptionsItemSelected(MenuItem item) {
03        switch (item.getItemId()) {                            //获取选中的菜单 id
04            case R.id.settings:                                //跳转到设置页面
05                Intent intent = new Intent(MainActivity.this, Settings.class);
```

```
06              startActivity(intent);
07              break;
08         case R.id.regard:                              //跳转到关于页面
09              Intent intent1 = new Intent(MainActivity.this, Regard.class);
10              startActivity(intent1);
11              break;
12      }
13      return super.onOptionsItemSelected(item);
14 }
```

（6）在工具栏中找到 [app▼] 下拉列表框，选择要运行的应用（这里为 Menu Resource），然后单击右侧的▶按钮，将显示如图 11.12 所示的界面，单击屏幕右上方的菜单按钮，如图 11.13 所示，选择"关于"菜单项将跳转到关于界面。

图 11.12　显示界面

图 11.13　显示选项菜单

### 2．上下文菜单

当用户长按组件时，弹出的菜单就是上下文菜单。使用菜单资源创建上下文菜单的具体步骤如下。

（1）在 Activity 的 onCreate()方法中注册上下文菜单。例如，为文本框组件注册上下文菜单，可以使用下面的代码，也就是在长按该文本框时，才显示上下文菜单。

```
01   TextView tv=(TextView)findViewById(R.id.show);
02   registerForContextMenu(tv);                          //为文本框注册上下文菜单
```

（2）重写 Activity 中的 onCreateContextMenu()方法。在该方法中，首先创建一个用于解析菜单资源文件的 MenuInflater 对象，然后调用该对象的 inflate()方法解析一个菜单资源文件，并把解析后的菜单保存在 menu 中，最后为菜单头设置图标和标题，关键代码如下。

```
01  @Override
02  public void onCreateContextMenu(ContextMenu menu, View v, ContextMenu.ContextMenuInfo menuInfo) {
03      MenuInflater inflator=new MenuInflater(this);       //实例化一个 MenuInflater 对象
04      inflator.inflate(R.menu.menus, menu);               //解析菜单文件
05      menu.setHeaderIcon(R.mipmap.ic_launcher);           //为菜单头设置图标
06      menu.setHeaderTitle("请选择");                       //为菜单头设置标题
07  }
```

（3）重写 onContextItemSelected()方法，用于当菜单项被选择时，做出相应的处理。例如，当菜单项被选择时，弹出一个消息提示框显示被选中菜单项的标题，可以使用下面的代码。

```
01  @Override
02  public boolean onContextItemSelected(MenuItem item) {
03      Toast.makeText(MainActivity.this, item.getTitle(), Toast.LENGTH_SHORT).show();
04      return super.onContextItemSelected(item);
05  }
```

【例 11.05】 模拟微信朋友圈的消息菜单（**实例位置：资源包\源码\11\11.05**）

在 Android Studio 中创建 Module，名称为 Context Menu。在该 Module 中实现本实例，具体步骤如下。

（1）在 res 目录下创建一个 menu 目录，并在该目录中创建一个名称为 introduce_menu.xml 的菜单资源文件，在该文件中定义 4 个菜单项，分别是复制、收藏、翻译和举报。菜单项标题通过字符串资源指定，具体代码如下。

```
01  <?xml version="1.0" encoding="utf-8"?>
02  <menu xmlns:android="http://schemas.android.com/apk/res/android">
03      <item
04          android:id="@+id/menu_copy"
05          android:title="@string/introduce_copy"></item>
06      <item
07          android:id="@+id/menu_collect"
08          android:title="@string/introduce_collect"></item>
09      <item
10          android:id="@+id/menu_translate"
11          android:title="@string/introduce_translate"></item>
12      <item
13          android:id="@+id/menu_report"
14          android:title="@string/introduce_report"></item>
15  </menu>
```

（2）打开默认创建的布局文件 activity_main.xml，将默认添加的布局管理器修改为相对布局管理器，然后添加实现类似朋友圈中显示一条消息的每个组件。例如，将用于显示消息详细内容的文本框的 ID 属性设置为 introduce，可以使用下面的代码。

```
01  <!--介绍-->
02  <TextView
03      android:id="@+id/introduce"
04      android:layout_width="wrap_content"
05      android:layout_height="wrap_content"
06      android:layout_alignLeft="@+id/name"
```

```
07        android:layout_below="@+id/name"
08        android:layout_marginTop="@dimen/margin"
09        android:text="@string/introduce"/>
```

（3）修改默认创建的 MainActivity 类，让 MainActivity 直接继承 Activity，并声明 TextView 组件，然后在重写的 onCreate()方法中，获取要添加上下文菜单的 TextView 组件，并为其注册上下文菜单，关键代码如下。

```
01  public class MainActivity extends Activity {
02      TextView introduce;                                     //声明 TextView 组件
03      @Override
04      protected void onCreate(Bundle savedInstanceState) {
05          super.onCreate(savedInstanceState);
06          setContentView(R.layout.activity_main);
07          introduce = (TextView) findViewById(R.id.introduce); //获取介绍 TextView 组件
08          registerForContextMenu(introduce);                   //为文本框注册上下文菜单
09      }
10  }
```

（4）在 MainActivity 中重写 onCreateContextMenu()方法，在该方法中，创建一个用于解析菜单资源文件的 MenuInflater 对象，然后调用该对象的 inflate()方法解析文本框的菜单资源文件，并把解析后的菜单保存在 menu 中，关键代码如下。

```
01  @Override
02  //创建上下文菜单
03  public void onCreateContextMenu(ContextMenu menu, View v,
04                                  ContextMenu.ContextMenuInfo menuInfo) {
05      MenuInflater inflater = new MenuInflater(this);         //实例化一个 MenuInflater 对象
06      inflater.inflate(R.menu.introduce_menu, menu);          //解析菜单文件
07  }
```

（5）重写 onContextItemSelected()方法，在该方法中，通过 switch 语句判断用户选择的菜单选项来显示所选择的提示信息，具体代码如下。

```
01  @Override
02  public boolean onContextItemSelected(MenuItem item) {
03      switch (item.getItemId()) {
04          case R.id.menu_copy:                                //选中菜单中的"复制"菜单项时
05              Toast.makeText(MainActivity.this, "已复制", Toast.LENGTH_SHORT).show();
06              break;
07          case R.id.menu_collect:                             //选中菜单中的"收藏"菜单项时
08              Toast.makeText(MainActivity.this,"已收藏",Toast.LENGTH_SHORT).show();
09              break;
10      }
11      return true;
12  }
```

（6）在工具栏中找到 app 下拉列表框，选择要运行的应用（这里为 Context Menu），再单击右侧的 ▶ 按钮，将显示如图 11.14 所示的界面。长按文字介绍，将显示如图 11.15 所示的上下文菜单。

图 11.14 模拟微信朋友圈界面　　　　　图 11.15 显示上下文菜单

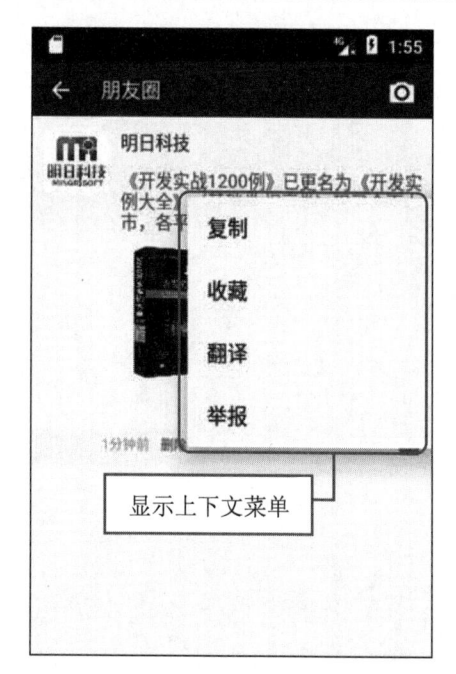

## 11.8 小　　结

在 Android 中，将程序中经常使用的字符串、颜色、尺寸、数组、样式以及菜单等通过资源文件进行管理。本章首先向读者介绍了字符串资源、颜色资源和尺寸资源的使用，然后介绍了布局资源、数组资源、样式资源。接下来又介绍了如何使用菜单资源创建上下文菜单和选项菜单。本章所介绍的内容，在以后的项目开发中会经常应用，希望读者能很好地理解并掌握它。

# 第 2 篇

# 提高篇

- ▶▶ 第 12 章　消息、通知、广播与闹钟
- ▶▶ 第 13 章　Android 中的动画
- ▶▶ 第 14 章　播放音频与视频
- ▶▶ 第 15 章　数据存储技术
- ▶▶ 第 16 章　Handler 消息处理
- ▶▶ 第 17 章　Service 应用
- ▶▶ 第 18 章　传感器
- ▶▶ 第 19 章　网络编程的应用

本篇介绍了消息、通知、广播与闹钟，Android 中的动画，播放音频与视频，数据存储技术，Handler 消息处理，Service 应用，传感器，网络编程的应用等内容。学习完本篇，能够开发一些中小型应用程序。

# 第 12 章

## 消息、通知、广播与闹钟

（视频讲解：1 小时 23 分钟）

在图形界面中，对话框和通知是人机交互的两种重要形式，在开发 Android 应用时，经常需要弹出消息提示框、对话框和显示通知等内容。另外，手机中发送和接收广播以及设置闹钟也都是比较常用的功能。本章将对 Android 中如何弹出对话框、显示通知、使用广播和设置闹钟等功能进行详细介绍。

## 12.1 通过 Toast 类显示消息提示框

Toast 类通常用于显示一些快速提示信息，应用范围非常广泛。在前面各章的实例中，已经应用过 Toast 类来显示一个简单的消息提示框。在本节中，将对 Toast 类进行详细介绍。应用 Toast 类在屏幕中显示的消息提示框具有如下几个特点。

- ☑ 没有任何控制按钮。
- ☑ 不会获得焦点。
- ☑ 经过一段时间后会自动消失。

使用 Toast 类来显示消息提示框比较简单，只需要以下 3 个操作步骤即可实现。

（1）创建一个 Toast 对象。通常有两种方法：一种是使用构造方法进行创建；另一种是调用 Toast 类的 makeText()方法创建。

使用构造方法创建一个名称为 toast 的 Toast 对象的基本代码如下。

```
Toast toast=new Toast(this);
```

调用 Toast 类的 makeText()方法创建一个名称为 toast 的 Toast 对象的基本代码如下。

```
Toast toast=Toast.makeText(this, "要显示的内容", Toast.LENGTH_SHORT);
```

（2）调用 Toast 类提供的方法来设置该消息提示的对齐方式、页边距以及显示的内容等。常用的方法如表 12.1 所示。

表 12.1  Toast 类的常用方法

| 方　　法 | 描　　述 |
| --- | --- |
| setDuration(int duration) | 用于设置消息提示框持续的时间的长短，通常使用 Toast.LENGTH_LONG 或 Toast.LENGTH_SHORT 参数值 |
| setGravity(int gravity, int xOffset, int yOffset) | 用于设置消息提示框的位置，参数 gravity 用于指定对齐方式，xOffset 和 yOffset 用于指定具体的偏移值 |
| setMargin(float horizontalMargin, float verticalMargin) | 用于设置消息提示的页边距 |
| setText(CharSequence s) | 用于设置要显示的文本内容 |
| setView(View view) | 用于设置要在消息提示框中显示的视图 |

（3）调用 Toast 类的 show()方法显示消息提示框。需要注意的是，一定要调用该方法，否则设置的消息提示框将不显示。

例如，在手机淘宝的主界面单击返回键时，会在屏幕下方出现一个消息提示框，提示用户"再按一次返回键退出手机淘宝"。这个就是通过 Toast 类显示消息提示框的一个典型应用。

> **说明**
>
> 由于使用 Toast 来显示消息提示框在前面的章节中多次应用，这里就不再举例说明。

## 12.2 使用 AlertDialog 实现对话框

AlertDialog 类的功能非常强大，它不仅可以生成带按钮的提示对话框，还可以生成带列表的列表对话框。例如，在 360 手机助手中，单击"全部更新"按钮会弹出提示对话框，提示用户是否要进行全部更新的操作，效果如图 12.1 所示。

使用 AlertDialog 生成的对话框通常可分为 4 个区域，即图标区、标题区、内容区和按钮区。例如，图 12.1 中的提示对话框可分为如图 12.2 所示的 4 个区域。

图 12.1　弹出提示对话框　　　　图 12.2　提示对话框的 4 个区域

使用 AlertDialog 可以生成的对话框，概括起来有以下 4 种。

- ☑ 带"确定""中立""取消"等 N 个按钮的提示对话框，其中的按钮个数不是固定的，可以根据需要添加。例如，不需要有中立按钮，那么就可以生成只带有"确定"和"取消"按钮的对话框，也可以是只带有一个按钮的对话框。
- ☑ 带列表的列表对话框。
- ☑ 带多个单选列表项和 N 个按钮的列表对话框。
- ☑ 带多个多选列表项和 N 个按钮的列表对话框。

在使用 AlertDialog 类生成对话框时，常用的方法如表 12.2 所示。

表 12.2　AlertDialog 类的常用方法

| 方　　法 | 描　　述 |
| --- | --- |
| setTitle(CharSequence title) | 为对话框设置标题 |
| setIcon(Drawable icon) | 使用 Drawable 资源为对话框设置图标 |
| setIcon(int resId) | 使用资源 ID 所指的 Drawable 资源为对话框设置图标 |

续表

| 方　　法 | 描　　述 |
| --- | --- |
| setMessage(CharSequence message) | 为提示对话框设置要显示的内容 |
| setButton() | 为提示对话框添加按钮，可以是"取消"按钮、"中立"按钮和"确定"按钮。需要通过为其指定 int 类型的 whichButton 参数实现，其参数值可以是 DialogInterface.BUTTON_POSITIVE（"确定"按钮）、BUTTON_NEGATIVE（"取消"按钮）或者 BUTTON_NEUTRAL（"中立"按钮） |

通常情况下，使用 AlertDialog 类只能生成带 N 个按钮的提示对话框，要生成另外 3 种列表对话框，需要使用 AlertDialog.Builder 类。AlertDialog.Builder 类提供的常用方法如表 12.3 所示。

表 12.3　AlertDialog.Builder 类的常用方法

| 方　　法 | 描　　述 |
| --- | --- |
| setTitle(CharSequence title) | 用于为对话框设置标题 |
| setIcon(Drawable icon) | 使用 Drawable 资源为对话框设置图标 |
| setIcon(int resId) | 使用资源 ID 所指的 Drawable 资源为对话框设置图标 |
| setMessage(CharSequence message) | 用于为提示对话框设置要显示的内容 |
| setNegativeButton() | 用于为对话框添加"取消"按钮 |
| setPositiveButton() | 用于为对话框添加"确定"按钮 |
| setNeutralButton() | 用于为对话框添加"中立"按钮 |
| setItems() | 用于为对话框添加列表项 |
| setSingleChoiceItems() | 用于为对话框添加单选列表项 |

下面通过一个实例说明如何应用 AlertDialog 类生成各种提示对话框和列表对话框。

【例 12.01】　4 种不同类型的对话框（**实例位置：资源包\源码\12\12.01**）

在 Android Studio 中创建项目，名称为 MessageNotificationBroadcastAlarmClock，然后在该项目中创建一个 Module，名称为 AlertDialog。在该 Module 中实现本实例，具体步骤如下。

（1）修改新建 Module 的 res\layout 目录下的布局文件 activity_main.xml。首先将默认添加的布局管理器修改为垂直线性布局管理器，然后将默认添加的 TextView 组件删除，再添加 4 个用于控制各种对话框显示的按钮。

（2）在 MainActivity 的 onCreate()方法中，首先获取布局文件中添加的第 1 个按钮，也就是"显示带取消和确定按钮的对话框"按钮，并为其添加单击事件监听器，然后在重写的 onClick()方法中，应用 AlertDialog 类创建一个带"取消"和"确定"按钮的提示对话框，具体代码如下。

```
01  //获取"显示带取消、确定按钮的对话框"按钮
02  Button button1 = (Button) findViewById(R.id.button1);
03  //为"显示带取消、确定按钮的对话框"按钮添加单击事件监听器
04  button1.setOnClickListener(new View.OnClickListener() {
05      @Override
06      public void onClick(View v) {
07          //创建对话框对象
08          AlertDialog alertDialog = new AlertDialog.Builder(MainActivity.this).create();
```

```
09         alertDialog.setIcon(R.drawable.advise);          //设置对话框的图标
10         alertDialog.setTitle("乔布斯:");                    //设置对话框的标题
11         //设置要显示的内容
12         alertDialog.setMessage("活着就是为了改变世界，难道还有其他原因吗？");
13         //添加"取消"按钮
14         alertDialog.setButton(DialogInterface.BUTTON_NEGATIVE, "否",
15                 new DialogInterface.OnClickListener() {
16                     @Override
17                     public void onClick(DialogInterface dialog, int which) {
18                         Toast.makeText(MainActivity.this, "您单击了否按钮",
19                                 Toast.LENGTH_SHORT).show();
20                     }
21                 });
22         //添加"确定"按钮
23         alertDialog.setButton(DialogInterface.BUTTON_POSITIVE, "是",
24                 new DialogInterface.OnClickListener() {
25                     @Override
26                     public void onClick(DialogInterface dialog, int which) {
27                         Toast.makeText(MainActivity.this, "您单击了是按钮 ",
28                                 Toast.LENGTH_SHORT).show();
29                     }
30                 });
31         alertDialog.show();                                //显示对话框
32     }
33 });
```

（3）在 MainActivity 的 onCreate()方法中，首先获取布局文件中添加的第 2 个按钮，也就是"显示带列表的对话框"按钮，并为其添加单击事件监听器，然后在重写的 onClick()方法中，应用 AlertDialog 类创建一个带 5 个列表项的列表对话框，具体代码如下。

```
01 Button button2 = (Button) findViewById(R.id.button2);    //获取"显示带列表的对话框"按钮
02 button2.setOnClickListener(new View.OnClickListener() {
03     @Override
04     public void onClick(View v) {
05         //创建名言字符串数组
06         final String[] items = new String[]{"当你有使命，它会让你更专注", "要么出众，"
07                 + "要么出局", "活着就是为了改变世界", "求知若饥，虚心若愚"};
08         //创建列表对话框对象
09         AlertDialog.Builder builder = new AlertDialog.Builder(MainActivity.this);
10         builder.setIcon(R.drawable.advise1);              //设置对话框的图标
11         builder.setTitle("请选择你喜欢的名言：");              //设置对话框的标题
12         //添加列表项
13         builder.setItems(items, new DialogInterface.OnClickListener() {
14             @Override
15             public void onClick(DialogInterface dialog, int which) {
16                 Toast.makeText(MainActivity.this,
17                         "您选择了" + items[which], Toast.LENGTH_SHORT).show();
```

```
18            }
19        });
20        builder.create().show();                    //创建对话框并显示
21    }
22 });
```

（4）在 MainActivity 的 onCreate()方法中，首先获取布局文件中添加的第 3 个按钮，也就是"显示带单选列表项的对话框"按钮，并为其添加单击事件监听器，然后在重写的 onClick()方法中，应用 AlertDialog 类创建一个带 5 个单选列表项和一个"确定"按钮的列表对话框，具体代码如下。

```
01 //获取"显示带单选列表项的对话框"按钮
02 Button button3 = (Button) findViewById(R.id.button3);
03 button3.setOnClickListener(new View.OnClickListener() {
04     @Override
05     public void onClick(View v) {
06         //创建名字字符串数组
07         final String[] items = new String[]{"扎克伯格", "乔布斯", "拉里.埃里森",
08                 "安迪.鲁宾", "马云"};
09         //显示带单选列表项的对话框
10         AlertDialog.Builder builder = new AlertDialog.Builder(MainActivity.this);
11         builder.setIcon(R.drawable.advise2);            //设置对话框的图标
12         builder.setTitle("如果让你选择，你最想做哪一个：");  //设置对话框的标题
13         builder.setSingleChoiceItems(items, 0, new DialogInterface.OnClickListener() {
14             @Override
15             public void onClick(DialogInterface dialog, int which) {
16                 //显示选择结果
17                 Toast.makeText(MainActivity.this,
18                         "您选择了" + items[which], Toast.LENGTH_SHORT).show();
19             }
20         });
21         builder.setPositiveButton("确定", null);         //添加"确定"按钮
22         builder.create().show();                        //创建对话框并显示
23     }
24 });
```

（5）在 MainActivity 中定义一个 boolean 类型的数组（用于记录各列表项的状态）和一个 String 类型的数组（用于记录各列表项要显示的内容），关键代码如下。

```
01 private boolean[] checkedItems;                //记录各列表项的状态
02 private String[] items;                        //各列表项要显示的内容
```

（6）在 MainActivity 的 onCreate()方法中，首先获取布局文件中添加的第 4 个按钮，也就是"显示带多选列表项的对话框"按钮，并为其添加单击事件监听器，然后在重写的 onClick()方法中，应用 AlertDialog 类创建一个带 5 个多选列表项和一个"确定"按钮的列表对话框，具体代码如下。

```
01 //获取"显示带多选列表项的对话框"按钮
02 Button button4 = (Button) findViewById(R.id.button4);
```

```
03    button4.setOnClickListener(new View.OnClickListener() {
04        @Override
05        public void onClick(View v) {
06            //记录各列表项的状态
07            checkedItems = new boolean[]{false, true, false, true, false};
08            //各列表项要显示的内容
09            items = new String[]{"开心消消乐","球球大作战","欢乐斗地主",
10                    "梦幻西游","超级玛丽"};
11            //显示带单选列表项的对话框
12            AlertDialog.Builder builder = new AlertDialog.Builder(MainActivity.this);
13            builder.setIcon(R.drawable.advise2);              //设置对话框的图标
14            builder.setTitle("请选择您喜爱的游戏：");          //设置对话框标题
15            builder.setMultiChoiceItems(items, checkedItems,
16                    new DialogInterface.OnMultiChoiceClickListener() {
17                @Override
18                public void onClick(DialogInterface dialog, int which, boolean isChecked) {
19                    checkedItems[which] = isChecked;          //改变被操作列表项的状态
20                }
21            });
22            //为对话框添加"确定"按钮
23            builder.setPositiveButton("确定", new DialogInterface.OnClickListener() {
24                @Override
25                public void onClick(DialogInterface dialog, int which) {
26                    String result = "";
27                    for (int i = 0; i < checkedItems.length; i++) {
28                        if (checkedItems[i]) {                //当选项被选择时
29                            result += items[i] + "、";        //将选项的内容添加到 result 中
30                        }
31                    }
32                    //当 result 不为空时，通过消息提示框显示选择的结果
33                    if (!"".equals(result)) {
34                        //去掉最后面添加的"、"号
35                        result = result.substring(0, result.length() - 1);
36                        Toast.makeText(MainActivity.this,
37                                "您选择了[" + result + "]", Toast.LENGTH_LONG).show();
38                    }
39                }
40            });
41            builder.create().show();                          //创建对话框并显示
42        }
43    });
```

（7）在工具栏中找到 app 下拉列表框，选择要运行的应用（这里为 AlertDialog），再单击右侧的▶按钮，运行效果分别是：① 显示带"是"和"否"按钮的对话框，如图 12.3 所示；② 显示带列表项的对话框，如图 12.4 所示；③ 显示带单选列表项的对话框，如图 12.5 所示；④ 显示带多选列表项的对话框，如图 12.6 所示。

图 12.3　带"是"和"否"按钮的对话框　　　　图 12.4　带列表项的对话框

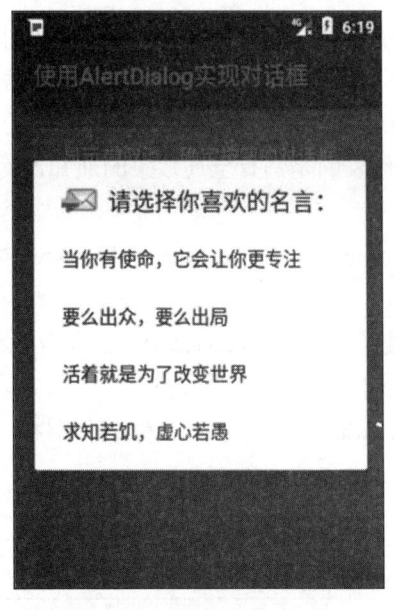

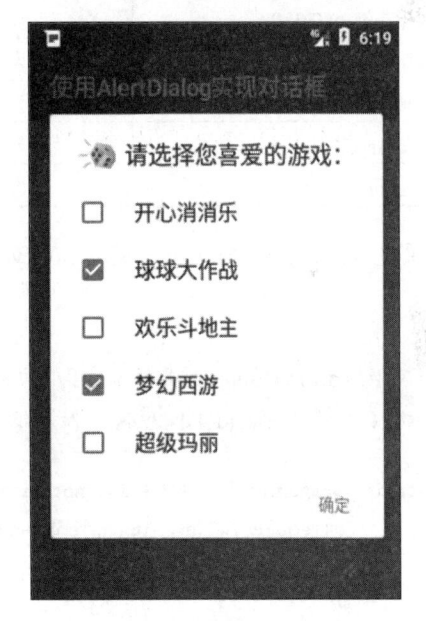

图 12.5　带单选列表项的对话框　　　　　　　图 12.6　带多选列表项的对话框

## 12.3　使用 Notification 在状态栏上显示通知

状态栏位于手机屏幕的最上方，一般用于显示手机当前的网络状态、系统时间以及电池状态等信息。在使用手机时，当有未接来电或有新短消息时，手机会给出相应的提示信息，这些提示信息通常会显示到手机屏幕的状态栏上。例如，手机在接收到短信时，会在状态栏中出现一个短信息的通知。

Android 也提供了用于处理这些信息的类，它们是 Notification 和 NotificationManager。其中 Notification 代表的是具有全局效果的通知，而 NotificationManager 则是用来发送 Notification 通知的系统服务。

使用 Notification 和 NotificationManager 类发送和显示通知也比较简单，大致可以分为以下 4 个步骤来实现。

（1）调用 getSystemService()方法获取系统的 NotificationManager 服务。

（2）创建一个 Notification 对象。

（3）为 Notification 对象设置各种属性，其中常用的方法如表 12.4 所示。

表 12.4 Notification 对象中的常用方法

| 方 法 | 描 述 |
|---|---|
| setDefaults() | 设置通知 LED 灯、音乐、振动等 |
| setAutoCancel() | 设置单击通知后，状态栏自动删除通知 |
| setContentTitle() | 设置通知标题 |
| setContentText() | 设置通知内容 |
| setSmallIcon() | 为通知设置图标 |
| setLargeIcon() | 为通知设置大图标 |
| setContentIntent() | 设置单击通知后将要启动的程序组件对应的 PendingIntent |

（4）通过 NotificationManager 类的 notify()方法发送 Notification 通知。

**说明**

通过 NotificationManager 类的 notify()方法发送 Notification 通知时，需要将 Module 的最小版本设置为 API 16，即 Android 4.1 版本，如果低于该版本将显示如图 12.7 所示的错误提示。

```
//发送通知
notificationManager.notify(NOTIFYID, notification.build());
          Call requires API level 16 (current min is 15): android.app.Notification.Builder#build more... (Ctrl+F1)
```

图 12.7 设置最小版本为 API 16

下面通过一个实例说明如何使用 Notification 在状态栏上显示通知。

【例 12.02】 模拟淘宝在状态栏上显示活动通知（**实例位置：资源包\源码\12\12.02**）

在 Android Studio 中创建 Module，名称为 Notification。在该 Module 中实现本实例，具体步骤如下。

（1）修改新建 Module 的 res\layout 目录下的布局文件 activity_main.xml，将默认添加的布局管理器修改为相对布局管理器，然后删除 TextView 组件，再为布局管理器添加背景图片。

（2）在 MainActivity 中创建一个常量，用于保存通知的 ID，关键代码如下。

```
final int NOTIFYID = 0x123;                    //通知的 ID
```

（3）在 MainActivity 的 onCreate()方法中，调用 getSystemService()方法获取系统的 NotificationManager 服务，关键代码如下：

```
01  //获取通知管理器服务，用于发送通知
02  final NotificationManager notificationManager =
03          (NotificationManager) getSystemService(NOTIFICATION_SERVICE);
```

（4）创建一个 Notification.Builder 对象，并设置其相关属性，然后创建一个启动其他 Activity 的 Intent，再通过 setContentIntent()方法设置通知栏单击跳转，最后通过通知管理器发送通知，具体代码如下。

```
01  //创建一个 Notification 对象
02  Notification.Builder notification = new Notification.Builder(this);
03  //设置打开该通知，该通知自动消失
04  notification.setAutoCancel(true);
05  //设置通知的图标
06  notification.setSmallIcon(R.drawable.packet);
07  //设置通知内容的标题
08  notification.setContentTitle("奖励百万红包！！！");
09  //设置通知内容
10  notification.setContentText("点击查看详情！");
11  //设置使用系统默认的声音、默认振动
12  notification.setDefaults(Notification.DEFAULT_SOUND
13          | Notification.DEFAULT_VIBRATE);
14  //设置发送时间
15  notification.setWhen(System.currentTimeMillis());
16  //创建一个启动其他 Activity 的 Intent
17  Intent intent = new Intent(MainActivity.this, DetailActivity.class);
18  PendingIntent pi = PendingIntent.getActivity(MainActivity.this, 0, intent, 0);
19  //设置通知栏单击跳转
20  notification.setContentIntent(pi);
21  //发送通知
22  notificationManager.notify(NOTIFYID, notification.build());
```

**注意**

在程序中需要访问系统振动器，这就需要在 AndroidManifest.xml 中声明使用权限，具体代码如下。

```
01  <!--添加振动器权限-->
02  <uses-permission android:name="android.permission.VIBRATE"/>
```

（5）在 com.mingrisoft 包中创建一个 Empty Activity，名称为 DetailActivity，用于实现页面跳转。然后在 activity_detail.xml 布局文件中将默认添加的布局管理器修改为相对布局管理器，并且为布局管理器添加背景图片。

（6）在工具栏中找到 app 下拉列表框，选择要运行的应用（这里为 Notification），再单击右侧的▶按钮，将显示如图 12.8 所示的界面，按住状态栏并向下滑动，直到出现如图 12.9 所示的通知窗口，单击第一项，如图 12.10 所示，查看后该通知的图标将不在状态栏中显示。

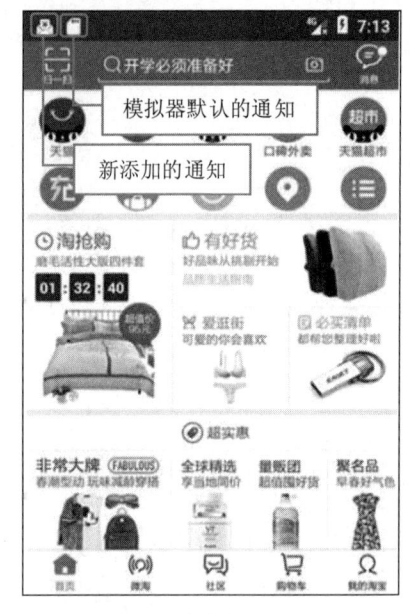

图 12.8　淘宝的活动通知 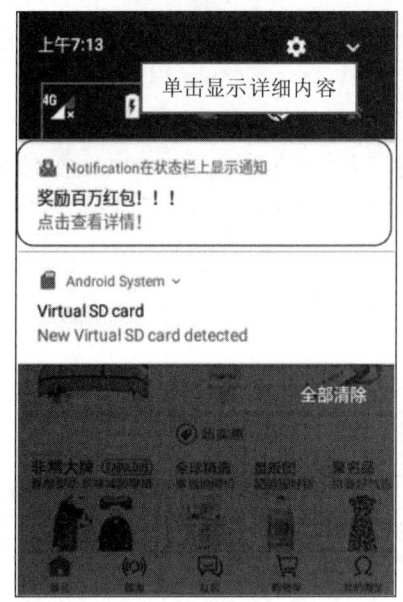　　　　图 12.9　显示通知列表 　　　　图 12.10　活动通知的详细内容

## 12.4　BroadcastReceiver 使用

### 12.4.1　BroadcastReceiver 简介

BroadcastReceiver 是接收广播通知的组件。广播是一种同时通知多个对象的事件通知机制。类似日常生活中的广播，允许多个人同时收听，也允许不收听。通常情况下，广播通知是以消息提示框、对话框或者通知的形式体现的。例如，在接收一条短信之后，系统会发出一条广播，当广播接收器接收到该广播时，将以通知和对话框两种形式提示。再如，当更新系统日期时间时，系统也会发出一条广播，当广播接收器接收到该广播时，将以消息提示框的形式提示用户。

Android 中广播来源有系统事件，例如按下拍照键、电池电量低以及安装新应用等，还有普通应用程序，例如启动特定线程、文件下载完毕等。这里主要介绍系统广播，下面列举一些常用的系统事件，当这些事件发生时就会发送系统广播。

- ☑ 电池电量低。
- ☑ 系统启动完成。
- ☑ 系统日期发生改变。
- ☑ 系统时间发生改变。
- ☑ 系统连接电源。
- ☑ 系统被关闭。

BroadcastReceiver 类是所有广播接收器的抽象基类。其实现类用来对发送出来的广播进行筛选并做出响应。广播接收器的生命周期非常简单。当消息到达时，接收器调用 onReceive() 方法，在该方法结束后，BroadcastReceiver 实例失效。

> **说明**
> onReceive()方法是实现 BroadcastReceiver 类时需要重写的方法。

当用户需要进行广播时，可以通过 Activity 程序中的 sendBroadcast()方法触发所有的广播组件，而每一个广播组件在进行广播启动之前，也必须判断用户所传递的广播操作是否是指定的 Action 类型，如果是，则进行广播的处理。广播的处理过程如图 12.11 所示。

图 12.11　广播处理过程

在 Android 操作系统中，每启动一个广播都需要重新实例化一个新的广播组件对象，并自动调用类中的 onReceive()方法对广播事件进行处理。

用于接收的广播有以下两大类。

### 1．普通广播

使用 Context.sendBroadcast()方法发送，它们完全是异步的。广播的全部接收者以未定义的顺序运行，通常在同一时间。这使得消息传递的效率比较高，但缺点是接收者不能将处理结果传递给下一个接收者，并且无法终止广播的传播。

### 2．有序广播

使用 Context.sendOrderedBroadcast()方法发送，它们每次只发送给优先级较高的接收者，然后由优先级较高的接收者再传播到优先级较低的接收者。由于每个接收者依次运行，它能为下一个接收者生成一个结果，或者它能完全终止广播以便不传递给其他接收者。有序接收者运行顺序由匹配的 intent-filter 的 android:priority 属性控制，具有相同优先级的接收者运行顺序任意。

综上所述，普通广播和有序广播的特点如表 12.5 所示。

表 12.5　普通广播和有序广播的特点

| 普 通 广 播 | 有 序 广 播 |
| --- | --- |
| 可以在同一时刻被所有接收者接收 | 相同优先级的接收者接收顺序是随机的，不同优先级的接收者按照优先级由高到低的顺序依次接收 |
| 接收者不能将处理结果传递给下一个接收者 | 接收者可以将处理结果传递给下一个接收者 |
| 无法终止广播的传播 | 可以终止广播的传播 |

## 12.4.2　BroadcastReceiver 应用

【例 12.03】　实现一个广播接收器的功能（**实例位置：资源包\源码\12\12.03**）

在 Android Studio 中创建一个 Module，名称为 BroadcastReceiver。在该 Module 中实现本实例，具体步骤如下。

（1）修改新建 Module 的 res\layout 目录下的布局文件 activity_main.xml，将默认添加的布局管理器修改为相对布局管理器，然后删除文本框组件，再添加一个按钮组件并为其设置 id。

（2）打开默认创建的 MainActivity，首先获取布局文件中的发送广播的按钮，并且为按钮添加单击事件监听器，然后创建一个 Intent，并且为 Intent 添加一个动作，最后通过 sendBroadcast()方法发送广播，具体代码如下。

```
01  Button button= (Button) findViewById(R.id.Broadcast);     //获取布局文件中的广播按钮
02  button.setOnClickListener(new View.OnClickListener() {    //为按钮设置单击事件
03      @Override
04      public void onClick(View v) {
05          Intent intent=new Intent();                       //创建 Intent 对象
06          intent.setAction("com.mingrisoft");                //为 Intent 添加动作 com.mingrisoft
07          sendBroadcast(intent);                            //发送广播
08      }
09  });
```

（3）在 java\com.mingrisoft 包下右击，在弹出的快捷菜单中选择 New → Other → BroadcastReceiver 菜单项，创建一个名称为 MyReceiver.java 的广播接收器。然后在该类中声明两个动作，最后在重写的 onReceive()方法中根据广播发送的动作给出不同的提示，具体代码如下。

```
01  public class MyReceiver extends BroadcastReceiver {
02      private static final String action1="com.mingrisoft";   //声明第一个动作
03      private static final String action2="mingrisoft";        //声明第二个动作
04      public MyReceiver() {
05      }
06      @Override
07      public void onReceive(Context context, Intent intent) {
08          if (intent.getAction().equals(action1)){
09              Toast.makeText(context, "MyReceiver 收到:com.mingrisoft 的广播",
10                      Toast.LENGTH_SHORT).show();             //回复该动作收到广播
11          }else if (intent.getAction().equals(action2)){
12              Toast.makeText(context, "MyReceiver 收到:mingrisoft 的广播",
13                      Toast.LENGTH_SHORT).show();             //回复该动作收到广播
14          }
15      }
16  }
```

（4）在 AndroidManifest.xml 文件中注册 BroadcastReceiver，其代码如下。

```
01  <receiver
02      android:name=".MyReceiver"
03      android:enabled="true"
04      android:exported="true">
05      <intent-filter>
06          <action android:name="com.mingrisoft"></action>
07          <action android:name="mingrisoft"></action>
```

```
08        </intent-filter>
09    </receiver>
```

（5）在工具栏中找到 下拉列表框，选择要运行的应用（这里为 BroadcastReceiver），再单击右侧的▶按钮，运行效果如图 12.12 所示。

图 12.12　接收广播提示界面

## 12.5　使用 AlarmManager 设置闹钟

AlarmManager 类是 Android 提供的用于在未来的指定时间弹出一个警告信息，或者完成指定操作的类。实际上 AlarmManager 是一个全局的定时器，使用它可以在指定的时间或指定的周期启动其他的组件（包括 Activity、Service 和 BroadcastReceiver）。使用 AlarmManager 设置警告后，Android 将自动开启目标应用，即使手机处于休眠状态。因此，使用 AlarmManager 也可以实现关机后仍可响应的闹钟。

### 12.5.1　AlarmManager 简介

在 Android 中，要获取 AlarmManager 对象，类似于获取 NotificationManager 服务，也需要使用 Context 类的 getSystemService()方法来实现，具体代码如下。

```
Context.getSystemService(Context.ALARM_SERVICE)
```

获取 AlarmManager 对象后，就可以应用该对象提供的相关方法来设置警告。AlarmManager 对象提供的常用方法如表 12.6 所示。

表 12.6　AlarmManager 对象的常用方法

| 方　　法 | 描　　述 |
| --- | --- |
| cancel(PendingIntent operation) | 取消 AlarmManager 的定时服务 |
| set(int type, long triggerAtTime, PendingIntent operation) | 设置当到达参数 triggerAtTime 所指定的时间时，按照 type 参数所指定的服务类型启动由 operation 参数指定的组件 |
| setInexactRepeating(int type, long triggerAtTime, long interval, PendingIntent operation) | 设置一个非精确的周期性任务。例如，设置一个每小时启动一次的闹钟，但是系统并不一定总在每小时开始时启动闹钟 |
| setRepeating(int type, long triggerAtTime, long interval, PendingIntent operation) | 设置一个周期性执行的定时服务 |
| setTime(long millis) | 设置定时的时间 |
| setTimeZone(String timeZone) | 设置系统默认的时区 |

在设置定时服务时，AlarmManager 提供了以下 4 种类型。

### 1．ELAPSED_REALTIME

用于设置从现在时间开始过了一定时间后启动提醒功能。当系统进入睡眠状态时，这种类型的定时不会唤醒系统。直到系统下次被唤醒才传递它，该定时所用的时间是相对时间，是从系统启动后开始计时的（包括睡眠时间），可以通过调用 SystemClock.elapsedRealtime()方法获得。

### 2．ELAPSED_REALTIME_WAKEUP

用于设置从现在时间开始过了一定时间后启动提醒功能。这种类型的定时能够唤醒系统，即使系统处于休眠状态也会启动提醒功能。使用方法与 ELAPSED_REALTIME 类似，也可以通过调用 SystemClock.elapsedRealtime()方法获得。

### 3．RTC

用于设置当系统调用 System.currentTimeMillis()方法的返回值与指定的触发时间相等时启动提醒功能。当系统进入睡眠状态时，这种类型的定时不会唤醒系统。直到系统下次被唤醒才传递它，该定时所用的时间是绝对时间（采用 UTC 时间），可以通过调用 System.currentTimeMillis()方法获得。

### 4．RTC_WAKEUP

用于设置当系统调用 System.currentTimeMillis()方法的返回值与指定的触发时间相等时启动提醒功能。这种类型的定时能够唤醒系统，即使系统处于休眠状态也会启动提醒功能。

## 12.5.2　设置一个简单的闹钟

在 Android 中，使用 AlarmManager 设置闹钟比较简单，下面通过一个实例来介绍如何实现一个简单的闹钟。

【例 12.04】　实现一个定时启动的闹钟（**实例位置：资源包\源码\12\12.04**）

在 Android Studio 中创建 Module，名称为 Timing Alarm Clock。在该 Module 中实现本实例，具体步骤如下。

（1）修改新建 Module 的 res\layout 目录下的布局文件 activity_main.xml，首先将默认添加的布局管理器修改为相对布局管理器，然后删除 TextView 组件，再添加一个时间拾取器和一个设置闹钟的按钮，关键代码如下。

```
01  <TimePicker
02      android:id="@+id/timePicker1"
03      android:layout_width="wrap_content"
04      android:layout_height="wrap_content" />
05  <Button
06      android:id="@+id/button1"
07      android:layout_width="wrap_content"
08      android:layout_height="wrap_content"
09      android:layout_alignParentBottom="true"
10      android:layout_centerHorizontal="true"
11      android:text="设置闹钟" />
```

（2）打开默认创建的 MainActivity，然后在该类中创建两个成员变量，分别是时间拾取器和日历对象，具体代码如下。

```
01  TimePicker timepicker;                              //时间拾取器
02  Calendar c;                                         //日历对象
```

（3）在 MainActivity 的 onCreate()方法中，首先获取日历对象，然后获取时间拾取器组件，并设置其采用 24 小时制，具体代码如下。

```
01  c=Calendar.getInstance();                           //获取日历对象
02  timepicker = (TimePicker) findViewById(R.id.timePicker1);  //获取时间拾取组件
03  timepicker.setIs24HourView(true);                   //设置使用 24 小时制
```

（4）获取布局管理器中添加的"设置闹钟"按钮，并为其添加单击事件监听器，在重写的 onClick()方法中，首先创建一个 Intent 对象，并获取显示闹钟的 PendingIntent 对象，然后再获取 AlarmManager 对象，并且用时间拾取器中设置的小时数和分钟数设置日历对象的时间，接下来再调用 AlarmManager 对象的 set()方法设置一个闹钟，最后显示一个提示闹钟设置成功的消息提示，具体代码如下。

```
01  Button button1 = (Button) findViewById(R.id.button1);       //获取"设置闹钟"按钮
02  //为"设置闹钟"按钮添加单击事件监听器
03  button1.setOnClickListener(new View.OnClickListener() {
04      @Override
05      public void onClick(View v) {
06          Intent intent = new Intent(MainActivity.this,
07                  AlarmActivity.class);                        //创建一个 Intent 对象
08          PendingIntent pendingIntent = PendingIntent.getActivity(
09                  MainActivity.this, 0, intent, 0);            //获取显示闹钟的 PendingIntent 对象
10          //获取 AlarmManager 对象
11          AlarmManager alarm = (AlarmManager) getSystemService(Context.ALARM_SERVICE);
12          c.set(Calendar.HOUR_OF_DAY, timepicker.getCurrentHour());   //设置闹钟的小时数
13          c.set(Calendar.MINUTE, timepicker.getCurrentMinute());      //设置闹钟的分钟数
14          c.set(Calendar.SECOND,0);                            //设置闹钟的秒数
```

```
15        alarm.set(AlarmManager.RTC_WAKEUP, c.getTimeInMillis(),
16                pendingIntent);                                         //设置一个闹钟
17        Toast.makeText(MainActivity.this, "闹钟设置成功", Toast.LENGTH_SHORT)
18                .show();                                                //显示一个消息提示
19    }
20  });
```

> **说明**
>
> 在上面的代码中，TimePicker 对象的 getCurrentHour()和 getCurrentMinute()方法提示已过时，将最小 API 修改为 23 后，可以使用 getHour()和 getMinute()方法代替。

（5）创建一个 AlarmActivity，用于显示闹钟提示内容。在该 Activity 中重写 onCreate()方法，在该方法中创建并显示一个带"确定"按钮的对话框，显示闹钟的提示内容，关键代码如下。

```
01  public class AlarmActivity extends AppCompatActivity {
02      @Override
03      protected void onCreate(Bundle savedInstanceState) {
04          super.onCreate(savedInstanceState);
05          AlertDialog alert = new AlertDialog.Builder(this).create();
06          alert.setIcon(R.drawable.alarm);                              //设置对话框的图标
07          alert.setTitle("传递正能量：");                                  //设置对话框的标题
08          alert.setMessage("要么出众，要么出局");                          //设置要显示的内容
09          //添加"确定"按钮
10          alert.setButton(DialogInterface.BUTTON_POSITIVE,"确定",
11                  new DialogInterface.OnClickListener() {
12              @Override
13              public void onClick(DialogInterface dialog, int which) {}
14          });
15          alert.show();                                                 //显示对话框
16      }
17  }
```

（6）在 AndroidManifest.xml 文件中配置 AlarmActivity，配置的主要属性有 Activity 使用的实现类和标签，具体代码如下。

```
01  <activity
02      android:name=".AlarmActivity"
03      android:label="@string/clock">
04  </activity>
```

> **说明**
>
> 在测试该实例前，需要在模拟器"设置"→"日期和时间"中关闭"自动确定日期和时间"与"自动确定时区"，然后将"选择时区"设置为"中国标准时间"。

（7）在工具栏中找到 app 下拉列表框，选择要运行的应用（这里为 Timing Alarm Clock），再单击右侧的▶按钮，在显示的界面中，设置如图 12.13 所示的闹钟，当到达闹钟所设定的时间时，将显示如图 12.14 所示的提示对话框。

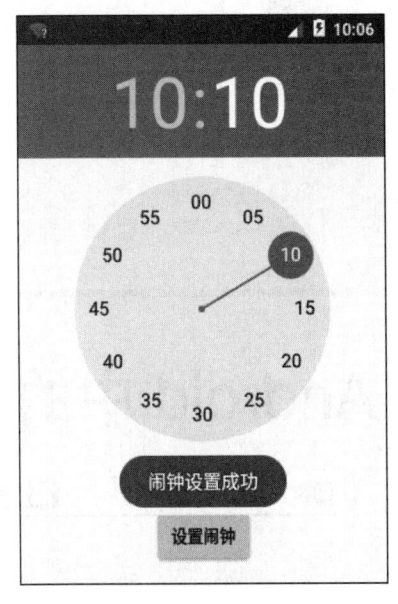

图 12.13　设置闹钟　　　　　　　　图 12.14　显示闹钟提示

## 12.6　实　　战

### 12.6.1　模拟 58 同城退出对话框

通过 AlertDialog 模拟 58 同城 App 退出程序时所显示的确认退出对话框。（**实例位置：资源包\源码\12\实战\01**）

### 12.6.2　模拟通知栏后台下载进度条

通过 Notification 模拟在通知栏中进行后台下载进度条的运行效果，要求在主界面中设置 3 个按钮，分别实现后台下载进度的开始、暂停和取消。（**实例位置：资源包\源码\12\实战\02**）

## 12.7　小　　结

本章介绍了 Toast（消息提示框）、AlertDialog（对话框）和 Notification（通知）。它们都是用于提示信息的，所不同的是，AlertDialog 需要用户做出响应，而其他两个只是提示，但是位置不同。接下来又介绍了 BroadcastReceiver（广播）和 AlarmManager（闹钟）。其中，BroadcastReceiver 没有自己的展现形式，需要借助 Toast、AlertDialog 或者 Notification 来体现，而 AlarmManager 则相当于一个定时器，可以在一个固定的时间启动其他的组件。对于本章介绍的内容，需要大家认真学习，注意区分，在实际应用时，做好选择。

# 第13章

## Android 中的动画

（视频讲解：13分钟）

动画技术在 Android 中非常重要，现在的手机应用中，动画已经成为了不可或缺的功能。本章将对 Android 中的逐帧动画、补间动画进行详细的介绍。在应用 Android 进行项目开发时，特别是在进行游戏开发时，经常需要涉及动画。下面将分别介绍如何实现这两种动画。

## 13.1 逐帧动画

逐帧（Frame）动画就是顺序播放提前准备好的静态图像，利用人眼的"视觉暂留"原理，给用户造成动画的错觉。实现逐帧动画比较简单，只需要以下两个步骤。

（1）在 Android 的 XML 资源文件中定义一组用于生成动画的图片资源，可以使用包含一系列 <item></item> 子标记的 <animation-list></animation-list> 标记来实现，具体语法格式如下。

```
<animation-list xmlns:android="http://schemas.android.com/apk/res/android"
    android:oneshot="true|false">
    <item android:drawable="@drawable/图片资源名 1" android:duration="integer" />
    …    <!--省略了部分<item></item>标记-->
    <item android:drawable="@drawable/图片资源名 n" android:duration="integer" />
</animation-list>
```

在上面的语法中，android:oneshot 属性用于设置是否循环播放，默认值为 true，表示循环播放；android:drawable 属性用于指定要显示的图片资源；android:duration 属性用于指定图片资源持续的时间。

（2）使用步骤（1）中定义的动画资源。通常情况下，可以将其作为组件的背景使用。例如，可以在布局文件中添加一个线性布局管理器，然后将该布局管理器的 android:background 属性设置为所定义的动画资源。也可以将定义的动画资源作为 ImageView 的背景使用。

> **说明**
> 在 Android 中还支持在 Java 代码中创建逐帧动画。具体的步骤是：首先创建 AnimationDrawable 对象；然后调用 addFrame() 方法向动画中添加帧，每调用一次 addFrame() 方法，将添加一个帧。

【例 13.01】 用刷子画出外星人（**实例位置：资源包\源码\13\13.01**）

在 Android Studio 中创建一个 Module，名称为 Draw。实现本实例的具体步骤如下。

（1）首先在 res\drawable 目录中添加一个名称为 max.xml 的 XML 资源文件，然后在该文件中定义组成动画的图片资源，具体代码如下。

```
01  <?xml version="1.0" encoding="utf-8"?>
02  <animation-list
03      xmlns:android="http://schemas.android.com/apk/res/android"
04      android:oneshot="false">
05      <item android:drawable="@mipmap/max_1" android:duration="150"/>
06      <item android:drawable="@mipmap/max_2" android:duration="150"/>
07      <item android:drawable="@mipmap/max_3" android:duration="150"/>
08      <item android:drawable="@mipmap/max_4" android:duration="150"/>
09      <item android:drawable="@mipmap/max_5" android:duration="150"/>
10      <item android:drawable="@mipmap/max_6" android:duration="150"/>
11      <item android:drawable="@mipmap/max_7" android:duration="150"/>
12      <item android:drawable="@mipmap/max_8" android:duration="150"/>
```

```
13        <item android:drawable="@mipmap/max_9" android:duration="150"/>
14        <item android:drawable="@mipmap/max_10" android:duration="150"/>
```

> **说明**
> 由于动画资源代码较多，这里仅给出部分代码，详细代码请参阅实例源码即可。

（2）修改新建项目的 res\layout 目录中的布局文件 activity_main.xml，将默认添加的布局管理器修改为相对布局管理器，并且在该布局管理器中将默认添加的 TextView 组件删除，然后添加一个 ImageView 控件用于显示指定的动画资源，关键代码如下。

```
01  <ImageView
02      android:id="@+id/max"
03      android:layout_centerInParent="true"
04      android:layout_width="wrap_content"
05      android:layout_height="wrap_content"
06      android:src="@drawable/max"/>
```

（3）在 MainActivity 中，定义图像控件 ImageView 与动画资源对象 AnimationDrawable，代码如下。

```
01  private ImageView imageView;                         //图像控件
02  private AnimationDrawable animationDrawable;         //动画资源对象
```

（4）在 MainActivity 中的 onCreate()方法中获取 ImageView 控件与 AnimationDrawable 对象，代码如下。

```
01  @Override
02  protected void onCreate(Bundle savedInstanceState) {
03      super.onCreate(savedInstanceState);
04      setContentView(R.layout.activity_main);
05      imageView = (ImageView) findViewById(R.id.max);       //实例化控件对象
06      animationDrawable = (AnimationDrawable) imageView.getDrawable();
07  }
```

（5）重写 onResume()方法与 onPause()方法，实现界面获取焦点时开启帧动画，界面暂停时关闭帧动画，代码如下。

```
01  @Override
02  protected void onResume() {
03      super.onResume();
04      animationDrawable.start();                       //开启帧动画
05  }
06  @Override
07  protected void onPause() {
08      super.onPause();
09      animationDrawable.stop();                        //关闭帧动画
10  }
```

（6）运行本实例，将显示如图 13.1 所示的效果。

图 13.1　用刷子画外星人

## 13.2　补间动画

Android 除了支持逐帧动画之外，还支持补间（Tween）动画。在实现补间动画时，只需要定义动画开始和动画结束的关键帧，而动画变化的中间帧由系统自动计算并补齐。对于补间动画而言，开发者只需要指定动画开始和结束的关键帧，并指定动画的持续时间即可，其示意图如图 13.2 所示。

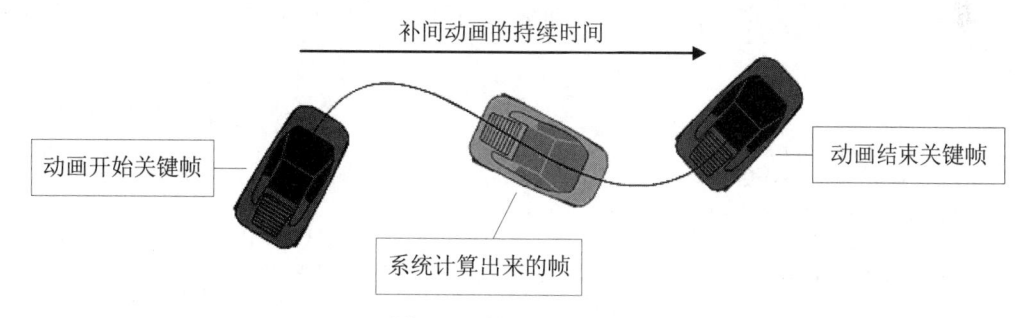

图 13.2　补间动画示意图

在 Android 中，提供了 4 种补间动画，下面分别进行介绍。

### 13.2.1　旋转动画（Rotate Animation）

旋转动画就是通过为动画指定开始时的旋转角度、结束时的旋转角度以及持续时间来创建动画。在旋转时，还可以通过指定轴心点坐标来改变旋转的中心。同透明度渐变动画一样，也可以在 XML

文件中定义旋转动画资源文件，基本的语法格式如下。

```
<set xmlns:android="http://schemas.android.com/apk/res/android"
    android:interpolator="@[package:]anim/interpolator_resource">
    <rotate
        android:fromDegrees="float"
        android:toDegrees="float"
        android:pivotX="float"
        android:pivotY="float"
        android:repeatMode="reverse|restart"
        android:repeatCount="次数|infinite"
        android:duration="Integer"/>
</set>
```

在上面的语法中，各属性说明如表 13.1 所示。

表 13.1　定义旋转动画时常用的属性

| 属　　性 | 描　　述 |
| --- | --- |
| android:interpolator | 用于控制动画的变化速度，使得动画效果可以匀速、加速、减速或抛物线速度等各种速度变化，其属性值如表 13.5 所示 |
| android:fromDegrees | 用于指定动画开始时的旋转角度 |
| android:toDegrees | 用于指定动画结束时的旋转角度 |
| android:pivotX | 用于指定轴心点的 X 坐标 |
| android:pivotY | 用于指定轴心点的 Y 坐标 |
| android:repeatMode | 用于设置动画的重复方式，可选值为 reverse（反向）或 restart（重新开始） |
| android:repeatCount | 用于设置动画的重复次数，属性可以是代表次数的数值，也可以是 infinite（无限循环） |
| android:duration | 用于指定动画持续的时间，单位为毫秒 |

例如，定义一个让图片从 0°转到 360°、持续时间为 2 秒钟、中心点在图片中心的动画，可以使用下面的代码。

```
01  <rotate
02      android:fromDegrees="0"
03      android:toDegrees="360"
04      android:pivotX="50%"
05      android:pivotY="50%"
06      android:duration="2000">
07  </rotate>
```

## 13.2.2　缩放动画（Scale Animation）

缩放动画就是通过为动画指定开始时的缩放系数、结束时的缩放系数以及持续时间来创建动画。在缩放时，还可以通过指定轴心点坐标来改变缩放的中心。同透明度渐变动画一样，也可以在 XML 文件中定义缩放动画资源文件，基本的语法格式如下。

```
<set xmlns:android="http://schemas.android.com/apk/res/android"
    android:interpolator="@[package:]anim/interpolator_resource">
    <scale
        android:fromXScale="float"
        android:toXScale="float"
        android:fromYScale="float"
        android:toYScale="float"
        android:pivotX="float"
        android:pivotY="float"
        android:repeatMode="reverse|restart"
        android:repeatCount="次数|infinite"
        android:duration="Integer"/>
</set>
```

在上面的语法中，各属性说明如表 13.2 所示。

表 13.2　定义缩放动画时常用的属性

| 属　　性 | 描　　述 |
| --- | --- |
| android:interpolator | 用于控制动画的变化速度，使得动画效果可以匀速、加速、减速或抛物线速度等各种速度变化，其属性值如表 13.5 所示 |
| android:fromXScale | 用于指定动画开始时水平方向上的缩放系数，值为 1.0 表示不变化 |
| android:toXScale | 用于指定动画结束时水平方向上的缩放系数，值为 1.0 表示不变化 |
| android:fromYScale | 用于指定动画开始时垂直方向上的缩放系数，值为 1.0 表示不变化 |
| android:toYScale | 用于指定动画结束时垂直方向上的缩放系数，值为 1.0 表示不变化 |
| android:pivotX | 用于指定轴心点的 X 坐标 |
| android:pivotY | 用于指定轴心点的 Y 坐标 |
| android:repeatMode | 用于设置动画的重复方式，可选值为 reverse（反向）或 restart（重新开始） |
| android:repeatCount | 用于设置动画的重复次数，属性值可以是代表次数的数值，也可以是 infinite（无限循环） |
| android:duration | 用于指定动画持续的时间，单位为毫秒 |

例如，定义一个以图片的中心为轴心点，将图片放大 2 倍、持续时间为 2 秒钟的动画，可以使用下面的代码。

```
01  <scale android:fromXScale="1"
02      android:fromYScale="1"
03      android:toXScale="2.0"
04      android:toYScale="2.0"
05      android:pivotX="50%"
06      android:pivotY="50%"
07      android:duration="2000"/>
```

## 13.2.3　平移动画（Translate Animation）

平移动画就是通过为动画指定开始时的位置、结束时的位置以及持续时间来创建动画。同透明度渐变动画一样，也可以在 XML 文件中定义平移动画资源文件，基本的语法格式如下。

```
<set xmlns:android="http://schemas.android.com/apk/res/android"
    android:interpolator="@[package:]anim/interpolator_resource">
    <translate
        android:fromXDelta="float"
        android:toXDelta="float"
        android:fromYDelta="float"
        android:toYDelta="float"
        android:repeatMode="reverse|restart"
        android:repeatCount="次数|infinite"
        android:duration="Integer"/>
</set>
```

在上面的语法中，各属性说明如表 13.3 所示。

表 13.3  定义平移动画时常用的属性

| 属　　性 | 描　　述 |
| --- | --- |
| android:interpolator | 用于控制动画的变化速度，使得动画效果可以匀速、加速、减速或抛物线速度等各种速度变化，其属性值如表 13.5 所示 |
| android:fromXDelta | 用于指定动画开始时水平方向上的位置 |
| android:toXDelta | 用于指定动画结束时水平方向上的位置 |
| android:fromYDelta | 用于指定动画开始时垂直方向上的位置 |
| android:toYDelta | 用于指定动画结束时垂直方向上的位置 |
| android:repeatMode | 用于设置动画的重复方式，可选值为 reverse（反向）或 restart（重新开始） |
| android:repeatCount | 用于设置动画的重复次数，属性可以是代表次数的数值，也可以是 infinite（无限循环） |
| android:duration | 用于指定动画持续的时间，单位为毫秒 |

例如，定义一个让图片从（0,0）点到（300,300）点、持续时间为 2 秒钟的动画，可以使用下面的代码。

```
01  <translate
02      android:fromXDelta="0"
03      android:toXDelta="300"
04      android:fromYDelta="0"
05      android:toYDelta="300"
06      android:duration="2000">
07  </translate>
```

### 13.2.4  透明度渐变动画（Alpha Animation）

透明度渐变动画是指通过 View 组件透明度的变化来实现 View 的渐隐渐显效果。它主要通过为动画指定开始时的透明度、结束时的透明度以及持续时间来创建动画。同逐帧动画一样，也可以在 XML 文件中定义透明度渐变动画的资源文件，基本的语法格式如下。

## 第 13 章 Android 中的动画

```
<set xmlns:android="http://schemas.android.com/apk/res/android"
    android:interpolator="@[package:]anim/interpolator_resource">
    <alpha
        android:repeatMode="reverse|restart"
        android:repeatCount="次数|infinite"
        android:duration="Integer"
        android:fromAlpha="float"
        android:toAlpha="float" />
</set>
```

在上面的语法中，各属性说明如表 13.4 和 13.5 所示。

表 13.4　定义透明度渐变动画时常用的属性

| 属　　性 | 描　　述 |
| --- | --- |
| android:interpolator | 用于控制动画的变化速度，使动画效果可以匀速、加速、减速或抛物线速度等各种速度变化，其属性值如表 13.5 所示 |
| android:repeatMode | 用于设置动画的重复方式，可选值为 reverse（反向）或 restart（重新开始） |
| android:repeatCount | 用于设置动画的重复次数，属性值可以是代表次数的数值，也可以是 infinite（无限循环） |
| android:duration | 用于指定动画持续的时间，单位为毫秒 |
| android:fromAlpha | 用于指定动画开始时的透明度，值为 0.0 代表完全透明，值为 1.0 代表完全不透明 |
| android:toAlpha | 用于指定动画结束时的透明度，值为 0.0 代表完全透明，值为 1.0 代表完全不透明 |

表 13.5　android:interpolator 属性的常用属性值

| 属　性　值 | 描　　述 |
| --- | --- |
| @android:anim/linear_interpolator | 动画一直在做匀速改变 |
| @android:anim/accelerate_interpolator | 动画在开始的地方改变较慢，然后开始加速 |
| @android:anim/decelerate_interpolator | 动画在开始的地方改变较快，然后开始减速 |
| @android:anim/accelerate_decelerate_interpolator | 动画在开始和结束的地方改变较慢，在中间的时候加速 |
| @android:anim/cycle_interpolator | 动画循环播放特定的次数，变化速度按正弦曲线改变 |
| @android:anim/bounce_interpolator | 动画结束的地方采用弹球效果 |
| @android:anim/anticipate_overshoot_interpolator | 在动画开始的地方先向后退一小步，再开始动画，到结束的地方再超出一小步，最后回到动画结束的地方 |
| @android:anim/overshoot_interpolator | 动画快速到达终点并超出一小步，最后回到动画结束的地方 |
| @android:anim/anticipate_interpolator | 在动画开始的地方先向后退一小步，再快速到达动画结束的地方 |

例如，定义一个让 View 组件从完全透明到完全不透明、持续时间为 2 秒钟的动画，可以使用下面的代码。

```
01  <set xmlns:android="http://schemas.android.com/apk/res/android">
02      <alpha android:fromAlpha="0"
03          android:toAlpha="1"
04          android:duration="2000"/>
05  </set>
```

【例 13.02】 淡入、淡出的补间动画（**实例位置：资源包\源码\13\13.02**）

在 Android Studio 中创建 Module，名称为 Tween Animation，具体步骤如下。

（1）在新建项目的 res 目录中，创建一个名称为 anim 的目录，并在该目录中创建实现淡入、淡出的动画资源文件。

① 创建名称为 anim_alpha_in.xml 的 XML 资源文件，在该文件中定义一个淡入效果的动画，具体代码如下。

```xml
01  <?xml version="1.0" encoding="utf-8"?>
02  <set xmlns:android="http://schemas.android.com/apk/res/android">
03      <alpha android:fromAlpha="0"
04          android:toAlpha="1"
05          android:duration="4000"/>
06  </set>
```

② 创建名称为 anim_alpha_out.xml 的 XML 资源文件，在该文件中定义一个淡出效果的动画，具体代码如下。

```xml
01  <?xml version="1.0" encoding="utf-8"?>
02  <set xmlns:android="http://schemas.android.com/apk/res/android">
03      <alpha android:fromAlpha="1"
04          android:toAlpha="0"
05          android:duration="2000"/>
06  </set>
```

（2）修改新建 Module 的 res\layout 目录中的布局文件 activity_main.xml，首先将默认添加的布局管理器修改为相对布局管理器，并将 TextView 组件删除，然后添加 ViewFlipper 组件用于实现切换图片，关键代码如下。

```xml
01  <ViewFlipper
02      android:id="@+id/flipper"
03      android:layout_width="match_parent"
04      android:layout_height="match_parent">
05  </ViewFlipper>
```

（3）打开主活动 MainActivity，让其实现 GestureDetector.OnGestureListener 接口与相对应的方法。然后定义所需的成员变量与动画数组，关键代码如下。

```java
01  ViewFlipper flipper;                                //定义 ViewFlipper
02  GestureDetector detector;                           //定义手势检测器
03  Animation[] animation = new Animation[2];           //定义动画数组，为 ViewFlipper 指定切换动画
04  final int distance = 50;                            //定义手势动作两点之间最小距离
05  //定义图片数组
06  private int[] images = new int[]{
07      R.drawable.img01, R.drawable.img02, R.drawable.img03,
08      R.drawable.img04, R.drawable.img05, R.drawable.img06,
```

```
09    R.drawable.img07, R.drawable.img08, R.drawable.img09,
10  };
```

（4）在 onCreate()方法中，首先创建手势检测器，然后为 ViewFlipper 组件加载需要切换的图片，最后进行动画数组的初始化工作，关键代码如下。

```
01  detector = new GestureDetector(this, this);                        //创建手势检测器
02  flipper = (ViewFlipper) findViewById(R.id.flipper);                //获取 ViewFlipper
03  for (int i = 0; i < images.length; i++) {
04      ImageView imageView = new ImageView(this);
05      imageView.setImageResource(images[i]);
06      flipper.addView(imageView);                                    //加载图片
07  }
08  //初始化动画数组
09  animation[0] = AnimationUtils.loadAnimation(this, R.anim.anim_alpha_in);   //淡入动画
10  animation[1] = AnimationUtils.loadAnimation(this, R.anim.anim_alpha_out);  //淡出动画
```

（5）在重写的 onFling()方法中，通过判断手指滑动方向指定切换的动画效果，关键代码如下。

```
01  @Override
02  public boolean onFling
03              (MotionEvent motionEvent, MotionEvent motionEvent1, float v, float v1) {
04      //为 ViewFlipper 设置切换的动画效果
05      flipper.setInAnimation(animation[0]);
06      flipper.setOutAnimation(animation[1]);
07      //如果第一个触点事件的 X 坐标到第二个触点事件的 X 坐标的距离超过 distance 就是从右向左滑动
08      if (motionEvent.getX() - motionEvent1.getX() > distance) {
09          flipper.showPrevious();
10          return true;
11      //如果第二个触点事件的 X 坐标到第一个触点事件的 X 坐标的距离超过 distance 就是从左向右滑动
12      } else if (motionEvent1.getX() - motionEvent.getX() > distance) {
13          flipper.showNext();
14          return true;
15      }
16      return false;
17  }
```

（6）重写 onTouchEvent()方法，在该方法中实现将当前 Activity 上的触碰事件交给 GestureDetector 处理，具体代码如下。

```
01  @Override
02  public boolean onTouchEvent(MotionEvent event) {
03      //将当前 Activity 上的触碰事件交给 GestureDetector 处理
04      return detector.onTouchEvent(event);
05  }
```

（7）运行本实例，通过手指左右滑动模拟器屏幕，将实现图片的切换，并带有淡入、淡出动画效果，如图 13.3 所示。

图 13.3 淡入、淡出动画

## 13.3 实　　战

### 13.3.1 通过逐帧动画实现一个爆炸的动画效果

通过逐帧动画实现一个爆炸的动画效果。（**实例位置：资源包\源码\13\实战\01**）

### 13.3.2 通过补间动画实现一个雷达扫描的动画

通过补间动画模拟实现一个雷达扫描的动画效果，要求使用雷达扫描图片，然后设置该图片向右旋转 360°，旋转时间为 4 秒并循环播放该动画。（**实例位置：资源包\源码\13\实战\02**）

## 13.4 小　　结

本章主要介绍了在 Android 中，如何使用逐帧动画与补间动画，并通过实例详细讲解了两种动画的使用方法。由于在 Android 开发中，动画应用非常广泛，希望读者通过加强练习的方式来完全掌握本章学习的内容。

# 第14章

## 播放音频与视频

( 视频讲解：37分钟 )

　　Android 提供了对常用音频和视频格式的支持，它所支持的音频格式有 MP3（.mp3）、3GPP（.3gp）、Ogg（.ogg）和 WAVE（.wav）等，支持的视频格式有 3GPP（.3gp）和 MPEG-4（.mp4）等。通过 Android API 提供的相关方法，可以在 Android 中实现音频与视频的播放。本章将分别介绍播放音频与视频的不同方法。

## 14.1 使用 MediaPlayer 播放音频

在 Android 中，提供了 MediaPlayer 类来播放音频。使用 MediaPlayer 类播放音频比较简单，只需要创建该类的对象，并为其指定要播放的音频文件，然后调用该类的 start()方法播放即可。MediaPlayer 类中有许多方法，其中比较常用的方法及其描述如表 14.1 所示。

表 14.1 MediaPlayer 类中的常用方法

| 方　　法 | 描　　述 |
| --- | --- |
| create(Context context, int resid) | 根据指定的资源 ID 创建一个 MediaPlayer 对象 |
| create(Context context, Uri uri) | 根据指定的 URI 创建一个 MediaPlayer 对象 |
| setDataSource() | 指定要装载的资源 |
| prepare() | 准备播放（在播放前调用） |
| start() | 开始播放 |
| stop() | 停止播放 |
| pause() | 暂停播放 |
| reset() | 恢复 MediaPlayer 到未初始化状态 |

下面对如何使用 MediaPlayer 播放音频进行详细介绍。

**1. 创建 MediaPlayer 对象，并装载音频文件**

创建 MediaPlayer 对象并装载音频文件，可以使用 MediaPayer 类提供的静态方法 create()来实现，也可以通过其无参构造方法来创建并实例化该类的对象来实现。

☑ 使用 create()方法创建 MediaPlayer 对象并装载音频文件。

MediaPlayer 类的静态方法 create()常用的语法格式有以下两种。

➢ create(Context context, int resid)：用于从资源 ID 所对应的资源文件中装载音频，并返回新创建的 MediaPlayer 对象。例如，要创建装载音频资源（res\raw\d.wav）的 MediaPlayer 对象，可以使用下面的代码。

```
MediaPlayer player=MediaPlayer.create(this, R.raw.d);
```

➢ create(Context context, Uri uri)：用于根据指定的 URI 来装载音频，并返回新创建的 MediaPlayer 对象。例如，要创建装载了音频文件（URI 地址为 http://www.mingribook.com/sound/bg.mp3）的 MediaPlayer 对象，可以使用下面的代码。

```
MediaPlayer player=MediaPlayer.create(this, Uri.parse("http://www.mingribook.com/sound/bg.mp3"));
```

> **说明**
>
> 在访问网络中的资源时，要在 AndroidManifest.xml 文件中授予该程序访问网络的权限，具体的授权代码如下。
>
> ```
> <uses-permission android:name="android.permission.INTERNET"/>
> ```

☑ 通过无参的构造方法来创建 MediaPlayer 对象并装载音频文件。

使用无参的构造方法来创建 MediaPlayer 对象时,需要单独指定要装载的资源,这可以使用 MediaPlayer 类的 setDataSource()方法实现。

在使用 setDataSource()方法装载音频文件后,实际上 MediaPlayer 并未真正装载该音频文件,还需要调用 MediaPlayer 的 prepare()方法去真正装载音频文件。使用无参的构造方法来创建 MediaPlayer 对象并装载指定的音频文件,可以使用下面的代码。

```
01  MediaPlayer player1=new MediaPlayer();
02  try {
03      player1.setDataSource("/sdcard/music.mp3");      //指定要装载的音频文件
04      player1.prepare();                                //预加载音频
05  } catch (IOException e) {
06      e.printStackTrace();
07  }
```

**说明**

通过 MediaPlayer 类的静态方法 create()来创建 MediaPlayer 对象时,已经装载了要播放的音频,所以这种方法适用于播放单独的音频文件时。而通过无参的构造方法来创建 MediaPlayer 对象并装载音频文件时,可以根据需要随时改变要加载的文件,所以这种方法适用于连续播放多个文件时。

### 2. 开始或恢复播放

在获取 MediaPlayer 对象后,就可以使用 MediaPlayer 类提供的 start()方法开始播放音频或恢复播放已经暂停的音频。例如,已经创建了一个名称为 player 的对象,并且装载了要播放的音频,可以使用下面的代码播放该音频。

```
player.start();                                          //开始播放
```

### 3. 停止播放

使用 MediaPlayer 类提供的 stop()方法可以停止正在播放的音频。例如,已经创建了一个名称为 player 的对象,并且已经开始播放装载的音频,可以使用下面的代码停止播放该音频。

```
player.stop();                                           //停止播放
```

### 4. 暂停播放

使用 MediaPlayer 类提供的 pause()方法可以暂停正在播放的音频。例如,已经创建了一个名称为 player 的对象,并且已经开始播放装载的音频,可以使用下面的代码暂停播放该音频。

```
player.pause();                                          //暂停播放
```

【例 14.01】 简易音乐播放器(**实例位置:资源包\源码\14\14.01**)

在 Android Studio 中创建 Module,名称为 Music Player,在该 Module 中实现本实例,具体步骤如下。

(1)将要播放的音频文件上传到 SD 卡的根目录中,这里要播放的音频文件为 music.mp3。

（2）修改新建 Module 的 res\layout 目录下的布局文件 activity_main.xml，首先将默认添加的布局管理器修改为相对布局管理器，并将 TextView 组件删除，然后为相对布局管理器添加背景图片，最后添加两个 ImageButton 组件，作为"播放/暂停"与"停止"按钮。

（3）打开 MainActivity 类，该类继承 Activity，然后在该类中定义所需的成员变量，具体代码如下。

```
01  private MediaPlayer player;                               //定义 MediaPlayer 对象
02  private boolean isPause = false;                          //定义是否暂停
03  private File file;                                        //定义要播放的音频文件
```

（4）在 MainActivity 类的 onCreate()方法中，获取布局文件中的相关组件与要播放的音频文件，关键代码如下。

```
01  //设置全屏显示
02  getWindow().setFlags(WindowManager.LayoutParams.FLAG_FULLSCREEN,
03          WindowManager.LayoutParams.FLAG_FULLSCREEN);
04  //获取"播放/暂停"按钮
05  final ImageButton btn_play = (ImageButton) findViewById(R.id.btn_play);
06  //获取"停止"按钮
07  final ImageButton btn_stop = (ImageButton) findViewById(R.id.btn_stop);
08  file = new File("/sdcard/music.mp3");                     //获取要播放的音频文件
```

（5）如果音频文件存在就创建一个装载该文件的 MediaPlayer 对象，不存在将做出提示，关键代码如下。

```
01  if (file.exists()) {                                      //如果音频文件存在
02      //创建 MediaPlayer 对象，并解析要播放的音频文件
03      player = MediaPlayer.create(this, Uri.parse(file.getAbsolutePath()));
04  } else {
05      //提示音频文件不存在
06      Toast.makeText(MainActivity.this, "要播放的音频文件不存在！", Toast.LENGTH_SHORT).show();
07      return;
08  }
```

（6）在 MainActivity 类中，创建 play()方法，实现重新播放音频的功能，具体代码如下。

```
01  private void play() {                                     //实现音频播放功能
02      try {
03          player.reset();                                   //重置 MediaPlayer 对象
04          player.setDataSource(file.getAbsolutePath());     //重新设置要播放的音频
05          player.prepare();                                 //预加载音频
06          player.start();                                   //开始播放
07      } catch (Exception e) {
08          e.printStackTrace();                              //输出异常信息
09      }
10  }
```

（7）在 onCreate()方法中，为 MediaPlayer 对象添加完成事件监听器，用于当音频播放完毕后，重新开始播放音频，关键代码如下。

```
01    //为 MediaPlayer 添加完成事件监听器，实现当音频播放完毕后，重新开始播放音频
02    player.setOnCompletionListener(new MediaPlayer.OnCompletionListener() {
03        @Override
04        public void onCompletion(MediaPlayer mp) {
05            play();                                           //调用 play()方法，实现播放功能
06        }
07    });
```

（8）为"播放"按钮添加单击事件监听器，实现继续播放与暂停播放，关键代码如下。

```
01    btn_play.setOnClickListener(new View.OnClickListener() {    //实现继续播放与暂停播放
02        @Override
03        public void onClick(View v) {
04            if (player.isPlaying() && !isPause) {             //如果音频处于播放状态
05                player.pause();                               //暂停播放
06                isPause = true;                               //设置为暂停状态
07                //更换为播放图标
08                ((ImageButton) v).setImageDrawable(getResources()
09                        .getDrawable(R.drawable.play, null));
10            } else {
11                player.start();                               //继续播放
12                //更换为暂停图标
13                ((ImageButton) v).setImageDrawable(getResources()
14                        .getDrawable(R.drawable.pause, null));
15                isPause = false;                              //设置为播放状态
16            }
17        }
18    });
```

（9）为"停止"按钮添加单击事件监听器，实现停止播放音频，关键代码如下。

```
01    btn_stop.setOnClickListener(new View.OnClickListener() {   //单击"停止"按钮，实现停止播放音频
02        @Override
03        public void onClick(View v) {
04            player.stop();                                    //停止播放
05            //更换为播放图标
06            btn_play.setImageDrawable(getResources()
07                    .getDrawable(R.drawable.play, null));
08        }
09    });
```

（10）重写 Activity 的 onDestroy()方法，用于在当前 Activity 销毁时，停止正在播放的音频，并释放 MediaPlayer 所占用的资源，具体代码如下。

```
01    @Override
02    protected void onDestroy() {
03        if (player.isPlaying()) {                             //如果音频处于播放状态
04            player.stop();                                    //停止音频的播放
05        }
06        player.release();                                     //释放资源
```

```
07        super.onDestroy();
08    }
```

（11）从 Android 4.4.2 开始，如果想要访问 SD 卡的文件，就需要在 AndroidManifest.xml 文件中赋予程序访问 SD 卡的权限，关键代码如下。

```
01 <uses-permission android:name="android.permission.WRITE_EXTERNAL_STORAGE" />
02 <uses-permission android:name="android.permission.MOUNT_UNMOUNT_FILESYSTEMS" />
```

> **说明**
> 本章实例第一次运行将会出现空指针异常，无法获取文件路径。用户可以在模拟器中进入"设置"→"应用"→"你的 App 应用名称"→"权限"界面，然后开启存储空间权限，即可获取文件指定路径。

（12）在工具栏中找到 下拉列表框，选择要运行的应用（这里为 Music Player），再单击右侧的▶按钮，运行效果如图 14.1 所示。

图 14.1 简易音乐播放器

## 14.2 使用 SoundPool 播放音频

Android 还提供了另一个播放音频的类——SoundPool（即音频池），可以同时播放多个短小的音频，而且占用的资源较少。使用 SoundPool 播放音频，首先需要创建 SoundPool 对象，然后加载所要播放的音频，最后调用 play()方法播放音频，下面进行详细介绍。

### 1．创建 SoundPool 对象

SoundPool 类提供了一个构造方法，用来创建 SoundPool 对象，该构造方法的语法格式如下。

```
SoundPool(int maxStreams, int streamType, int srcQuality)
```

参数说明如下。

- maxStreams：用于指定可以容纳多少个音频。
- streamType：用于指定声音类型，可以通过 AudioManager 类提供的常量进行指定，通常使用 STREAM_MUSIC。
- srcQuality：用于指定音频的品质，默认值为 0。

例如，创建一个可以容纳 10 个音频的 SoundPool 对象，可以使用下面的代码：

```
01  //创建一个 SoundPool 对象，该对象可以容纳 10 个音频流
02  SoundPool soundpool = new SoundPool(10, AudioManager.STREAM_SYSTEM, 0);
```

### 2．加载所要播放的音频

创建 SoundPool 对象后，可以调用 load()方法加载要播放的音频。load()方法的语法格式有以下 4 种。

- public int load(Context context, int resId, int priority)：用于通过指定的资源 ID 来加载音频。
- public int load(String path, int priority)：用于通过音频文件的路径来加载音频。
- public int load(AssetFileDescriptor afd, int priority)：用于从 AssetFileDescriptor 所对应的文件中加载音频。
- public int load(FileDescriptor fd, long offset, long length, int priority)：用于加载 FileDescriptor 对象中从 offset 开始，长度为 length 的音频。

例如，要通过资源 ID 来加载音频文件 ding.wav，可以使用下面的代码。

```
soundpool.load(this, R.raw.ding, 1);
```

> **说明**
> 
> 为了更好地管理所加载的每个音频，一般使用 HashMap<Integer, Integer>对象来管理这些音频。这时可以先创建一个 HashMap<Integer, Integer>对象，然后应用该对象的 put()方法将加载的音频保存到该对象中。例如，创建一个 HashMap<Integer, Integer>对象，并应用 put()方法添加一个音频，可以使用下面的代码。
> 
> ```
> 01  //创建一个 HashMap 对象
> 02  HashMap<Integer, Integer> soundmap = new HashMap<Integer, Integer>();
> 03  soundmap.put(1, soundpool.load(this, R.raw.chimes, 1));
> ```

### 3．播放音频

调用 SoundPool 对象的 play()方法可播放指定的音频，play()方法的语法格式如下。

```
play(int soundID, float leftVolume, float rightVolume, int priority, int loop, float rate)
```

play()方法各参数的说明如表 14.2 所示。

表 14.2 play()方法的参数说明

| 参数 | 描述 |
| --- | --- |
| soundID | 指定要播放的音频，该音频为通过 load()方法返回的音频 |
| leftVolume | 指定左声道的音量，取值范例为 0.0～1.0 |
| rightVolume | 指定右声道的音量，取值范例为 0.0～1.0 |
| priority | 指定播放音频的优先级，数值越大，优先级越高 |
| loop | 指定循环次数，0 为不循环，-1 为循环 |
| rate | 指定速率，正常为 1，最低为 0.5，最高为 2 |

例如，要播放 raw 资源中保存的音频文件 notify.wav，可以使用下面的代码。

```
01  //播放指定的音频
02  soundpool.play(soundpool.load(MainActivity.this, R.raw.notify, 1), 1, 1, 0, 0, 1);
```

【例 14.02】 模拟手机选择铃声（实例位置：资源包\源码\14\14.02）

在 Android Studio 中创建一个 SDK 最小版本为 21 的 Module，名称为 Select Ringtone，在该 Module 中实现本实例，具体步骤如下。

（1）在 res 目录下创建 raw 资源文件夹，将要播放的音频文件复制到该文件夹中。

（2）修改布局文件 activity_main.xml，将默认添加的布局管理器修改为相对布局管理器，并将 TextView 组件删除，然后添加一个 ListView 组件，用于显示要选择的铃声。

（3）在 res\layout 目录下，创建一个名称为 main.xml 的文件，用于指定 ListView 列表项的布局样式。

（4）打开 MainActivity 类，在 onCreate()方法中，通过 for 循环将列表项文字保存到 Map 中，并添加到 list 集合中，关键代码如下。

```
01  ListView listview = (ListView) findViewById(R.id.listView);          //获取列表视图
02  String[] title = new String[]{"布谷鸟叫声", "风铃声", "门铃声", "电话声", "鸟叫声",
03      "水流声", "公鸡叫声"};                                           //定义并初始化保存列表项文字的数组
04  //创建一个 list 集合
05  List<Map<String, Object>> listItems = new ArrayList<Map<String, Object>>();
06  //通过 for 循环将列表项文字保存到 Map 中，并添加到 List 集合中
07  for (int i = 0; i < title.length; i++) {
08      Map<String, Object> map = new HashMap<String, Object>();         //实例化 Map 对象
09      map.put("name", title[i]);
10      listItems.add(map);                                              //将 map 对象添加到 List 集合中
11  }
```

（5）创建 AudioAttributes 对象并设置场景与音效的相关属性，关键代码如下。

```
01  AudioAttributes attr = new AudioAttributes.Builder()                 //设置音效相关属性
02      .setUsage(AudioAttributes.USAGE_GAME)                            //设置音效使用场景
03      .setContentType(AudioAttributes.CONTENT_TYPE_MUSIC)              //设置音效的类型
04      .build();
05  final SoundPool soundpool = new SoundPool.Builder()                  //创建 SoundPool 对象
06      .setAudioAttributes(attr)                                        //设置音效池的属性
07      .setMaxStreams(10)                                               //设置最多可容纳 10 个音频流
08      .build();
```

（6）创建一个 HashMap 对象，将要播放的音频流保存到 HashMap 对象中，关键代码如下。

```
01  final HashMap<Integer, Integer> soundmap = new HashMap<Integer, Integer>();
02  soundmap.put(0, soundpool.load(this, R.raw.cuckoo, 1));
03  soundmap.put(1, soundpool.load(this, R.raw.chimes, 1));
04  soundmap.put(2, soundpool.load(this, R.raw.notify, 1));
05  soundmap.put(3, soundpool.load(this, R.raw.ringout, 1));
06  soundmap.put(4, soundpool.load(this, R.raw.bird, 1));
07  soundmap.put(5, soundpool.load(this, R.raw.water, 1));
08  soundmap.put(6, soundpool.load(this, R.raw.cock, 1));
```

（7）创建 SimpleAdapter 适配器并将适配器与 ListView 关联，关键代码如下。

```
01  SimpleAdapter adapter = new SimpleAdapter(this, listItems,
02          R.layout.main, new String[]{"name",}, new int[]{
03          R.id.title});                                       //创建 SimpleAdapter
04  listview.setAdapter(adapter);                               //将适配器与 ListView 关联
```

（8）为 ListView 设置事件监听器，为每个选项设置所要播放的音频，关键代码如下。

```
01  listview.setOnItemClickListener(new AdapterView.OnItemClickListener() {
02      @Override
03      public void onItemClick(AdapterView<?> parent, View view, int position, long id) {
04          //获取选项的值
05          Map<String, Object> map = (Map<String, Object>) parent.getItemAtPosition(position);
06          soundpool.play(soundmap.get(position), 1, 1, 0, 0, 1);   //播放所选音频
07      }
08  });
```

（9）在工具栏中找到 app 下拉列表框，选择要运行的应用（这里为 Select Ringtone），再单击右侧的▶按钮，运行效果如图 14.2 所示，单击列表项，将播放相应的铃声。

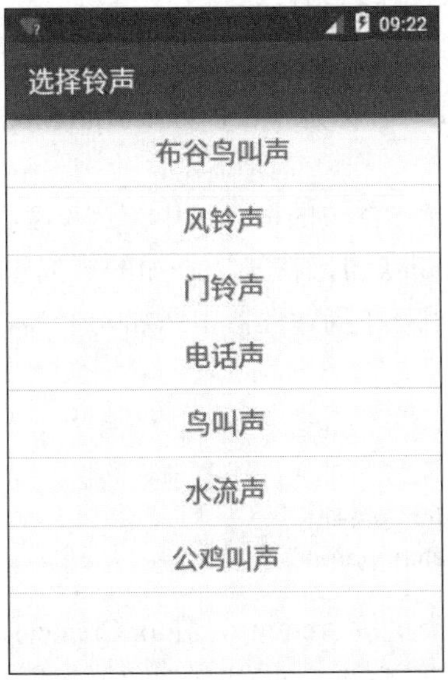

图 14.2  通过 SoundPool 模拟手机选择铃声

## 14.3 使用 VideoView 播放视频

在 Android 中,提供了 VideoView 组件用于播放视频文件。要想使用 VideoView 组件播放视频,首先需要在布局文件中添加该组件,然后在 Activity 中获取该组件,并应用其 setVideoPath()方法或 setVideoURI()方法加载要播放的视频,最后调用 start()方法来播放视频。另外,VideoView 组件还提供了 stop()方法和 pause()方法,用于停止或暂停视频的播放。

在布局文件中添加 VideoView 组件的基本语法格式如下。

```
<VideoView
    属性列表>
</VideoView>
```

VideoView 组件支持的 XML 属性如表 14.3 所示。

表 14.3 VideoView 组件支持的 XML 属性

| XML 属性 | 描 述 |
| --- | --- |
| android:id | 设置组件的 ID |
| android:background | 设置背景,可以设置背景图片,也可以设置背景颜色 |
| android:layout_gravity | 设置对齐方式 |
| android:layout_width | 设置宽度 |
| android:layout_height | 设置高度 |

在 Android 中还提供了一个可以与 VideoView 组件结合使用的 MediaController 组件。MediaController 组件用于通过图形控制界面来控制视频的播放。

下面通过一个具体的实例来说明如何使用 VideoView 和 MediaController 来播放视频。

【例 14.03】 使用 VideoView 和 MediaController 播放视频(**实例位置:资源包\源码\14\14.03**)

在 Android Studio 中创建 Module,名称为 Video View And Media Controller,在该 Module 中实现本实例,具体步骤如下。

(1)将要播放的视频文件上传到 SD 卡的根目录中,这里要播放的视频文件为 video.mp4。

(2)修改布局文件 activity_main.xml,将默认添加的布局管理器修改为相对布局管理器,并将 TextView 组件删除,然后在默认的相对布局管理器中添加一个 VideoView 组件,用于播放视频文件,关键代码如下。

```
01  <VideoView
02      android:id="@+id/video"
03      android:layout_width="match_parent"
04      android:layout_height="match_parent" />
```

(3)打开 MainActivity 类,该类继承 Activity,在 onCreate()方法中,指定播放模拟器 SD 卡上的视频文件,并创建一个 android.widget.MediaController 对象,控制视频的播放。

```
01    //设置全屏显示
02    getWindow().setFlags(WindowManager.LayoutParams.FLAG_FULLSCREEN,
03            WindowManager.LayoutParams.FLAG_FULLSCREEN);
04    VideoView video = (VideoView) findViewById(R.id.video);          //获取 VideoView 组件
05    //指定播放模拟器 SD 卡上的视频文件
06    File file = new File(Environment.getExternalStorageDirectory() + "/video.mp4");
07    //创建 android.widget.MediaController 对象，控制视频的播放
08    MediaController mc = new MediaController(MainActivity.this);
```

（4）实现视频的播放功能，关键代码如下。

```
01    if (file.exists()) {                                          //判断要播放的视频文件是否存在
02        video.setVideoPath(file.getAbsolutePath());               //指定要播放的视频
03        video.setMediaController(mc);                             //设置 VideoView 与 MediaController 相关联
04        video.requestFocus();                                     //让 VideoView 获得焦点
05        try {
06            video.start();                                        //开始播放视频
07        } catch (Exception e) {
08            e.printStackTrace();                                  //输出异常信息
09        }
10        //为 VideoView 添加完成事件监听器，实现视频播放结束后的提示信息
11        video.setOnCompletionListener(new MediaPlayer.OnCompletionListener() {
12            @Override
13            public void onCompletion(MediaPlayer mp) {
14                //弹出消息提示框显示播放完毕
15                Toast.makeText(MainActivity.this, "视频播放完毕！", Toast.LENGTH_SHORT).show();
16            }
17        });
18    } else {
19        //弹出消息提示框提示文件不存在
20        Toast.makeText(this, "要播放的视频文件不存在", Toast.LENGTH_SHORT).show();
21    }
```

（5）从 Android 4.4.2 开始，如果想要访问 SD 卡上的文件，就需要在 AndroidManifest.xml 文件中赋予程序访问 SD 卡的权限，关键代码如下。

```
01    <uses-permission android:name="android.permission.WRITE_EXTERNAL_STORAGE" />
02    <uses-permission android:name="android.permission.MOUNT_UNMOUNT_FILESYSTEMS" />
```

（6）在 AndroidManifest.xml 文件的<activity>标记中添加 screenOrientation 属性，设置其横屏显示，关键代码如下。

```
android:screenOrientation="landscape"
```

**说明**

读者需要在模拟器中开启存储空间权限，方可获取 SD 卡指定路径。

（7）在工具栏中找到 app 下拉列表框，选择要运行的应用（这里为 Video View And Media Controller），再单击右侧的▶按钮，将播放指定的视频，效果如图 14.3 所示。

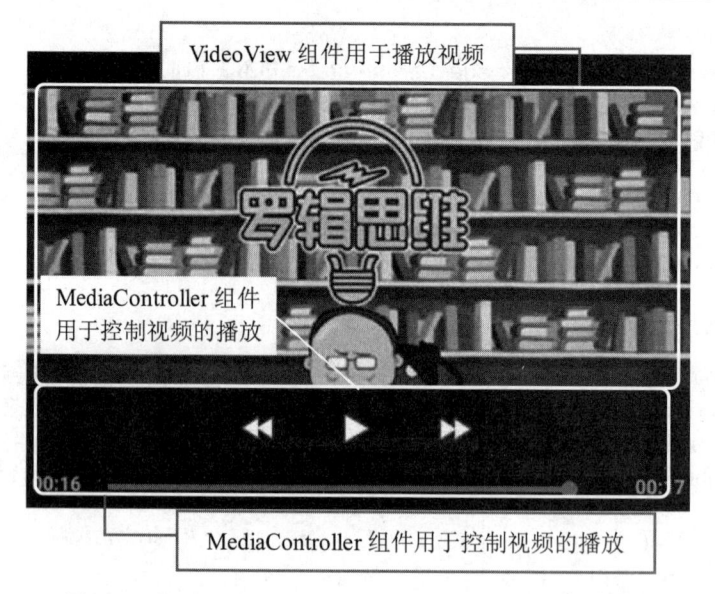

图 14.3　使用 VideoView 和 MediaController 组件播放视频

## 14.4　实　　战

### 14.4.1　模拟网易云音乐播放与暂停

通过 MediaPlayer 实现一个模拟网易云音乐播放与暂停音乐的效果。（**实例位置：资源包\源码\14\实战\01**）

### 14.4.2　实现锁屏与唤醒时播放音乐

通过 SoundPool 实现手机在锁屏与唤醒状态下都播放一段音乐。（**实例位置：资源包\源码\14\实战\02**）

## 14.5　小　　结

本章主要介绍了在 Android 中如何使用 Android 所提供的 Api 播放音频与视频，并且通过实例详细地介绍了播放音频与视频的方法。由于在 Android 开发中，多媒体技术应用非常广泛，希望读者通过加强练习的方式来完全掌握本章内容。

# 第15章

## 数据存储技术

（视频讲解：1 小时 24 分钟）

Android 系统提供了多种数据存储方法。例如，使用 SharedPreferences 进行简单存储、文件存储、SQLite 数据库存储。本章将对这几种常用的数据存储方法进行详细介绍。

# 15.1　SharedPreferences 存储

Android 系统提供了轻量级的数据存储方式——SharedPreferences 存储。它屏蔽了对底层文件的操作，通过为程序开发人员提供简单的编程接口，实现以最简单的方式对数据进行永久保存。这种方式主要对少量的数据进行保存，比如对应用程序的配置信息、手机应用的主题、游戏的玩家积分等进行保存。例如，对微信进行通用设置后可以对相关配置信息进行保存，并设置通用的界面；对手机微博客户端设置应用主题后就可以对该主题进行保存，并设置应用主题的界面。

下面将对 SharedPreferences 进行详细介绍。

## 15.1.1　获得 SharedPreferences 对象

SharedPreferences 接口位于 android.content 包中，用于使用键值（key-value）对的方式来存储数据。该类主要用于基本类型，如 boolean、float、int、long 和 String。在应用程序结束后，数据仍旧会保存。数据是以 XML 文件格式保存在 Android 手机系统下的 "/data/data/<应用程序包名>/shared_prefs" 目录中，该文件被称为 Shared Preference（共享的首选项）文件。

通常情况下，可以通过以下两种方式获得 SharedPreferences 对象。

### 1．使用 getSharedPreferences()方法获取

如果需要多个使用名称来区分的 SharedPreferences 文件，则可以使用 getSharedPreferences()方法获取，该方法的基本语法格式如下。

`getSharedPreferences(String name, int mode)`

- ☑ name：共享文件的名称（不包括扩展名），该文件为 XML 格式。对于使用同一个名称获得的多个 SharedPreferences 引用，其指向同一个对象。
- ☑ mode：用于指定访问权限，它的参数值可以是 MODE_PRIVATE（表示只能被本应用程序读和写，其中写入的内容会覆盖原文件的内容）、MODE_MULTI_PROCESS（表示可以跨进程、跨应用读取）。

### 2．使用 getPreferences()方法获取

如果 Activity 仅需要一个 SharedPreferences 文件，则可以使用 getPreferences()方法获取。因为只有一个文件，所以不需要提供名称，该方法的语法格式如下。

`getPreferences(int mode)`

其中，参数 mode 的取值同 getSharedPreferences()方法相同。

## 15.1.2　向 SharedPreferences 文件存储数据

完成向 SharedPreferences 文件中存储数据的步骤如下。

（1）调用 SharedPreferences 类的 edit()方法获得 SharedPreferences.Editor 对象。例如，可以使用下面的代码获得私有类型的 SharedPreferences.Editor 对象。

```
SharedPreferences.Editor editor=getSharedPreferences("mr",MODE_PRIVATE).edit();
```

（2）向 SharedPreferences.Editor 对象中添加数据。例如，调用 putBoolean()方法添加布尔型数据、调用 putString()方法添加字符串数据、调用 putInt()方法添加整型数据，可以使用下面的代码。

```
01  editor.putString("username", username);
02  editor.putBoolean("status", false);
03  editor.putInt("age", 20);
```

（3）使用 commit()方法提交数据，从而完成数据存储操作。例如，提交步骤（1）获得的 SharedPreferences.Editor 对象，可以使用下面的代码。

```
editor.commit();
```

## 15.1.3 读取 SharedPreferences 文件中存储的数据

从 SharedPreferences 文件中读取数据时，主要使用 SharedPreferences 类的 getXxx()方法。例如，下面的代码可以实现分别获取 String、Boolean 和 int 类型的值。

```
01  SharedPreferences sp = getSharedPreferences("mr", MODE_PRIVATE);
02  String username = sp.getString("username", "mr");      //获得用户名
03  Boolean status = sp.getBoolean("status", false);
04  int age = sp.getInt("age", 18);
```

【例 15.01】 模拟 QQ 自动登录的功能（实例位置：资源包\源码\15\15.01）

在 Android Studio 中创建项目，名称为 DataStorage，然后在该项目中创建一个 Module，名称为 QQ Automatic Login，在该 Module 中实现本实例，具体步骤如下。

（1）修改新建 Module 的 res\layout 目录下的布局文件 activity_main.xml，首先将默认添加的布局管理器修改为垂直线性布局管理器，然后删除 TextView 组件，再添加两个 EditText 组件，用于填写账号与密码，最后添加一个用于登录的 ImageButton 按钮，具体代码请参见资源包。

（2）创建一个 Empty Activity，名称为 MessageActivity。在 activity_message.xml 布局文件中，首先将默认添加的布局管理器修改为相对布局管理器，然后为布局管理器添加背景图片，用于显示登录后的页面，最后打开 MessageActivity 类，让 MessageActivity 直接继承 Activity。

（3）打开主活动 MainActivity，该类继承 Activity，在该类中，定义所需的成员变量，关键代码如下。

```
01  private String mr = "mr", mrsoft = "mrsoft";           //定义后台用户名与密码
02  private String username, password;                     //输入的用户名和密码
```

（4）在 onCreate()方法中，获得 SharedPreferences，并指定文件名称为 mrsoft，关键代码如下。

```
01  final EditText usernameET = (EditText) findViewById(R.id.username);   //获取"用户名"编辑框
02  final EditText passwordET = (EditText) findViewById(R.id.password);   //获取"密码"编辑框
```

```
03    ImageButton login = (ImageButton) findViewById(R.id.login);           //获取"登录"按钮
04    //获得 SharedPreferences，并指定文件名称为"mrsoft"
05    final SharedPreferences sp = getSharedPreferences("mrsoft", MODE_PRIVATE);
06    //获得 Editor 对象，用于存储用户名与密码信息
07    final SharedPreferences.Editor editor = sp.edit();
```

（5）当 SharedPreferences 文件中的账号与密码存在时，实现自动登录功能，关键代码如下。

```
01    if (sp.getString("username", username) != null &&
02            sp.getString("password", password) != null) {
03        //存在就判断用户名、密码与后台是否相同，相同直接登录
04        if (sp.getString("username", username).equals(mr) &&
05                sp.getString("password", password).equals(mrsoft)) {
06            //通过 Intent 跳转登录后的界面
07            Intent intent = new Intent(MainActivity.this, MessageActivity.class);
08            startActivity(intent);                                         //启动跳转界面
09        }
10    }
```

（6）当 SharedPreferences 文件中的账号与密码不存在时，实现手动登录并存储账号与密码，关键代码如下。

```
01    else {
02        //实现 SharedPreferences 文件不存在时，手动登录并存储用户名与密码
03        login.setOnClickListener(new View.OnClickListener() {
04            @Override
05            public void onClick(View v) {
06                username = usernameET.getText().toString();                //获得输入的账号
07                password = passwordET.getText().toString();                //获得输入的密码
08                //判断输入的账号密码是否正确
09                if (username.equals(mr) && password.equals(mrsoft)) {
10                    Toast.makeText(MainActivity.this, "账号、密码正确",
11                            Toast.LENGTH_SHORT).show();
12                    //通过 Intent 跳转登录后界面
13                    Intent  intent = new Intent(MainActivity.this, MessageActivity.class);
14                    startActivity(intent);                                 //启动跳转界面
15                    editor.putString("username", username);                //存储账号
16                    editor.putString("password", password);                //存储密码
17                    editor.commit();                                       //提交信息
18                    Toast.makeText(MainActivity.this, "已保存账号和密码",
19                            Toast.LENGTH_SHORT).show();
20                }else {
21                    Toast.makeText(MainActivity.this, "账号或密码错误",
22                            Toast.LENGTH_SHORT).show();
23                }
24            }
25        });
26    }
```

（7）在工具栏中找到 app 下拉列表框，选择要运行的应用（这里为 QQ Automatic Login），再单击右侧的▶按钮，将显示如图 15.1 所示的登录界面，输入账号 mr、密码 mrsoft，单击"登录"按钮，将显示如图 15.2 所示的界面。第二次打开该应用时将自动显示如图 15.2 所示的登录后的界面。

图 15.1　输入账号和密码　　　　　　图 15.2　登录后显示页面

**说明**

运行本实例，在成功登录后，保存账号与密码的 mrsoft.xml 文件将被保存在 data/data/<项目资源包名>/shared_prefs/目录下。由于系统安全问题，该文件无法查看，该文件只能在本应用中读取。

# 15.2　文 件 存 储

学习过 Java SE 的读者都知道，在 Java 中提供了一套完整的 IO 流体系，通过这些 IO 流可以很方便地访问磁盘上的文件内容。在 Android 中也同样支持以这种方式来访问手机存储器上的文件。例如，对游戏需要使用的资源文件进行下载并存储在手机中的指定位置，如图 15.3 所示；再如，将下载的歌曲存储在手机的指定路径下，如图 15.4 所示。

Android 主要提供了以下两种方式用于访问手机存储器上的文件。

（1）内部存储：使用 FileOutputStream 类提供的 openFileOutput()方法和 FileInputStream 类提供的 openFileInput()方法访问设备内部存储器上的文件。

（2）外部存储：使用 Environment 类的 getExternalStorageDirectory()方法对外部存储上的文件进行数据读写。

本节将对这两种方式进行详细讲解。

图 15.3　下载并保存资源文件　　　　　　　图 15.4　已下载的歌曲文件

## 15.2.1　内部存储

　　内部存储位于 Android 手机系统下的/data/data/<包名>/files 目录中。使用 Java 提供的 IO 流体系可以很方便地对内部存储的数据进行读写操作。其中，FileOutputStream 类的 openFileOutput()方法用来打开相应的输出流；而 FileInputStream 类的 openFileInput()方法用来打开相应的输入流。默认情况下，使用 IO 流保存的文件仅对当前应用程序可见，对于其他应用程序（包括用户）是不可见的（即不能访问其中的数据）。

> **说明**
> 如果用户卸载了应用程序，则保存数据的文件也会一起被删除。

### 1．写入文件

　　要实现向内部存储器中写入文件，首先需要获取文件输出流对象 FileOutputStream，这可以使用 FileOutputStream 类的 openFileOutput()方法来实现；然后再调用 FileOutputStream 对象的 write()方法写入文件内容；再调用 flush()方法清空缓存；最后调用 close()方法关闭文件输出流对象。
　　FileOutputStream 类的 openFileOutput()方法的基本语法格式如下。

FileOutputStream openFileOutput(String name, int mode) throws FileNotFoundException

　　☑　name：用于指定文件名称，该参数不能包含描述路径的斜杠。

- ☑ mode：用于指定访问权限，可以使用如下取值。
  - ➢ MODE_PRIVATE：表示文件只能被创建它的程序访问。
  - ➢ MODE_APPEND：表示追加模式，如果文件存在，则在文件的结尾处添加新数据，否则创建文件。
  - ➢ MODE_WORLD_READABLE：表示可以被其他应用程序读，但不能写。
  - ➢ MODE_WORLD_WRITEABLE：表示可以被其他应用程序读和写。

openFileOutput()方法的返回值为 FileOutputStream 对象。

> **注意**
> openFileOutput()方法需要抛出 FileNotFoundException 异常。

例如，创建一个只能被创建它的程序访问的文件 mr.txt，可以使用下面的代码。

```
01  try {
02      FileOutputStream fos = openFileOutput("mr.txt", MODE_PRIVATE);   //获得文件输出流
03      fos.write("www.mingrisoft.com".getBytes());                      //保存网址
04      fos.flush();                                                     //清空缓存
05      fos.close();                                                     //关闭文件输出流
06  } catch (FileNotFoundException e) {
07      e.printStackTrace();
08  }
```

在上面的代码中，FileOutputStream 对象的 write()方法用于将数据写入文件；flush()方法用于将缓存中的数据写入文件，清空缓存；close()方法用于关闭 FileOutputStream 对象。

### 2．读取文件

要实现读取内部存储器中的文件，首先需要获取文件输入流对象 FileInputStream，这可以使用 FileInputStream 类的 openFileInput()方法来实现；然后再调用 FileInputStream 对象的 read()方法读取文件内容；最后调用 close()方法关闭文件输入流对象。

FileInputStream 类的 openFileInput()方法的基本语法格式如下。

FileInputStream openFileInput(String name) throws FileNotFoundException

该方法只有一个参数，用于指定文件名称，同样不可以包含描述路径的斜杠，而且也需要抛出 FileNotFoundException 异常，返回值为 FileInputStream 对象。

例如，读取文件 mr.txt 的内容，可以使用下面的代码。

```
01  FileInputStream fis = openFileInput("mr.txt");          //获得文件输入流
02  byte[ ] buffer = new byte[fis.available()];             //定义保存数据的数组
03  fis.read(buffer);                                       //从输入流中读取数据
```

下面通过一个实例演示如何使用 Java 提供的 IO 流体系对内部存储文件进行操作。

【例 15.02】 使用内部存储保存备忘录信息（**实例位置：资源包\源码\15\15.02**）

在 Android Studio 中创建 Module，名称为 Internal Storage Notepad，在该 Module 中实现本实例，具体步骤如下。

（1）修改布局文件 activity_main.xml，首先将默认添加的布局管理器修改为相对布局管理器；然后删除 TextView 组件；再添加一个 EditText 组件用于填写备忘录信息，最后添加两个图标按钮分别用于保存与取消信息。

（2）打开主活动 MainActivity，让其继承自 Activity，然后在该类中定义所需的成员变量，关键代码如下。

```
byte[] buffer = null;                                          //定义保存数据的数组
```

（3）在重写的 onCreate()方法中，首先获取用于填写备忘录信息的编辑框组件，然后获取"保存"按钮与"取消"按钮，关键代码如下。

```
01  //获取用于填写备忘录信息的编辑框组件
02  final EditText etext = (EditText) findViewById(R.id.editText);
03  ImageButton btn_save = (ImageButton) findViewById(R.id.btn_save);       //获取"保存"按钮
04  ImageButton btn_cancel = (ImageButton) findViewById(R.id.btn_cancel);   //获取"取消"按钮
```

（4）单击"保存"按钮，使用内部存储将填写的备忘信息保存，关键代码如下。

```
01  btn_save.setOnClickListener(new View.OnClickListener() {
02      @Override
03      public void onClick(View v) {
04          FileOutputStream fos = null;                        //定义文件输出流
05          String text = etext.getText().toString();           //获取文本信息
06          try {
07              //获得文件输出流，并指定文件保存的位置
08              fos = openFileOutput("memo", MODE_PRIVATE);
09              fos.write(text.getBytes());                     //保存文本信息
10              fos.flush();                                    //清除缓存
11          } catch (FileNotFoundException e) {
12              e.printStackTrace();
13          } catch (IOException e) {
14              e.printStackTrace();
15          } finally {
16              if (fos != null) {                              //输出流不为空时
17                  try {
18                      fos.close();                            //关闭文件输出流
19                      Toast.makeText(MainActivity.this, "保存成功", Toast.LENGTH_SHORT).show();
20                  } catch (IOException e) {
21                      e.printStackTrace();
22                  }
23              }
24          }
25      }
26  });
```

（5）实现第二次打开应用时显示上一次所保存的文本信息，关键代码如下。

```
01  FileInputStream fis = null;                                 //定义文件输入流
02  try {
```

## 第15章 数据存储技术

```
03        fis = openFileInput("memo");                    //获得文件输入流
04        buffer = new byte[fis.available()];             //保存数据的数组
05        fis.read(buffer);                               //从输入流中读取数据
06    } catch (FileNotFoundException e) {
07        e.printStackTrace();
08    } catch (IOException e) {
09        e.printStackTrace();
10    } finally {
11        if (fis != null) {                              //输入流不为空时
12            try {
13                fis.close();                            //关闭输入流
14                String data = new String(buffer);       //获得数组中保存的数据
15                etext.setText(data);                    //将读取的数据显示到编辑框中
16            } catch (IOException e) {
17                e.printStackTrace();
18            }
19        }
20    }
```

（6）单击"取消"按钮，实现退出应用，关键代码如下。

```
01  btn_cancel.setOnClickListener(new View.OnClickListener() {
02      @Override
03      public void onClick(View v) {
04          finish();                                     //退出应用
05      }
06  });
```

（7）在工具栏中找到 app 下拉列表框，选择要运行的应用（这里为 Internal Storage Notepad），再单击右侧的▶按钮，将显示填写备忘录信息的界面，如图15.5所示，输入备忘录信息后，单击"保存"按钮将提示保存成功，当第二次开启备忘录时将显示已保存的信息，单击"取消"按钮将退出备忘录。

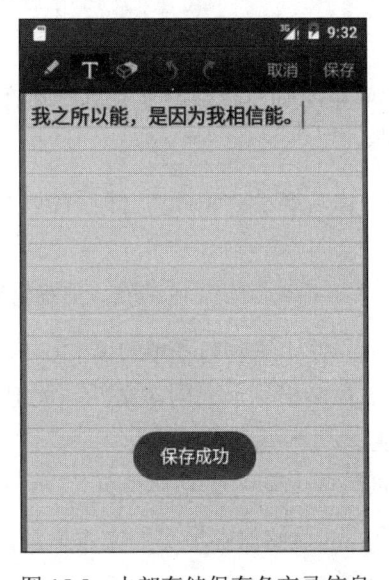

图15.5 内部存储保存备忘录信息

> **说明**
> 
> 运行本实例，保存备忘录信息后，memo 文件将被保存在 data/data/<项目资源包名>/files/目录中。由于系统安全问题该文件无法查看，只能在本应用中读取。

## 15.2.2 外部存储

每个 Android 设备都支持共享的外部存储用来保存文件，它也是手机中的存储介质。保存在外部存储的文件都是全局可读的，而且在用户使用 USB 连接电脑后，可以修改这些文件。在 Android 程序中，对外部存储的文件进行操作时，需要使用 Environment 类的 getExternalStorageDirectory()方法，该方法用来获取外部存储器的目录。

> **说明**
> 
> 为了读、写外部存储上的数据，必须在应用程序的全局配置文件（AndroidManifest.xml）中添加读、写外部存储的权限，配置如下。
> 
> ```
> 01    <!--开启在外部存储中创建与删除文件权限-->
> 02    <uses-permission android:name="android.permission.MOUNT_UNMOUNT_FILESYSTEMS" />
> 03    <!--开启向外部存储写入数据权限-->
> 04    <uses-permission android:name="android.permission.WRITE_EXTERNAL_STORAGE" />
> ```

下面将通过一个实例来演示如何在外部存储上创建文件。

**【例 15.03】** 使用外部存储保存备忘录信息（**实例位置：资源包\源码\15\15.03**）

在 Android Studio 中创建 Module，名称为 External Storage Notepad，在该 Module 中实现本实例，具体步骤如下。

> **说明**
> 
> ① 读者需要在模拟器中开启存储空间权限，即可获取外部存储指定路径。② 本实例修改于实例 15.02，这里只给出不同的代码。

（1）打开主活动 MainActivity，让其继承 Activity，然后在该类中定义所需的成员变量，关键代码如下。

```
private File file;                                    //定义存储路径
```

（2）在重写的 onCreate()方法中，首先获取用于填写备忘录信息的编辑框组件，然后获取"保存"按钮与"取消"按钮，并设置在外部存储根目录上创建文件，关键代码如下。

```
01    //在外部存储根目录上创建文件
02    file = new File(Environment.getExternalStorageDirectory(), "Text.text");
```

（3）单击"保存"按钮，使用外部存储保存填写的文本信息，关键代码如下。

```
fos = new FileOutputStream(file);                     //获得文件输出流，并指定文件保存的位置
```

(4)定义文件输入流，然后获得文件输入流并将数据保存到数组中，再从输入流中将数组中的数据读取，最后关闭输入流，关键代码如下。

```
fis = new FileInputStream(file);                    //获得文件输入流
```

(5)单击"取消"按钮，实现退出应用。

(6)打开 AndroidManifest.xml 文件，在其中设置外部存储的读取与写入权限，具体代码如下。

```
01  <!--读取 sd 卡权限-->
02  <uses-permission android:name="android.permission.READ_EXTERNAL_STORAGE"/>
03  <!--写入 sd 卡权限-->
04  <uses-permission android:name="android.permission.WRITE_EXTERNAL_STORAGE" />
```

(7)在工具栏中找到 app 下拉列表框，选择要运行的应用（这里为 External Storage Notepad），再单击右侧的▶按钮，运行效果如图 15.6 所示。本章实例第一次运行时会出现无法保存的现象。用户可以在模拟器中进入"设置"→"应用"→你的 App 应用名称→"权限"开启存储空间权限，即可进行文件信息的保存。

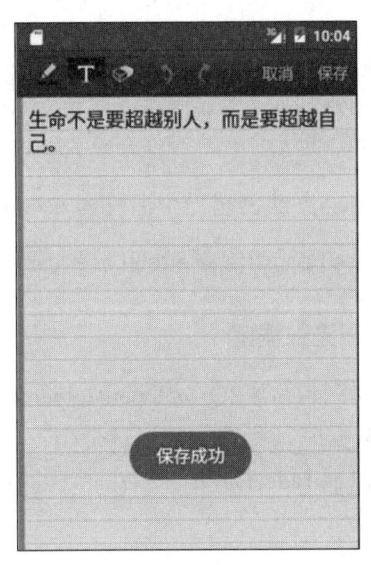

图 15.6　外部存储保存备忘录信息

## 15.3　数据库存储

Android 系统集成了一个轻量级的关系数据库——SQLite。它不像 Oracle、MySQL 和 SQL Server 等那样专业，但是因为它占用资源少，运行效率高、安全可靠、可移植性强，并且提供零配置运行模式，非常适用于在资源有限的设备（如手机和平板电脑等）上进行数据存取。

在开发手机应用时，一般会通过代码来动态创建数据库，即在程序运行时，首先尝试打开数据库，如果数据库不存在，则自动创建该数据库，然后再打开数据库。下面介绍如何通过代码来创建以及操作数据库。

## 15.3.1 创建数据库

在 Android 的 SQLite 数据库中，提供了两种创建数据库的方法，下面分别进行介绍。

### 1. 使用 openOrCreateDatabase 方法创建数据库

Android 提供了 SQLiteDatabase，用于表示一个数据库，应用程序只要获得了代表数据库的 SQLiteDatabase 对象，就可以通过 SQLiteDatabase 对象来创建数据库。SQLiteDatabase 提供了 openOrCreateDatabase()方法来打开或创建一个数据库，语法格式如下。

```
static SQLiteDatabase openOrCreateDatabase(String path, SQLiteDatabase.CursorFactory factory)
```

- ☑ path：用于指定数据库文件。
- ☑ factory：用于实例化一个游标。

> **说明**
> 游标提供了一种从表中检索数据并进行操作的灵活手段，通过游标可以一次处理查询结果集中的一行，并可以对该行数据执行特定操作。

例如，使用 openOrCreateDatabase()方法创建一个名称为 user.db 的数据库的代码如下。

```
SQLiteDatabase db = SQLiteDatabase.openOrCreateDatabase("user.db", null);
```

### 2. 通过 SQLiteOpenHelper 类创建数据库

在 Android 中，提供了一个数据库辅助类 SQLiteOpenHelper。在该类的构造器中，调用 Context 中的方法创建并打开一个指定名称的数据库。我们在应用这个类时，需要编写继承自 SQLiteOpenHelper 类的子类，并且重写 onCreate()和 onUpgrade()方法。

## 15.3.2 数据操作

最常用的数据操作是指添加、删除、更新和查询。对于这些操作程序开发人员完全可以通过执行 SQL 语句来完成。但是这里推荐使用 Android 提供的专用类和方法来实现。SQLiteDatabase 类提供了 insert()、update()、delete()和 query()方法，这些方法封装了执行添加、更新、删除和查询操作的 SQL 命令，所以我们可以使用这些方法来完成对应的操作，而不用去编写 SQL 语句了。

### 1. 添加操作

SQLiteDatabase 类提供了 insert()方法用于向表中插入数据。insert()方法的基本语法格式如下。

```
public long insert(String table, String nullColumnHack, ContentValues values)
```

- ☑ table：用于指定表名。

- ☑ nullColumnHack：可选的，用于指定当 values 参数为空时，将哪个字段设置为 null，如果 values 不为空，则该参数值可以设置为 null。
- ☑ values：用于指定具体的字段值。它相当于 Map 集合，也是通过键值对的形式存储值的。

### 2．更新操作

SQLiteDatabase 类提供了 update()方法用于更新表中的数据。update()方法的基本语法格式如下。

`public int update(String table, ContentValues values, String whereClause, String[] whereArgs)`

- ☑ table：用于指定表名。
- ☑ values：用于指定要更新的字段及对应的字段值。它相当于 Map 集合，也是通过键值对的形式存储值的。
- ☑ whereClause：用于指定条件语句，可以使用占位符（?）。
- ☑ whereArgs：当条件表达式中包含占位符（?）时，该参数用于指定各占位参数的值；如果不包括占位符，该参数值可以设置为 null。

### 3．删除操作

SQLiteDatabase 类提供了 delete()方法用于从表中删除数据。delete()方法的基本语法格式如下。

`public int delete(String table, String whereClause, String[] whereArgs)`

- ☑ table：用于指定表名。
- ☑ whereClause：用于指定条件语句，可以使用占位符（?）。
- ☑ whereArgs：当条件表达式中包含占位符（?）时，该参数用于指定各占位参数的值；如果不包括占位符，该参数值可以设置为 null。

### 4．查询操作

SQLiteDatabase 类提供了 query()方法用于查询表中的数据。query()方法的基本语法格式如下。

```
public Cursor query(boolean distinct, String table, String[] columns,
    String selection, String[] selectionArgs, String groupBy,
    String having, String orderBy, String limit)
```

- ☑ table：用于指定表名。
- ☑ columns：用于指定要查询的列。若为空，则返回所有列。
- ☑ selection：用于指定 where 子句，即指定查询条件，可以使用占位符（?）。
- ☑ selectionArgs：where 子句对应的条件值，当条件表达式中包含占位符（?）时，该参数用于指定各占位参数的值；如果不包括占位符，该参数值可以设置为 null。
- ☑ groupBy：用于指定分组方式。
- ☑ having：用于指定 having 条件。
- ☑ orderBy：用于指定排序方式，为空表示采用默认排序方式。
- ☑ limit：用于限制返回的记录条数，为空表示不限制。

query()方法的返回值为 Cursor 对象。该对象中保存着查询结果，但是这个结果并不是数据集合的完整复制，而是数据集的指针。通过它提供的多种移动方式，可以获取数据集合中的数据。Cursor 类提供的常用方法如表 15.1 所示。

表 15.1 Cursor 类提供的常用方法

| 方法 | 说明 |
| --- | --- |
| moveToFirst() | 将指针移动到第一条记录上 |
| moveToNext() | 将指针移动到下一条记录上 |
| moveToPrevious() | 将指针移动到上一条记录上 |
| getCount() | 获取集合的记录数量 |
| getColumnIndexOrThrow() | 返回指定字段名称的序号，如果字段不存在，则产生异常 |
| getColumnName() | 返回指定序号的字段名称 |
| getColumnNames() | 返回字段名称的字符串数组 |
| getColumnIndex() | 根据字段名称返回序号 |
| moveToPosition() | 将指针移动到指定的记录上 |
| getPosition() | 返回当前指针的位置 |

下面通过一个实例来演示如何通过代码创建和操作数据库。

【例 15.04】 使用数据库模拟中英文词典（**实例位置：资源包\源码\15\15.04**）

在 Android Studio 中创建 Module，名称为 Database Dictionary，在该 Module 中实现本实例，具体步骤如下。

（1）在 com.mingrisoft 包中创建一个名称为 DBOpenHelper 的 Java 类，让它继承自 SQLiteOpenHelper 类，并且重写 onCreate()方法、onUpgrade()方法和 DBOpenHelper()构造方法，用于创建一个 SQLite3 数据库，具体代码如下。

```
01  public class DBOpenHelper extends SQLiteOpenHelper {
02      //定义创建数据表 dict 的 SQL 语句
03      final String CREATE_TABLE_SQL =
04              "create table dict(_id integer primary " +
05                  "key autoincrement , word , detail)";
06      public DBOpenHelper(Context context, String name, SQLiteDatabase.CursorFactory factory,
07              int version) {
08          super(context, name, null, version);              //重写构造方法并设置工厂为 null
09      }
10      @Override
11      public void onCreate(SQLiteDatabase db) {
12          db.execSQL(CREATE_TABLE_SQL);                     //创建单词信息表
13      }
14      @Override
15      //重写基类的 onUpgrade()方法，以便数据库版本更新
16      public void onUpgrade(SQLiteDatabase db, int oldVersion, int newVersion) {
17          //提示版本更新并输出旧版本信息与新版本信息
18          System.out.println("---版本更新-----" + oldVersion + "--->" + newVersion);
19      }
20  }
```

## 第 15 章 数据存储技术

（2）修改布局文件 activity_main.xml，首先将默认添加的布局管理器修改为相对布局管理器，并删除 TextView 组件；然后在该布局管理器中添加一个编辑框组件，用于填写要翻译的单词；再添加一个图标按钮用于翻译；最后添加一个 ListView 组件，用于显示翻译结果。

（3）创建一个名称为 result_main.xml 的布局文件，在该布局文件中采用垂直线性布局管理器，并添加 4 个 TextView 组件，用于显示翻译单词的结果。

（4）打开主活动 MainActivity，在该类中定义所需的成员变量，关键代码如下。

```
private DBOpenHelper dbOpenHelper;                          //定义 DBOpenHelper
```

（5）在重写的 onCreate()方法中，创建 DBOpenHelper 对象，指定名称、版本号，并保存在 databases 目录下，关键代码如下。

```
01  dbOpenHelper = new DBOpenHelper(MainActivity.this, "dict.db", null, 1);
02  //获取显示结果的 ListView
03  final ListView listView = (ListView) findViewById(R.id.result_listView);
04  //获取查询内容的编辑框
05  final EditText etSearch = (EditText) findViewById(R.id.search_et);
06  //获取查询按钮
07  ImageButton btnSearch = (ImageButton) findViewById(R.id.search_btn);
08  //获取跳转添加生词界面的按钮
09  Button btn_add = (Button) findViewById(R.id.btn_add);
```

（6）单击"添加生词"按钮，实现跳转到添加生词的界面，关键代码如下。

```
01  btn_add.setOnClickListener(new View.OnClickListener() {
02      @Override
03      public void onClick(View v) {
04          //通过 Intent 跳转添加生词界面
05          Intent intent = new Intent(MainActivity.this, AddActivity.class);
06          startActivity(intent);
07      }
08  });
```

（7）创建一个 Empty Activity 界面，名称为 AddActivity，修改布局文件 activity_add.xml，首先将默认添加的布局管理器修改为垂直线性布局管理器，然后在该布局管理器中添加两个编辑框组件，分别用于填写添加词库中的单词与解释，再添加一个水平线性布局管理器，在该布局管理器中添加两个图标按钮，用于保存和取消。

（8）打开 AddActivity 类，在该类中定义所需的成员变量，关键代码如下。

```
private DBOpenHelper dbOpenHelper;                    //定义 DBOpenHelper，用于与数据库连接
```

（9）在重写的 onCreate()方法中，创建 DBOpenHelper 对象，指定名称、版本号并保存在 databases 目录下，关键代码如下。

```
01  dbOpenHelper = new DBOpenHelper(AddActivity.this, "dict.db", null, 1);
02  //获取添加单词的编辑框
03  final EditText etWord = (EditText) findViewById(R.id.add_word);
04  //获取添加解释的编辑框
```

```
05    final EditText etExplain = (EditText) findViewById(R.id.add_interpret);
06    ImageButton btn_Save = (ImageButton) findViewById(R.id.save_btn);          //获取"保存"按钮
07    ImageButton btn_Cancel = (ImageButton) findViewById(R.id.cancel_btn1);     //获取"取消"按钮
```

（10）在 AddActivity 中，创建 insertData()方法，在该方法中实现插入数据功能，具体代码如下。

```
01    private void insertData(SQLiteDatabase readableDatabase, String word, String explain) {
02        ContentValues values = new ContentValues();
03        values.put("word", word);                            //保存单词
04        values.put("detail", explain);                       //保存解释
05        readableDatabase.insert("dict", null, values);       //执行插入操作
06    }
```

（11）在重写的 onCreate()方法中，单击"保存"按钮，实现将添加的单词解释保存在数据库中，关键代码如下。

```
01    btn_Save.setOnClickListener(new View.OnClickListener() {
02        @Override
03        public void onClick(View v) {
04            String word = etWord.getText().toString();           //获取填写的生词
05            String explain = etExplain.getText().toString();     //获取填写的解释
06            if (word.equals("") || explain.equals("")) {         //如果填写的单词或者解释为空时
07                Toast.makeText(AddActivity.this,
08                        "填写的单词或解释为空", Toast.LENGTH_SHORT).show();
09            } else {
10                //调用 insertData()方法，实现插入生词数据
11                insertData(dbOpenHelper.getReadableDatabase(), word, explain);
12                //显示提示信息
13                Toast.makeText(AddActivity.this,
14                        "添加生词成功！", Toast.LENGTH_LONG).show();
15            }
16        }
17    });
```

（12）单击"取消"按钮，实现跳转到查询单词界面，关键代码如下。

```
01    btn_Cancel.setOnClickListener(new View.OnClickListener() {      //实现返回查询单词界面
02        @Override
03        public void onClick(View v) {
04            //通过 Intent 跳转到查询单词界面
05            Intent intent = new Intent(AddActivity.this, MainActivity.class);
06            startActivity(intent);
07        }
08    });
```

（13）打开主活动 MainActivity，在重写的 onCreate()方法中，单击"翻译"按钮，实现查询词库中的单词，关键代码如下。

```
01    btnSearch.setOnClickListener(new View.OnClickListener() {
02        @Override
```

```
03        public void onClick(View v) {
04            String key = etSearch.getText().toString();              //获取要查询的单词
05            //查询单词
06            Cursor cursor=dbOpenHelper.getReadableDatabase().query("dict",null,
07                    "word = ?",new String[]{key},null,null,null);
08            //创建 ArrayList 对象,用于保存查询结果
09            ArrayList<Map<String, String>> resultList = new ArrayList<Map<String, String>>();
10            while (cursor.moveToNext()) {                              //遍历 Cursor 结果集
11                Map<String, String> map = new HashMap<>();             //将结果集中的数据存入 HashMap
12                //取出查询记录中第 2 列、第 3 列的值
13                map.put("word", cursor.getString(1));
14                map.put("interpret", cursor.getString(2));
15                resultList.add(map);                                    //将查询出的数据存入 ArrayList
16            }
17            if (resultList == null || resultList.size() == 0) {         //如果数据库中没有数据
18                //显示提示信息,没有相关记录
19                Toast.makeText(MainActivity.this,
20                        "很遗憾,没有相关记录!", Toast.LENGTH_LONG).show();
21            } else {
22                //否则将查询的结果显示到 ListView 列表中
23                SimpleAdapter simpleAdapter = new SimpleAdapter(MainActivity.this, resultList,
24                        R.layout.result_main,
25                        new String[]{"word", "interpret"}, new int[]{
26                        R.id.result_word, R.id.result_interpret});
27                listView.setAdapter(simpleAdapter);
28            }
29        }
30    });
```

(14)重写 Activity 的 onDestroy()方法,实现退出应用时,关闭数据库连接,关键代码如下。

```
01    @Override
02    protected void onDestroy() {                                       //实现退出应用时,关闭数据库连接
03        super.onDestroy();
04        if (dbOpenHelper != null) {                                    //如果数据库不为空时
05            dbOpenHelper.close();                                      //关闭数据库连接
06        }
07    }
```

(15)在工具栏中找到 app 下拉列表框,选择要运行的应用(这里为 Database Dictionary),再单击右侧的▶按钮,运行完成后,首先向数据库插入数据,如图 15.7 所示,然后从数据库中查询数据,如图 15.8 所示。

> **注意**
> 首次运行本实例,数据库为空,进入添加生词界面,向数据库中插入数据方可查询。

> **说明**
> 在运行本实例时,由于需要输入中文,所以需要为模拟器安装中文输入法。

**261**

图 15.7 添加生词并创建数据库　　　　图 15.8 翻译数据库中的单词

## 15.4 实　　战

### 15.4.1 通过 SharedPreferences 实现一个可以保存复选框状态

通过 SharedPreferences 实现一个可以保存复选框状态的实例，要求进入主界面后复选框默认为选中状态，取消选中状态后，第二次进入主界面时根据上次保存的复选框状态进行显示。（**实例位置：资源包\源码\15\实战\01**）

### 15.4.2 通过内部存储实现一个可以记录进入应用次数

通过内部存储实现一个可以记录进入应用次数的实例，要求在主界面中设置文本框用于显示进入次数。（**实例位置：资源包\源码\15\实战\02**）

## 15.5 小　　结

本章首先介绍了 Android 系统中提供的最简单的永久性保存数据的方式 SharedPreferences；然后介绍了直接使用文件系统保存数据的几种方法；其次又介绍了使用 SQLite 进行数据库存储。本章介绍的内容在实际项目开发中经常使用，希望大家认真学习，为以后进行实际项目开发打下良好的基础。

# 第16章

## Handler 消息处理

（视频讲解：34分钟）

在程序开发时，对于一些比较耗时的操作，通常会为其开辟一个单独的线程来执行，以尽可能减少用户的等待时间。在 Android 中，默认情况下，所有的操作都在主线程中进行，主线程负责管理与 UI 相关的事件，而在用户自己创建的子线程中，不能对 UI 组件进行操作。因此，Android 提供了消息处理传递机制来解决这一问题。本章将对 Android 中如何通过 Handler 消息处理机制操作 UI 界面进行详细介绍。

# 16.1 Handler 消息传递机制

在 Java 中，对于一些周期性的或者是耗时的操作通常由多线程来实现，而在 Android 中，也可以使用 Java 中的多线程技术。例如，在手机淘宝主界面的上方可对广告进行轮换显示，以及某些游戏中的计时进度条，都需要应用到多线程。

在 Android 中使用多线程，有一点需要注意，即不能在子线程中动态改变主线程中的 UI 组件的属性。

> **说明**
>
> 当一个程序第一次启动时，Android 会启动一条主线程，用于负责接收用户的输入，将运行的结果反馈给用户，也称为 UI 线程；而子线程是指为了执行一些可能产生阻塞操作而新启动的线程，也称为 Worker 线程。

例如，实现单击按钮时创建新线程，用于改变文本框的显示文本，代码如下。

```
01  public class MainActivity extends AppCompatActivity {
02      @Override
03      protected void onCreate(Bundle savedInstanceState) {
04          super.onCreate(savedInstanceState);
05          setContentView(R.layout.activity_main);
06          final TextView textView= (TextView) findViewById(R.id.tv);           //获取文本框组件
07          Button button= (Button) findViewById(R.id.button);                    //获取按钮组件
08          button.setOnClickListener(new View.OnClickListener() {
09              @Override
10              public void onClick(View v) {
11                  //创建新线程
12                  Thread thread = new Thread(new Runnable() {
13                      @Override
14                      public void run() {
15                          //要执行的操作
16                          textView.setText("你今天的努力，是幸运的伏笔；当下的付出，是明日的花开");
17                      }
18                  });
19                  thread.start();                                               //开启线程
20              }
21          });
22      }
23  }
```

运行时，将产生"抱歉，XXX 已停止运行"的对话框，并且单击状态栏中的 Android Monitor 选项，在 LogCat 面板中输出如图 16.1 所示的异常信息。

为此，Android 中引入了 Handler 消息传递机制，来实现在新创建的线程中操作 UI 界面。下面将对 Handler 消息传递机制进行介绍。

## 第 16 章 Handler 消息处理

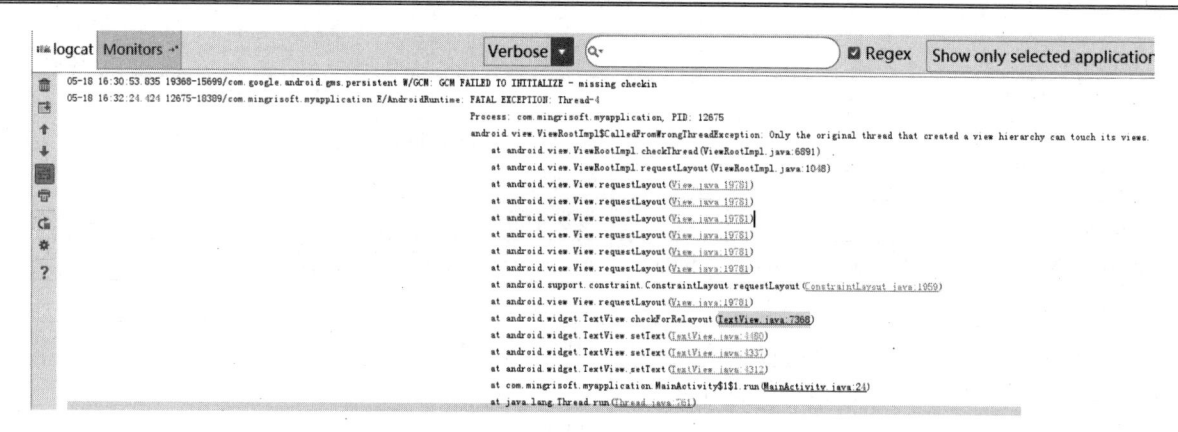

图 16.1 在子线程中更新 UI 组件产生的异常

### 16.1.1 Handler 类简介

Handler 是 Android 提供的一个用来更新 UI 的机制，也是一个消息处理的机制。通过 Handler 类（消息处理类）可以发送和处理 Message 对象到其所在线程的 MessageQueue 中。Handler 类主要有以下两个作用。

（1）在任意线程中发送消息。

将 Message 应用 sendMessage() 方法发送到 MessageQueue 中，在发送时可以指定延迟时间、发送时间以及要携带的 Bundle 数据。当 Looper 循环到该 Message 时，调用相应的 Handler 对象的 handlerMessage() 方法对其进行处理。

（2）在主线程中获取并处理消息。

为了让主线程能在适当的时候处理 Handler 所发送的消息，必须通过回调方法来实现。开发者只需要重写 Handler 类中处理消息的方法。这样当新启动的线程发送消息时，Handler 类中处理消息的方法就会被自动回调。

### 16.1.2 Handler 类中的常用方法

在 Handler 类中包含了一些用于发送和处理消息的常用方法，这些方法如表 16.1 所示。

表 16.1 Handler 类提供的常用方法

| 方　　法 | 描　　述 |
| --- | --- |
| handleMessage(Message msg) | 处理消息的方法。通常重写该方法来处理消息，在发送消息时，该方法会自动回调 |
| hasMessages(int what) | 检查消息队列中是否包含 what 属性为指定值的消息 |
| hasMessages(int what, Object object) | 检查消息队列中是否包含 what 属性为指定值且 object 属性为指定对象的消息 |
| post(Runnable r) | 立即发送 Runnable 对象，该 Runnable 对象最后将被封装成 Message 对象 |
| postAtTime(Runnable r, long uptimeMillis) | 定时发送 Runnable 对象，该 Runnable 对象最后将被封装成 Message 对象 |

265

续表

| 方　　法 | 描　　述 |
| --- | --- |
| postDelayed(Runnable r, long delayMillis) | 延迟发送 Runnable 对象，该 Runnable 对象最后将被封装成 Message 对象 |
| sendEmptyMessage(int what) | 发送空消息 |
| sendEmptyMessageDelayed(int what, long delayMillis) | 指定多少毫秒之后发送空消息 |
| sendMessage(Message msg) | 立即发送消息 |
| sendMessageAtTime(Message msg, long uptimeMillis) | 定时发送消息 |
| sendMessageDelayed(Message msg, long delayMillis) | 延迟发送消息 |
| obtainMessage() | 获取消息 |

通过这些方法，应用程序就可以方便地使用 Handler 来进行消息传递。

【例 16.01】　模拟找茬游戏的时间进度条（实例位置：资源包\源码\16\16.01）

在 Android Studio 中创建项目，名称为 HandlerMessage，然后在该项目中创建一个 Module，名称为 Time Progress Bar。在该 Module 中实现本实例，具体步骤如下。

（1）修改新建 Module 的 res\layout 目录下的布局文件 activity_main.xml，将默认添加的布局管理器修改为相对布局管理器，然后删除 TextView 组件，再为布局管理器添加背景图片，最后在该布局管理器中添加一个 ProgressBar 组件并设置进度条样式。

（2）打开默认创建的主活动 MainActivity，让其继承自 Activity，在该类中定义所需的成员变量，具体代码如下。

```
01   final int TIME = 60;                              //定义时间长度
02   final int TIMER_MSG = 0x001;                      //定义消息代码
03   private ProgressBar timer;                        //声明水平进度条
04   private int mProgressStatus = 0;                  //定义完成进度
```

（3）在 MainActivity 中创建 android.os.Handler 对象，并重写 handleMessage()方法，在该方法中判断当前时间进度大于 0 时，更新进度条，然后每隔 1 秒更新一次进度条，关键代码如下。

```
01   Handler handler = new Handler() {
02       @Override
03       public void handleMessage(Message msg) {
04           //当前进度大于 0
05           if (TIME - mProgressStatus > 0) {
06               mProgressStatus++;                                    //进度+1
07               timer.setProgress(TIME - mProgressStatus);            //更新进度条的显示进度
08               handler.sendEmptyMessageDelayed(TIMER_MSG, 1000);     //延迟一秒发送消息
09           } else {
10               //提示时间已到
11               Toast.makeText(MainActivity.this,
12                       "时间到！游戏结束！", Toast.LENGTH_SHORT).show();
13           }
14       }
15   };
```

（4）在 onCreate()方法中，获取进度条组件，并启动进度条，关键代码如下。

```
01    timer = (ProgressBar) findViewById(R.id.timer);              //获取进度条组件
02    handler.sendEmptyMessage(TIMER_MSG);                          //发送消息，启动进度条
```

（5）在 AndroidManifest.xml 文件的<activity>标记中添加 screenOrientation 属性，设置其横屏显示，关键代码如下。

```
android:screenOrientation="landscape"
```

（6）在工具栏中找到 app 下拉列表框，选择要运行的应用（这里为 Time Progress Bar），再单击右侧的▶按钮，运行效果如图 16.2 所示。

图 16.2　找茬游戏的倒计时进度条

> **说明**
> 单击模拟器右侧菜单栏中的旋转按钮，将模拟器屏幕切换为横屏状态。

# 16.2　Handler 与 Looper、MessageQueue 的关系

Handler 并不是单独工作，与 Handler 共同工作的有几个重要的组件，主要有 Message、Looper 和 MessageQueue。

- ☑ Message：通过 Handler 发送、接收和处理的消息对象。
- ☑ Looper：负责管理 MessageQueue。每个线程只能有一个 Looper，它的 loop()方法负责读取 MessageQueue 中的消息，读取到消息之后就把消息回传给 Handler 进行处理。
- ☑ MessageQueue：消息队列，可以看作是一个存储消息的容器。它采用 FIFO（先进先出）的原则来管理消息。在创建 Looper 对象时，会在它的构造器中创建 MessageQueue 对象。

在 Android 中，一个线程对应一个 Looper 对象，而一个 Looper 对象又对应一个 MessageQueue，MessageQueue 用于存放 Message。Handler 发送 Message 给 Looper 管理的 MessageQueue，然后 Looper 又从 MessageQueue 中取出消息，并分配给 Handler 进行处理，如图 16.3 所示。

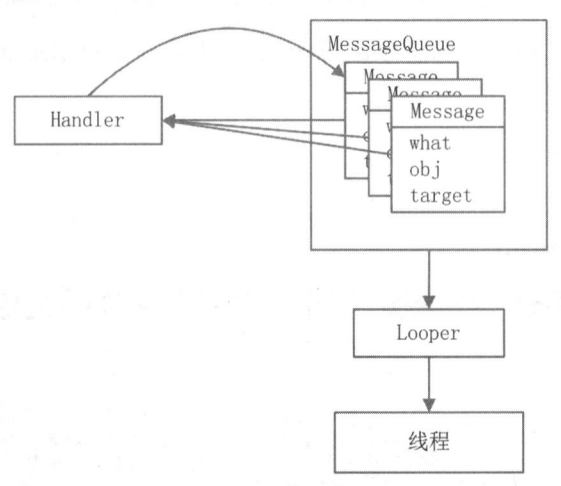

图 16.3　Handler 与 Looper、MessageQueue、Message 的关系图

因此，要在程序中使用 Handler，必须在当前线程中有一个 Looper 对象。线程中的 Looper 对象有以下两种创建方式。

- ☑ 在主 UI 线程中，系统已经初始化了一个 Looper 对象，因此在程序中可以直接创建 Handler，然后就可以通过 Handler 进行发送消息和处理消息。
- ☑ 在子线程中，必须手动创建一个 Looper 对象，并通过 loop()方法启动 Looper。

在子线程中使用 Handler 的步骤如下。

（1）调用 Looper 的 prepare()方法为当前的线程创建 Looper 对象，在创建 Looper 对象的构造器中会创建与之配套的 MessageQueue。

（2）创建 Handler 子类的实例，重写 handlerMessage()方法用来处理来自于其他线程的消息。

（3）调用 Looper 的 loop()方法启动 Looper。

**说明**

在一个线程中，只能有一个 Looper 和 MessageQueue，但是可以有多个 Handler，而且这些 Handler 可以共享同一个 Looper 和 MessageQueue。

## 16.3　消息类（Message）

消息类（Message）被存放在 MessageQueue 中，一个 MessageQueue 中可以包含多个 Message 对象。每个 Message 对象可以通过 Message.obtain()或 Handler.obtainMessage()方法获得。一个 Message 对象具有如表 16.2 所示的 5 个属性。

## 第 16 章 Handler 消息处理

表 16.2 Message 对象的属性

| 属　性 | 类　型 | 描　述 |
|---|---|---|
| arg1 | int | 用来存放整型数据 |
| arg2 | int | 用来存放整型数据 |
| obj | Object | 用来存放发送给接收器的 Object 类型的任意对象 |
| replyTo | Messenger | 用来指定此 Message 发送到何处的可选 Messenger 对象 |
| what | int | 用于指定用户自定义的消息代码，这样接收者可以了解这个消息的信息 |

**说明**

使用 Message 类的属性可以携带 int 型数据，如果要携带其他类型的数据，可以先将要携带的数据保存到 Bundle 对象中，然后通过 Message 类的 setDate()方法将其添加到 Message 中。

总之，Message 类的使用方法比较简单，在使用时，需要注意以下 3 点。

☑ 尽管 Message 有 public 的默认构造方法，但是通常情况下，需要使用 Message.obtain()或 Handler.obtainMessage()方法来从消息池中获得空消息对象，以节省资源。

☑ 如果一个 Message 只需要携带简单的 int 型信息，应优先使用 Message.arg1 和 Message.arg2 属性来传递信息，这比用 Bundle 更节省内存。

☑ 尽可能使用 Message.what 来标识信息，以便用不同方式处理 Message。

【例 16.02】　模拟手机淘宝的轮播广告（**实例位置：资源包\源码\16\16.02**）

在 Android Studio 中创建 Module，名称为 Carousel Advertising。在该 Module 中实现本实例，具体步骤如下。

（1）修改布局文件 activity_main.xml，将默认添加的布局管理器修改为相对布局管理器；然后删除 TextView 组件；再为布局管理器添加背景图片；最后在该布局管理器中添加一个 ViewFlipper 组件用于切换图片。

（2）在新建 Module 的 res\drawable 目录中，创建实现平移从右进入与从左退出的动画资源文件。

（3）打开默认创建的主活动 MainActivity，让其继承自 Activity，在该类中定义所需的成员变量，关键代码如下。

```
01  final int FLAG_MSG = 0x001;                        //定义要发送的消息代码
02  private ViewFlipper flipper;                       //定义 ViewFlipper
03  private Message message;                           //声明消息对象
04  //定义图片数组
05  private int[] images = new int[]{R.drawable.img1, R.drawable.img2, R.drawable.img3,
06      R.drawable.img4, R.drawable.img5, R.drawable.img6, R.drawable.img7, R.drawable.img8};
07  private Animation[] animation = new Animation[2];  //定义动画数组，为 ViewFlipper 指定切换动画
```

（4）在 onCreate()方法中，首先获取用于切换图像的 ViewFlipper 组件，然后获取数组中的图片并加载，再初始化动画数组，并设置采用动画效果，关键代码如下。

```
01  flipper = (ViewFlipper) findViewById(R.id.viewFlipper);  //获取 ViewFlipper
02  for (int i = 0; i < images.length; i++) {                //遍历图片数组中的图片
03      ImageView imageView = new ImageView(this);           //创建 ImageView 对象
04      imageView.setImageResource(images[i]);               //将遍历的图片保存在 ImageView 中
05      flipper.addView(imageView);                          //加载图片
```

```
06      }
07      //初始化动画数组
08      animation[0] = AnimationUtils.loadAnimation(this, R.anim.slide_in_right);   //右侧平移进入动画
09      animation[1] = AnimationUtils.loadAnimation(this, R.anim.slide_out_left);   //左侧平移退出动画
10      flipper.setInAnimation(animation[0]);              //为 flipper 设置图片进入动画效果
11      flipper.setOutAnimation(animation[1]);             //为 flipper 设置图片退出动画效果
```

（5）在 MainActivity 类中创建 android.os.Handler 对象，并重写 handleMessage()方法，在重写的 handleMessage()方法中，首先判断是否为发送的标记，如果是，则显示下一个动画和图片，然后再延迟 3 秒发送消息，关键代码如下。

```
01  Handler handler = new Handler() {                      //创建 android.os.Handler 对象
02      @Override
03      public void handleMessage(Message msg) {
04          if (msg.what == FLAG_MSG) {                    //如果接收到的是发送的消息标记
05              flipper.showPrevious();                    //显示下一张图片
06          }
07          message=handler.obtainMessage(FLAG_MSG);       //获取要发送的消息
08          handler.sendMessageDelayed(message, 3000);     //延迟 3 秒发送消息
09      }
10  };
```

（6）在 onCreate()方法中，设置发送 handler 消息，用于启动 Handler 对象中的延迟消息，关键代码如下。

```
01  message=Message.obtain();                              //获得消息对象
02  message.what=FLAG_MSG;                                 //设置消息代码
03  handler.sendMessage(message);                          //发送消息
```

（7）在工具栏中找到 app 下拉列表框，选择要运行的应用（这里为 Carousel Advertising），再单击右侧的▶按钮，运行效果如图 16.4 所示。

图 16.4　手机淘宝轮播广告

## 16.4　循环者（Looper）

Looper 对象用来为一个线程开启一个消息循环，从而操作 MessageQueue。默认情况下，Android 中子线程是没有开启消息循环的，但是主线程除外。系统自动为主线程创建 Looper 对象，开启消息循环。所以，当在主线程中应用下面的代码创建 Handler 对象时不会出错，而如果在子线程中应用下面的代码创建 Handler 对象，在 LogCat 面板中将产生如图 16.5 所示的异常信息。

```
Handler handler=new Handler();
```

图 16.5　在非主线程中创建 Handler 对象产生的异常信息

如果想在子线程中创建 Handler 对象，首先需要使用 Looper 类的 prepare()方法来初始化一个 Looper 对象，然后创建该 Handler 对象，最后使用 Looper 类的 loop()方法启动 Looper，从消息队列中获取和处理消息。

Looper 类提供的常用方法如表 16.3 所示。

表 16.3　Looper 类提供的常用方法

| 方　　法 | 描　　述 |
| --- | --- |
| prepare() | 用于初始化 Looper |
| loop() | 启动 Looper 线程，线程会从消息队列里获取和处理消息 |
| myLooper() | 可以获取当前线程的 Looper 对象 |
| getThread() | 用于获取 Looper 对象所属的线程 |
| quit() | 用于结束 Looper 循环 |

**注意**

默认情况下，写在 Looper.loop()方法之后的代码不会被执行，该函数内部是一个循环，当调用 Handler. getLooper().quit()方法后，loop()方法才会中止，其后面的代码才能运行。

例如，创建一个继承了 Thread 类的 LooperThread，并在重写的 run()方法中创建一个 Handler 对象，然后发送并处理消息，具体代码如下。

```
01  public class LooperThread extends Thread {
02      public Handler handler;                    //声明一个 Handler 对象
03      @Override
```

```
04    public void run() {
05        super.run();
06        Looper.prepare();                              //初始化 Looper 对象
07        //实例化一个 Handler 对象
08        handler = new Handler() {
09            public void handleMessage(Message msg) {
10                Log.i("Looper", String.valueOf(msg.what));
11            }
12        };
13        Message m=handler.obtainMessage();             //获取一个消息
14        m.what=0x7;                                    //设置 Message 的 what 属性的值
15        handler.sendMessage(m);                        //发送消息
16        Looper.loop();                                 //启动 Looper
17    }
18 }
```

在 MainActivity 的 onCreate()方法中,创建一个 LooperThread 线程,并开启该线程,关键代码如下。

```
01 LooperThread thread=new LooperThread();              //创建一个线程
02 thread.start();                                       //开启线程
```

运行效果为在日志面板（LogCat）中输出如图 16.6 所示的内容。

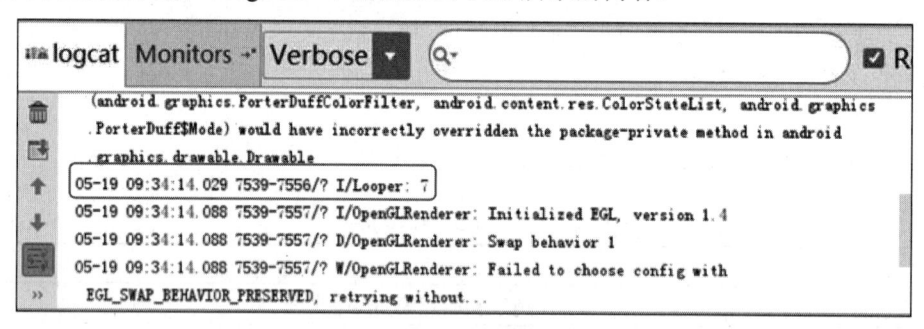

图 16.6  在 LogCat 中输出的内容

# 16.5　实　　战

## 16.5.1　通过 Handler 实现从明日学院 App 闪屏界面跳转到主界面

通过 Handler 实现一个从明日学院 App 闪屏界面跳转到主界面的实例,要求闪屏界面右上角显示倒数秒数,秒数为 0 时自动跳转到主界面中。(**实例位置:资源包\源码\16\实战\01**)

## 16.5.2　通过 Message 实现动态改变文字颜色

通过 Message 实现一个动态改变文字颜色的实例,要求在主界面中设置用于改变颜色的 4 个按钮,

然后单击任意按钮后改变页面中文字的颜色。（**实例位置：资源包\源码\16\实战\02**）

## 16.6 小　　结

　　本章主要介绍了 Android 中的 Handler 消息处理，并通过大量的举例说明，使读者更好地理解所学知识的用法。在阅读本章时，需要重点掌握 Handler 与 Message 传递消息的工作流程，并且要了解在什么情况下要正确地使用 Handler 消息处理。希望读者能很好的理解，并能灵活应用。

# 第 17 章

## Service 应用

（视频讲解：34 分钟）

Service 用于在后台完成用户指定的操作，它可以用于播放音乐、文件下载和检查新消息推送等。用户可以使用其他组件来与 Service 进行通信。本章将对 Service 进行具体介绍。

## 17.1　Service 概述

Service（服务）是能够在后台长时间运行，并且不提供用户界面的应用程序组件。
其他应用程序组件能启动 Service，并且即便用户切换到另一个应用程序，Service 还可以在后台运行。此外，组件能够绑定到 Service 并与之交互，甚至执行进程间通信（IPC）。例如，Service 能在后台处理网络事务、播放音乐、执行文件操作或者与 Content Provider 通信。

例如，通过 Service 可以实现在手机后台播放音乐，手机锁屏后的播放音乐界面；通过 Service 还可以实现在手机后台监控地理位置的改变，手机地图中记录地理位置的界面。

### 17.1.1　Service 的分类

Service 按照启动方式可以分为以下两种类型。

- ☑ Started Service：当应用程序组件（如 Activity）通过调用 startService()方法启动 Service 时，Service 处于启动状态。一旦启动，Service 能在后台无限期运行。
- ☑ Bound Service：当应用程序组件通过调用 bindService()方法绑定到 Service 时，Service 处于绑定状态。多个组件可以同时绑定到一个 Service 上，当它们都解绑定时，Service 被销毁。

Started Service 与 Bound Service 的区别如表 17.1 所示。

表 17.1　Started Service 与 Bound Service 的区别

| Started Service | Bound Service |
| --- | --- |
| 使用 startService()方法启动 | 调用 bindService()方法绑定 |
| 通常只启动，不返回值 | 发送请求，得到返回值 |
| 启动 Service 的组件与 Service 之间没有关联，即使关闭该组件，Service 也会一直运行 | 启动 Service 的组件与 Service 绑定在一起,如果关闭该组件，Service 就会停止 |
| 回调 onStartCommand()方法，允许组件启动 Service | 回调 onBind()方法，允许组件绑定 Service |

尽管本章将两种类型的 Service 分开讨论，不过 Service 也可以同时属于这两种类型，既可以启动（无限期运行），也能绑定。不管应用程序是否为启动状态、绑定状态或者二者兼有，都能通过 Intent 使用 Service，就像使用 Activity 那样。然而，开发人员可以在配置文件中将 Service 声明为私有的，从而阻止其他应用程序访问。

### 17.1.2　Service 的生命周期

Service 的生命周期比 Activity 简单很多，但是却需要开发人员更加关注 Service 如何创建和销毁，因为 Service 可能在用户不知情的情况下在后台运行，图 17.1 演示了 Service 的生命周期。

由图 17.1 可以看出，Service 的生命周期可以分成以下两个不同的路径。

（1）通过 startService()方法启动 Service。

当其他组件调用 startService()方法时，Service 被创建，并且无限期运行,其自身必须调用 stopSelf()

方法或者其他组件调用 stopService()方法来停止 Service。当 Service 停止时，系统将其销毁。

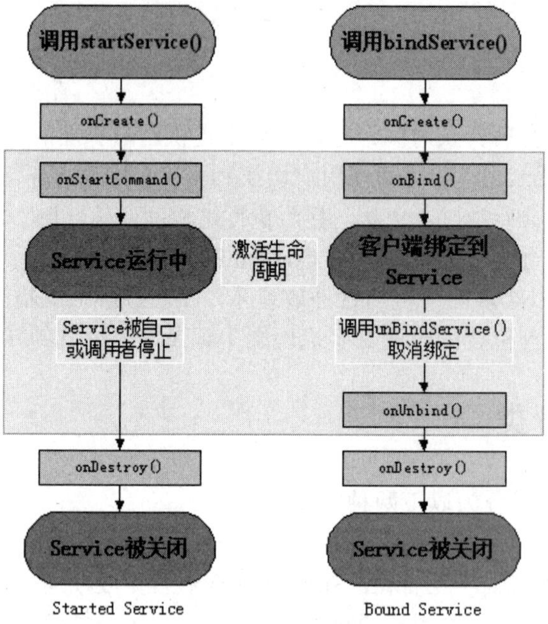

图 17.1　Service 的生命周期

（2）通过 bindService()方法启动 Service。

当其他组件调用 bindService()方法时，Service 被创建。接着客户端通过 IBinder 接口与 Service 通信。客户端通过 unbindService()方法关闭连接。多个客户端能绑定到同一个 Service，并且当它们都解绑定时，系统销毁 Service（Service 不需要被停止）。

这两条路径并非完全独立，即开发人员可以绑定已经使用 startService()方法启动的 Service。例如，后台音乐 Service 能使用包含音乐信息的 Intent 通过调用 startService()方法启动。当用户需要控制播放器或者获得当前音乐信息时，可以调用 bindService()方法绑定 Activity 到 Service。此时，只有 stopService()和 stopSelf()方法全部被客户端解绑定时才能停止 Service。

为了创建 Service，开发人员需要创建 Service 类或其子类的子类。在实现类中，需要重写一些处理 Service 生命周期重要方面的回调方法，并根据需要提供组件绑定到 Service 的机制，需要重写的重要回调方法如表 17.2 所示。

表 17.2　Service 生命周期中的回调方法

| 方　法　名 | 描　　　述 |
| --- | --- |
| void onCreate() | 当 Service 第一次创建时，系统调用 onCreate()方法执行一次性建立过程（在系统调用 onStartCommand()或 onBind()方法前）。如果 Service 已经运行，该方法不被调用 |
| void onStartCommand(Intent intent, int flags, int startId) | 当其他组件（如 Activity）调用 startService()方法请求 Service 启动时，系统调用 onStartCommand()方法。一旦执行该方法，Service 就启动并在后台无限期运行 |
| IBinder onBind(Intent intent) | onBind()方法是 Service 子类必须实现的方法，该方法返回一个 IBinder 对象，应用程序可以通过该对象与 Service 组件进行通信 |
| void onDestroy() | 当 Service 不再使用并即将销毁时，系统调用 onDestroy()方法 |

## 17.2 Service 的基本用法

应用程序组件（如 Activity）能通过调用 startService()方法和传递 Intent 对象来启动 Service。在 Intent 对象中指定了 Service 并且包含 Service 需要使用的全部数据。Service 使用 onStartCommand()方法接收 Intent。Android 提供了两个类供开发人员继承用于创建和启动 Service。

- ☑ Service：这是所有 Service 的基类。当继承该类时，创建新线程来执行 Service 的全部工作是非常重要的。因为 Service 默认使用应用程序主线程，这可能降低应用程序 Activity 的运行性能。
- ☑ IntentService：这是 Service 类的子类，它每次使用一个 Worker 线程来处理全部启动请求。在不必同时处理多个请求时，这是最佳选择。开发人员仅需要实现 onHandleIntent()方法，该方法接收每次启动请求的 Intent 以便完成后台任务。

### 17.2.1 创建与配置 Service

使用 Android Studio 可以很方便地创建并配置 Service，方法步骤如下。

（1）在 Module 的包名（如 com.mingrisoft）节点上右击，然后在弹出的快捷菜单中依次选择 New→Service→Service 命令，如图 17.2 所示。

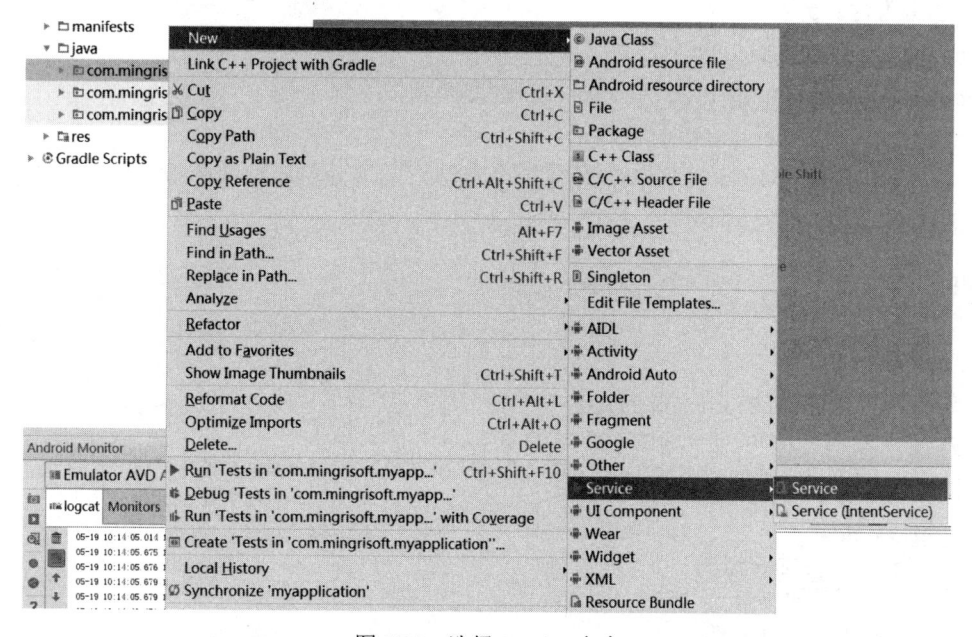

图 17.2 选择 Service 命令

> **说明**
>
> 在图 17.2 中，如果选择 New→Service→Service（IntentService）命令，可以创建继承自 IntentService 的 Service。

（2）在弹出对话框的 Class Name 文本框中输入 Service 的名称（如 MyService），如图 17.3 所示。

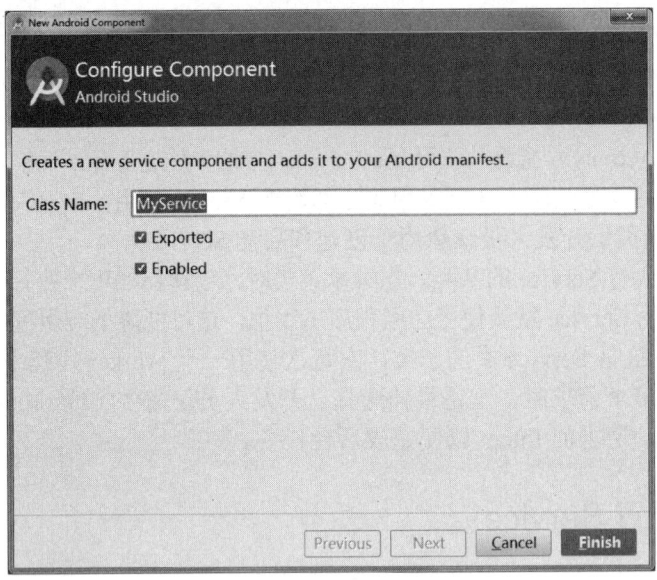

图 17.3　修改创建的 Service 名称

（3）单击 Finish 按钮即可创建一个 Service，然后就可以在类中重写需要的回调方法。通常情况下，会重写以下 3 个方法。

- ☑ onCreate()：在 Service 创建时调用。
- ☑ onStartCommand()：在每次启动 Service 时调用。
- ☑ onDestroy()：在 Service 销毁时调用。

例如，在刚刚创建的 MyService 中重写这 3 个方法，实现开启新线程模拟一段耗时操作，同时监控 Service 的状态，具体代码如下：

```
01  public class MyService extends Service {
02      public MyService() {
03      }
04      @Override
05      public IBinder onBind(Intent intent) {
06          //TODO: Return the communication channel to the service.
07          throw new UnsupportedOperationException("Not yet implemented");
08      }
09      @Override
10      public void onDestroy() {
11          Log.i("Service：", "Service 已停止");
12          super.onDestroy();
13      }
14      @Override
15      public void onCreate() {
16          Log.i("Service：", "Service 已创建");
17          super.onCreate();
18      }
```

```
19       @Override
20       public int onStartCommand(Intent intent, int flags, int startId) {
21           new Thread(new Runnable() {
22               @Override
23               public void run() {
24                   Log.i("Service：", "Service 已开启");
25                   //模拟一段耗时任务
26                   long endTime = System.currentTimeMillis() + 5 * 1000;
27                   while (System.currentTimeMillis() < endTime) {
28                       synchronized (this) {
29                           try {
30                               wait(endTime - System.currentTimeMillis());
31                           } catch (Exception e) {
32                               e.printStackTrace();
33                           }
34                       }
35                   }
36                   stopSelf();                          //停止 Service
37               }
38           }).start();
39           return super.onStartCommand(intent, flags, startId);
40       }
41   }
```

在创建 Service 之后，系统会自动在 AndroidManifest.xml 文件中配置 Service，配置 Service 使用 <service.../>标记，如图 17.4 所示。

```
<service
    android:name=".MyService"
    android:enabled="true"
    android:exported="true"></service>
```

图 17.4　自动配置 Service

其中，enabled、exported 两个属性的说明如下。

- android:enabled：用于指定 Service 能否被实例化，true 表示能，false 表示不能，默认值是 true。<application>标记也有自己的 enabled 属性，适用于应用中所有的组件。当 Service 被启用时，只有<application>和<service>标记的 enabled 属性同时设置为 true（二者的默认值都是 true）时，才能让 Service 可用，并且能被实例化。任何一个是 false，Service 都将被禁用。
- android:exported：用于指定其他应用程序组件能否调用 Service 或者与其交互，true 表示能，false 表示不能。当该值是 false 时，只有同一个应用程序的组件或者具有相同用户 ID 的应用程序能启动或者绑定到 Service。

android:exported 属性的默认值依赖于 Service 是否包含 Intent 过滤器。若没有过滤器，说明 Service 仅能通过精确类名调用，这意味着 Service 仅用于应用程序内部（因为其他程序可能不知道类名）。此时，默认值是 false；若存在至少一个过滤器，暗示 Service 可以用于外部，因此默认值是 true。

## 17.2.2 启动和停止 Service

### 1. 启动 Service

开发人员可以通过 Activity 或者其他应用程序组件将 Intent 对象（指定要启动的 Service）传递到 startService()方法中来启动 Service。Android 系统调用 Service 的 onStartCommand()方法并将 Intent 传递给它。

例如，Activity 能使用显式 Intent 和 startService()方法启动 17.2.1 节创建的 Service（MyService），其代码如下。

```
01    Intent intent =new Intent(this,MyService.class);
02    startService(intent);
```

启动 MyService 后，在 LogCat 中会输出如图 17.5 所示的日志信息。

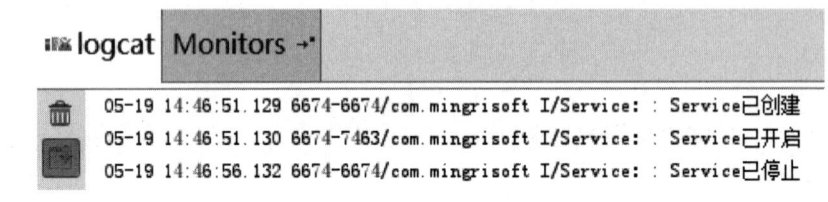

图 17.5　输出的 Service 启动状态的日志信息

在执行 startService()方法后，Android 系统调用 Service 的 onStartCommand()方法。如果 Service 还没有运行，系统首先调用 onCreate()方法，接着调用 onStartCommand()方法。

如果 Service 没有提供绑定，startService()方法发送的 Intent 是应用程序组件和 Service 之间唯一的通信模式。然而，如果开发人员需要 Service 返回结果，则启动该 Service 的客户端能为广播创建 PendingIntent（使用 getBroadcast()方法）并通过启动 Service 的 Intent 进行发送。Service 接下来便能使用广播来发送结果。

多次启动 Service 的请求会导致 Service 的 onStartCommand()方法被调用多次。

### 2. 停止 Service

已启动的 Service 必须管理自己的生命周期，即系统不会停止或销毁 Service，除非系统必须回收系统内存而且在 onStartCommand()方法返回后 Service 继续运行。因此，Service 必须调用 stopSelf()方法停止自身，或者其他组件调用 stopService()方法停止 Service。当多次启动 Service 后，仅需要一个停止方法来停止 Service。

当使用 stopSelf()或 stopService()方法请求停止时，系统会尽快销毁 Service。

> **注意**
> 应用程序应该在任务完成后停止 Service，来避免系统资源浪费和电池消耗。即便是绑定 Service，如果调用了 onStartCommand()方法也必须停止 Service。

## 第 17 章　Service 应用

**【例 17.01】** 使用 Service 控制游戏的背景音乐（**实例位置：资源包\源码\17\17.01**）

在 Android Studio 中创建项目，名称为 Service，然后在该项目中创建一个 Module，名称为 Background Music Service，具体步骤如下。

（1）在 Android Studio 中创建一个最小 SDK 版本为 21 的 Module，然后在 res 目录下创建 raw 子目录，并将音乐文件 music.mp3 复制到 raw 子目录中，作为播放音乐的资源文件。

（2）修改新建 Module 的 res\layout 目录下的布局文件 activity_main.xml，首先将默认添加的布局管理器修改为相对布局管理器，然后删除 TextView 组件，再为布局管理器添加背景图片，最后在该布局管理器中添加一个 ImageButton 组件，用于启动 Service 与停止 Service，具体代码请参见资源包。

（3）在 com.mingrisoft 包中，创建一个名称为 MusicService 的 Service 类，然后在该类中定义当前播放状态的变量值与 MediaPlayer 对象，具体代码如下。

```
01  public class MusicService extends Service {
02      public MusicService() {
03      }
04      static boolean isplay;                              //定义当前播放状态
05      MediaPlayer player;                                 //声明 MediaPlayer 对象
06      @Override
07      public IBinder onBind(Intent intent) {              //必须实现的绑定方法
08          throw new UnsupportedOperationException("Not yet implemented");
09      }
10  }
```

（4）在 MusicService 类中，重写 onCreate()方法，创建 MediaPlayer 对象并加载播放的音乐文件。关键代码如下。

```
01  @Override
02  public void onCreate() {
03      player = MediaPlayer.create(this, R.raw.music);    //创建 MediaPlayer 对象并加载播放的音乐文件
04  }
```

（5）重写 onStartCommand()方法，在该方法中实现音乐的播放，关键代码如下。

```
01  @Override
02  public int onStartCommand(Intent intent, int flags, int startId) {   //实现音乐的播放
03      if (!player.isPlaying()) {                                        //如果没有播放音乐
04          player.start();                                               //播放音乐
05          isplay = player.isPlaying();                                  //当前状态为正在播放音乐
06      }
07      return super.onStartCommand(intent, flags, startId);
08  }
```

（6）重写 onDestroy()方法，在该方法中实现停止音乐的播放，关键代码如下。

```
01  @Override
02  public void onDestroy() {                              //Activity 销毁时
```

281

```
03        player.stop();                                          //停止音频的播放
04        isplay = player.isPlaying();                            //当前状态没有播放音乐
05        player.release();                                       //释放资源
06        super.onDestroy();
07    }
```

（7）打开 MainActivity 类，该类继承 Activity，在 onCreate()方法中，单击按钮实现启动 Service 并播放背景音乐，再次单击按钮实现停止 Service 并停止播放背景音乐，关键代码如下。

```
01  //设置全屏显示
02  getWindow().setFlags(WindowManager.LayoutParams.FLAG_FULLSCREEN,
03          WindowManager.LayoutParams.FLAG_FULLSCREEN);
04  ImageButton btn_play = (ImageButton) findViewById(R.id.btn_play);  //获取"播放/停止"按钮
05  //启动服务与停止服务，实现播放背景音乐与停止播放背景音乐
06  btn_play.setOnClickListener(new View.OnClickListener() {
07      @Override
08      public void onClick(View v) {
09          if (MusicService.isplay == false) {                 //判断音乐播放的状态
10              //启动服务，从而实现播放背景音乐
11              startService(new Intent(MainActivity.this, MusicService.class));
12              //更换播放背景音乐图标
13              ((ImageButton) v).setImageDrawable(getResources().getDrawable(R.drawable.play, null));
14          } else {
15              //停止服务，从而实现停止播放背景音乐
16              stopService(new Intent(MainActivity.this, MusicService.class));
17              //更换停止背景音乐图标
18              ((ImageButton) v).setImageDrawable(getResources().getDrawable(R.drawable.stop, null));
19          }
20      }
21  });
```

> **说明**
> 
> 如果没有停止 Service，关闭当前应用，音乐将继续播放。

（8）重写 onStart()方法，在该方法中实现进入界面时启动背景音乐 Service，关键代码如下。

```
01  @Override
02  protected void onStart() {                                  //实现进入界面时，启动背景音乐服务
03      //启动服务，从而实现播放背景音乐
04      startService(new Intent(MainActivity.this, MusicService.class));
05      super.onStart();
06  }
```

（9）在工具栏中找到 app 下拉列表框，选择要运行的应用（这里为 Background Music Service），再单击右侧的 ▶ 按钮，运行效果如图 17.6 所示。

图 17.6　控制游戏的背景音乐的播放

## 17.3　Bound Service

当应用程序组件通过调用 bindService()方法绑定到 Service 时，Service 处于绑定状态。多个组件可以一次绑定到一个 Service 上，当它们都解绑定时，Service 被销毁。

如果 Service 仅用于本地应用程序并且不必跨进程工作,则开发人员可以实现自己的 Binder 类来为客户端提供访问 Service 公共方法的方式。

> **注意**
> 这仅当客户端与 Service 位于同一个应用程序和进程时才有效，这也是最常见的情况。例如，音乐播放器需要绑定 Activity 到自己的 Service，从而在后台播放音乐。

应用程序组件（客户端）能调用 bindService()方法绑定到 Service，该方法的语法格式如下。

bindService(Intent service, ServiceConnection conn, int flags)

- ☑　service：通过 Intent 指定要启动的 Service。
- ☑　conn：一个 ServiceConnection 对象，该对象用于监听访问者与 Service 之间的连接情况。
- ☑　flags：指定绑定时是否自动创建 Service。该值设置为 0 时表示不自动创建；设置为 BIND_AUTO_CREATE 时表示自动创建。

接下来 Android 系统调用 Service 的 onBind()方法，返回 IBinder 对象来与 Service 通信。

> **注意**
> 
> 只有 Activity、Service 和 ContentProvider 能绑定到 Service，BroadcastReceiver 不能绑定到 Service。

**【例 17.02】** 模拟双色球彩票的随机选号（**实例位置：资源包\源码\17\17.02**）

在 Android Studio 中创建 Module，名称为 Random Selection Number，具体步骤如下。

（1）修改布局文件 activity_main.xml，首先将默认添加的布局管理器修改为相对布局管理器，并为布局管理器设置背景图片，然后添加 7 个 TextView 组件用于显示双色球的七组号码，最后添加一个用于选择随机号码的 Button 按钮。

（2）在 com.mingrisoft 包中，创建一个名称为 BinderService 的 Service 类，然后在该类中创建一个 MyBinder 内部类，用于获取 Service 对象与 Service 状态，关键代码如下。

```
01   public class MyBinder extends Binder {          //创建 MyBinder 内部类并获取服务对象与 Service 状态
02       public BinderService getService() {          //创建获取 Service 的方法
03           return BinderService.this;                //返回当前 Service 类
04       }
05   }
```

（3）在必须实现的 onBind()方法中返回 MyBinder 服务对象，关键代码如下。

```
01   @Override
02   public IBinder onBind(Intent intent) {           //必须实现的绑定方法
03       return new MyBinder();                        //返回 MyBinder 服务对象
04   }
```

（4）创建 getRandomNumber()方法，用于获取随机数字并将其转换为字符串保存在 ArrayList 数组中，关键代码如下。

```
01   public List getRandomNumber() {                  //创建获取随机号码的方法
02       List resArr = new ArrayList();                //创建 ArrayList 数组
03       String strNumber="";
04       for (int i = 0; i < 7; i++) {                 //将随机获取的数字转换为字符串添加到 ArrayList 数组中
05           int number = new Random().nextInt(33) + 1;
06           //把生成的随机数格式化为两位的字符串
07           if (number<10) {                          //在数字 1~9 前加 0
08               strNumber = "0" + String.valueOf(number);
09           } else {
10               strNumber=String.valueOf(number);
11           }
12           resArr.add(strNumber);
13       }
14       return resArr;                                //将数组返回
15   }
```

（5）重写 onDestroy()方法，用于销毁该 Service，具体代码如下。

```
01   @Override
02   public void onDestroy() {                        //销毁该 Service
```

```
03        super.onDestroy();
04    }
```

（6）打开默认创建的 MainActivity 类，该类继承 Activity，在该类中定义 Service 类与文本框组件 ID，关键代码如下。

```
01  BinderService binderService;                            //声明 BinderService
02  //文本框组件 ID
03  int[] tvid = {R.id.textView1, R.id.textView2, R.id.textView3, R.id.textView4,
04      R.id.textView5, R.id.textView6, R.id.textView7};
```

（7）在 onCreate()方法中，实现单击按钮获取随机的彩票号码，关键代码如下。

```
01  Button btn_random = (Button) findViewById(R.id.btn);    //获取随机选号按钮
02  btn_random.setOnClickListener(new View.OnClickListener() {  //单击按钮，获取随机彩票号码
03      @Override
04      public void onClick(View v) {
05          List number = binderService.getRandomNumber();  //获取 BinderService 类中的随机数数组
06          for (int i = 0; i < number.size(); i++) {       //遍历数组并显示
07              TextView tv = (TextView) findViewById(tvid[i]);  //获取文本框组件对象
08              String strNumber = number.get(i).toString();     //将获取的号码转为 String 类型
09              tv.setText(strNumber);                           //显示生成的随机号码
10          }
11      }
12  });
```

（8）在 MainActivity 中，创建 ServiceConnection 对象并实现相应的方法，然后在重写的 onServiceConnected()方法中获取后台 Service，具体代码如下。

```
01  private ServiceConnection conn = new ServiceConnection() {  //设置与后台 Service 进行通信
02      @Override
03      public void onServiceConnected(ComponentName name, IBinder service) {
04          binderService = ((BinderService.MyBinder) service).getService();//获取后台 Service 信息
05      }
06      @Override
07      public void onServiceDisconnected(ComponentName name) {
08      }
09  };
```

**说明**

当 Service 与绑定它的组件连接成功时将回调 ServiceConnection 对象的 onServiceConnected()方法；当 Service 与绑定它的组件断开连接时将回调 ServiceConnection 对象的 onServiceDisconnected()方法。

（9）重写 onStart()与 onStop()方法，用于实现启动 Activity 时与后台 Service 进行绑定、关闭 Activity 时解除与后台 Service 的绑定，关键代码如下。

```
01  @Override
02  protected void onStart() {                              //设置启动 Activity 时与后台 Service 进行绑定
```

```
03        super.onStart();
04        Intent intent = new Intent(this, BinderService.class);    //创建启动 Service 的 Intent
05        bindService(intent, conn, BIND_AUTO_CREATE);              //绑定指定 Service
06    }
07    @Override
08    protected void onStop() {                                      //设置关闭 Activity 时解除与后台 Service 的绑定
09        super.onStop();
10        unbindService(conn);                                       //解除绑定 Service
11    }
```

（10）在工具栏中找到 app 下拉列表框，选择要运行的应用（这里为 Random Selection Number），再单击右侧的▶按钮，运行效果如图 17.7 所示。

图 17.7　双色球随机选号

## 17.4　使用 IntentService

IntentService 是 Service 的子类。在介绍 IntentService 之前，先来了解使用 Service 时需要注意的以下两个问题。

（1）Service 不会专门启动一个线程来执行耗时操作，所有的操作都是在主线程中进行的，以至于容易出现 ANR（Application Not Responding）的情况。所以需要手动开启一个子线程。

（2）Service 不会自动停止，需要调用 stopSelf()方法或者是 stopService()方法来停止。

而使用 IntentService，则不会出现这两个问题。因为 IntentService 在开启 Service 时，会自动开启一个新的线程来执行它。另外，当 Service 运行结束后会自动停止。

例如，如果把 17.2.1 节创建的 MyService 修改为继承 IntentService，则可以使用下面的代码来模拟执行一段耗时任务，并测试其开启和停止。

```
01  public class MyIntentService extends IntentService {
02      public MyIntentService() {
03          super("MyIntentService");
04      }
05      @Override
06      protected void onHandleIntent(Intent intent) {
07          Log.i("IntentService：", "Service 已启动");
08          //模拟一段耗时任务
09          long endTime = System.currentTimeMillis() + 5 * 1000;
10          while (System.currentTimeMillis() < endTime) {
11              synchronized (this) {
12                  try {
13                      wait(endTime - System.currentTimeMillis());
14                  } catch (Exception e) {
15                      e.printStackTrace();
16                  }
17              }
18          }
19      }
20      @Override
21      public void onDestroy() {
22          Log.i("IntentService", "Service 已停止");
23      }
24  }
```

启动应用上面代码创建的 IntentService，在 LogCat 面板中将显示如图 17.8 所示的日志信息。

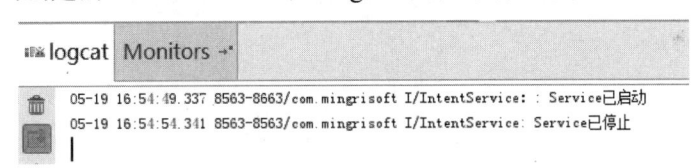

图 17.8 输出 Service 启动状态日志

从上面的代码中可以看出，使用 IntentService 执行耗时操作时不需要手动开启线程和停止 Service。

## 17.5 实　　战

### 17.5.1 通过启动和停止 Service 实现可以在后台播放音乐的播放器

通过启动和停止 Service 实现一个可以在后台播放音乐的播放器，要求播放音乐时返回手机 Home 主界面音乐继续播放，需要在 App 中单击"停止"按钮将音乐与后台服务停止。（**实例位置：资源包\源码\17\实战\01**）

### 17.5.2　通过 Bound Service 实现模拟下载进度

通过 Bound Service 实现一个模拟下载进度的实例，要求通过绑定服务传递进度条的进度值，然后在主界面中显示进度条。(**实例位置：资源包\源码\17\实战\02**)

# 17.6　小　　结

本章重点讲解了 Service、Bound Service 与 Intent Service，通过了解 Service 的生命周期与大量的举例说明，使读者更好地理解所学知识的用法。在阅读本章时，要重点掌握每种 Service 的概念及用法，这些内容已经基本覆盖了日常开发中可能使用到的 Service，从而帮助读者在遇到 Service 难题时能从容解决。

# 第 18 章

## 传感器

（视频讲解：50 分钟）

在 Android 手机中，传感器是必不可少的功能。通过传感器可以监测手机上发生的物理事件，只要灵活运用这些事件，就可以开发出很多方便、实用的 App。本章将对 Android 中的传感器进行详细介绍。

## 18.1 Android 传感器概述

传感器是一种微型的物理设备，能够探测、感受到外界信号，并按一定规律转换成我们需要的信息。在 Android 系统中，提供了用于接收这些信息并传递给我们的 API。利用这些 API 就可以开发出想要的功能。

Android 系统中的传感器可用于监视设备的移动和位置，以及周围环境的变化。例如，实现类似微信摇一摇功能时，可以使用加速度传感器来监听各个方向的加速度值；实现类似神庙逃亡 2 游戏时，可以使用方向传感器来实现倾斜设备变道功能。

### 18.1.1 Android 的常用传感器

市场上很多 App 都使用到传感器，如在一些 App 中可以自动识别屏幕的横屏或竖屏方向来改变屏幕布局，这是因为手机硬件支持重力感应和方向判断等功能。实际上 Android 系统对所有类型的传感器的处理都一样，只是传感器的类型有所区别。

与传感器硬件进行交互需要使用 Sensor 对象。Sensor 对象描述了它们代表的硬件传感器的属性，其中包括传感器的类型、名称、制造商，以及与精确度和范围有关的详细信息。

Sensor 类包含了一组常量，这些常量描述了一个特定的 Sensor 对象所表示的硬件传感器的类型，形式为 Sensor.TYPE_<TYPE>。在 Android 中支持的传感器的类型如表 18.1 所示。

表 18.1 Android 中支持的传感器类型

| 名 称 | 传感器类型常量 | 描 述 |
| --- | --- | --- |
| 加速度传感器 | Sensor.TYPE_ACCELEROMETER | 用于获取 Android 设备在 X、Y、Z 这 3 个方向上的加速度，单位为 m/s² |
| 重力传感器 | Sensor.TYPE_GRAVITY | 返回一个三维向量，这个三维向量可显示重力的方向和强度，单位为 m/s²。其坐标系与加速度传感器的坐标系相同 |
| 线性加速度传感器 | Sensor.TYPE_LINEAR_ACCELEROMETER | 用于获取 Android 设备在 X、Y、Z 这 3 个方向上不包括重力的加速度，单位为 m/s²。加速度传感器、重力传感器和线性加速度传感器这 3 者输出值的计算公式如下：<br>加速度 = 重力 + 线性加速度 |
| 陀螺仪传感器 | Sensor.TYPE_GYROSCOPE | 用于获取 Android 设备在 X、Y、Z 这 3 个方向上的旋转速度，单位是弧度/秒。该值为正值时代表逆时针旋转，该值为负值时代表顺时针旋转 |
| 光线传感器 | Sensor.TYPE_LIGHT | 用于获取 Android 设备所处外界环境的光线强度，单位是勒克斯（Lux 简称 lx） |
| 磁场传感器 | Sensor.TYPE_MAGNETIC_FIELD | 用于获取 Android 设备在 X、Y、Z 这 3 个方向上的磁场数据，单位是微特斯拉（μT） |

续表

| 名　称 | 传感器类型常量 | 描　述 |
|---|---|---|
| 方向传感器 | Sensor.TYPE_ORIENTATION | 返回 3 个角度，这 3 个角度可以确定设备的摆放状态 |
| 压力传感器 | Sensor.TYPE_PRESSURE | 用于获取 Android 设备所处环境的压力的大小，单位为毫巴（millibars） |
| 距离传感器 | Sensor.TYPE_PROXIMITY | 用于检测物体与 Android 设备的距离，单位是厘米。一些距离传感器只能返回"远"和"近"两个状态，"远"表示传感器的最大工作范围，而"近"是指比该范围小的任何值 |
| 温度传感器 | Sensor.TYPE_AMBIENT_TEMPERATURE | 用于获取 Android 设备所处环境的温度，单位是摄氏度。这个传感器是在 Android 4.0 中引入的，用于代替已被弃用的 Sensor.TYPE_TEMPERATURE |
| 相对湿度传感器 | Sensor.TYPE_RELATIVE_HUMIDITY | 用于获取 Android 设备所处环境的相对湿度，以百分比的形式表示。这个传感器是在 Android 4.0 中引入的 |
| 旋转矢量传感器 | Sensor.TYPE_ROTATION_VECTOR | 返回设备的方向，它表示为 X、Y、Z 这 3 个轴的角度的组合，是一个将坐标轴和角度混合计算得到的数据 |

> **说明**
> 虽然 Android 系统中支持多种传感器类型，但并不是每个 Android 设备都完全支持这些传感器。

## 18.1.2　开发步骤

开发传感器应用大致需要经过以下 3 个步骤。

（1）调用 Context 的 getSystemService(Context.SENSOR_SERVICE)方法来获取 SensorManager 对象。SensorManager 是所有传感器的一个综合管理类，包括了传感器的种类、采样率、精准度等。调用 Context 的 getSystemService()方法的代码如下。

`SensorManager sensorManager = (SensorManager)getSystemService(Context.SENSOR_SERVICE);`

（2）调用 SensorManager 的 getDefaultSensor(int type)方法来获取指定类型的传感器。例如，返回默认的压力传感器的代码如下。

`Sensor defaultPressure = sensorManager.getDefaultSensor(Sensor.TYPE_PRESSURE);`

（3）在 Activity 的 onResume()方法中调用 SensorManager 的 registerListener()方法为指定传感器注册监听器。程序通过实现监听器即可获取传感器传回来的数据。调用 registerListener()方法的语法格式如下。

`sensorManager.registerListener(SensorEventListener listener, Sensor sensor, int rate)`

- ☑ listener：监听传感器事件的监听器。该监听器需要实现 SensorEventListener 接口。
- ☑ sensor：传感器对象。
- ☑ rate：指定获取传感器数据的频率，它支持的频率值如表 18.2 所示。

表 18.2 获取传感器数据的频率值

| 频 率 值 | 描 述 |
| --- | --- |
| SensorManager.SENSOR_DELAY_FASTEST | 尽可能快地获得传感器数据，延迟最小 |
| SensorManager.SENSOR_DELAY_GAME | 适合游戏的频率 |
| SensorManager.SENSOR_DELAY_NORMAL | 正常频率 |
| SensorManager.SENSOR_DELAY_UI | 适合普通用户界面的频率，延迟较大 |

例如，使用正常频率为默认的压力传感器注册监听器的代码如下。

```
sensorManager.registerListener(this, defaultPressure, SensorManager.SENSOR_DELAY_NORMAL);
```

- ☑ SensorEventListener：是使用传感器的核心，其中需要实现的两个方法如下。
  - ➤ onSensorChanged(SensorEvent event)方法：该方法在传感器的值发生改变时调用。其参数是一个 SensorEvent 对象，通过该对象的 values 属性可以获取传感器的值，该值是一个包含了已检测到的新值的浮点型数组。不同传感器所返回的值的个数及其含义不同。不同传感器的返回值的详细信息如表 18.3 所示。

表 18.3 传感器的返回值

| 传感器名称 | 值的数量 | 值的构成 | 注 释 |
| --- | --- | --- | --- |
| 重力传感器 | 3 | value[0]：X 轴<br>value[1]：Y 轴<br>value[2]：Z 轴 | 沿着 3 个坐标轴以 $m/s^2$ 为单位的重力 |
| 加速度传感器 | 3 | value[0]：X 轴<br>value[1]：Y 轴<br>value[2]：Z 轴 | 沿着 3 个坐标轴以 $m/s^2$ 为单位的加速度 |
| 线性加速度传感器 | 3 | value[0]：X 轴<br>value[1]：Y 轴<br>value[2]：Z 轴 | 沿着 3 个坐标轴以 $m/s^2$ 为单位的加速度，不包含重力 |
| 陀螺仪传感器 | 3 | value[0]：X 轴<br>value[1]：Y 轴<br>value[2]：Z 轴 | 绕 3 个坐标轴的旋转速度，单位是弧度/秒 |
| 光线传感器 | 1 | value[0]：照度 | 以勒克斯（Lux）为单位测量的外界光线强度 |
| 磁场传感器 | 3 | value[0]：X 轴<br>value[1]：Y 轴<br>value[2]：Z 轴 | 以微特斯拉为单位表示的环境磁场 |
| 方向传感器 | 3 | value[0]：X 轴<br>value[1]：Y 轴<br>value[2]：Z 轴 | 以角度确定设备的摆放状态 |

续表

| 传感器名称 | 值的数量 | 值的构成 | 注　释 |
|---|---|---|---|
| 压力传感器 | 1 | value[0]：气压 | 以毫巴为单位测量的气压 |
| 距离传感器 | 1 | value[0]：距离 | 以厘米为单位测量的设备与目标的距离 |
| 温度传感器 | 1 | value[0]：温度 | 以摄氏度为单位测量的环境温度 |
| 相对湿度传感器 | 1 | value[0]：相对湿度 | 以百分比形式表示的相对湿度 |
| 旋转矢量传感器 | 3（还有一个可选参数） | value[0]：x*sin(θ/2)<br>value[1]：y*sin(θ/2)<br>value[2]：z*sin(θ/2)<br>value[3]：cos(θ/2)（可选） | 设备方向，以绕坐标轴的旋转角度表示 |

传感器的坐标系统和 Android 设备屏幕的坐标系统不同。对于大多数传感器来说，其坐标系统的 X 轴方向沿屏幕向右，Y 轴方向沿屏幕向上，Z 轴方向是垂直屏幕向上。传感器的坐标系统示意图如图 18.1 所示。

图 18.1　传感器的坐标系统

**注意**

在 Android 设备屏幕的方向发生改变时，传感器坐标系统的各坐标轴不会发生变化，即传感器的坐标系统不会因设备的移动而改变。

➢ onAccuracyChanged(Sensor sensor, int accuracy)方法：该方法在传感器的精度发生改变时调用。参数 sensor 表示传感器对象，参数 accuracy 表示该传感器新的精度值。

以上就是开发传感器的 3 个步骤。除此之外，当应用程序不再需要接收更新时，需要注销其传感器事件监听器，代码如下。

sensorManager.unregisterListener(this);

**说明**

Android 模拟器本身并没有提供传感器的功能，开发者需要把程序部署到具有传感器的物理设备上运行。

【例 18.01】　实时输出重力传感器和光线传感器的值（**实例位置：资源包\源码\18\18.01**）

在 Android Studio 中创建项目，名称为 Sensor，然后在该项目中创建一个 Module，名称为 Sensor Test。在该 Module 中实现本实例，具体步骤如下。

（1）修改新建 Module 的 res\layout 目录下的布局文件 activity_main.xml，首先将默认添加的布局管理器修改为垂直线性布局管理器；然后在布局管理器中添加用于显示传感器名称的文本框组件与用于显示传感器输出信息的编辑框组件。

（2）打开默认添加的 MainActivity，然后实现 SensorEventListener 接口，再重写相应的方法，并定义所需的成员变量，最后在 onCreate()方法中，获取布局管理器中添加的编辑框组件，并获取传感器管理对象，具体代码如下。

```
01  public class MainActivity extends AppCompatActivity implements SensorEventListener {
02      EditText textGRAVITY, textLIGHT;                              //传感器输出信息的编辑框
03      private SensorManager sensorManager;                          //定义传感器管理器
04      @Override
05      protected void onCreate(Bundle savedInstanceState) {
06          super.onCreate(savedInstanceState);
07          setContentView(R.layout.activity_main);
08          //获取重力传感器输出信息的编辑框
09          textGRAVITY= (EditText) findViewById(R.id.textGRAVITY);
10          //获取光线传感器输出信息的编辑框
11          textLIGHT= (EditText) findViewById(R.id.textLIGHT);
12          sensorManager= (SensorManager) getSystemService(SENSOR_SERVICE);    //获取传感器管理
13      }
14      @Override
15      public void onSensorChanged(SensorEvent event) {
16      }
17      @Override
18      public void onAccuracyChanged(Sensor sensor, int accuracy) {
19      }
20  }
```

（3）重写 onResume()方法，实现当界面获取焦点时为传感器注册监听器，具体代码如下。

```
01  @Override
02  protected void onResume() {
03      super.onResume();
04      //为重力传感器注册监听器
05      sensorManager.registerListener(this,
06              sensorManager.getDefaultSensor(Sensor.TYPE_GRAVITY),
07              SensorManager.SENSOR_DELAY_GAME);
08      //为光线传感器注册监听器
09      sensorManager.registerListener(this,
10              sensorManager.getDefaultSensor(Sensor.TYPE_LIGHT),
11              SensorManager.SENSOR_DELAY_GAME);
12  }
```

（4）重写 onPause()与 onStop()方法，并且在这两个方法中取消注册的监听器，具体代码如下。

```
01  @Override
02  protected void onPause() {                                        //取消注册的监听器
```

```
03        sensorManager.unregisterListener(this);
04        super.onPause();
05    }
06    @Override
07    protected void onStop() {                                    //取消注册的监听器
08        sensorManager.unregisterListener(this);
09        super.onStop();
10    }
```

（5）重写 onSensorChanged()方法，在该方法中首先获取传感器 X、Y、Z 这 3 个轴的输出信息，然后获取传感器类型，并输出相应传感器的信息，关键代码如下。

```
01    float[] values = event.values;                               //获取 X、Y、Z 这 3 轴的输出信息
02    int sensorType = event.sensor.getType();                     //获取传感器类型
03    switch (sensorType) {
04        case Sensor.TYPE_GRAVITY:
05            StringBuilder stringBuilder = new StringBuilder();
06            stringBuilder.append("X 轴横向重力值:");
07            stringBuilder.append(values[0]);
08            stringBuilder.append("\nY 轴纵向重力值:");
09            stringBuilder.append(values[1]);
10            stringBuilder.append("\nZ 轴向上重力值:");
11            stringBuilder.append(values[2]);
12            textGRAVITY.setText(stringBuilder.toString());
13            break;
14        case Sensor.TYPE_LIGHT:
15            stringBuilder = new StringBuilder();
16            stringBuilder.append("光的强度值:");
17            stringBuilder.append(values[0]);
18            textLIGHT.setText(stringBuilder.toString());
19            break;
20    }
```

（6）在 AndroidManifest.xml 文件的<activity>标记中添加 screenOrientation 属性，设置其竖屏显示，关键代码如下。

```
android:screenOrientation="portrait"
```

（7）在工具栏中找到 app 下拉列表框，然后单击要运行的应用（这里为 Sensor Test），再单击右侧的▶按钮，运行效果如图 18.2 所示。

图 18.2　获取传感器输出信息

## 18.2 磁场传感器

磁场传感器简称为 M-sensor，主要用于读取 Android 设备外部的磁场强度。随着 Android 设备位置移动和摆放状态的改变，周围的磁场在设备 X、Y、Z 这 3 个方向上的影响也会发生改变。

磁场传感器会返回 3 个数据，这 3 个数据分别代表 X、Y、Z 这 3 个方向上的磁场数据。该数值的单位是微特斯拉（μT）。

通过使用磁场传感器，应用程序就可以检测到设备周围的磁场强度，因此，借助于磁场传感器可以开发出指南针等应用。

【例 18.02】 使用磁场传感器实现指南针（**实例位置：资源包\源码\18\18.02**）

在 Android Studio 中创建 Module，名称为 Compass。在该 Module 中实现本实例，具体步骤如下。

（1）创建一个名称为 PointerView 的类，该类继承自 android.view.View 类并且实现 SensorEventListener 接口，再重写相应的方法，最后定义所需的成员变量，具体代码如下。

```
01  public class PointerView extends View implements SensorEventListener {
02      private Bitmap pointer = null;                      //定义指针位图
03      private float[] allValue;                           //定义传感器三轴的输出信息
04      private SensorManager sensorManager;                //定义传感器管理器
05      public PointerView(Context context, AttributeSet attrs) {
06          super(context, attrs);
07      }
08      @Override
09      public void onSensorChanged(SensorEvent event) {
10      }
11      @Override
12      public void onAccuracyChanged(Sensor sensor, int accuracy) {
13      }
14      @Override
15      protected void onDraw(Canvas canvas) {
16          super.onDraw(canvas);
17      }
18  }
```

（2）修改布局文件 activity_main.xml，首先将默认添加的布局管理器修改为帧布局管理器，然后将默认添加的 TextView 组件删除。并且在帧布局管理器中添加一个 ImageView 组件，用于显示背景图，最后添加步骤（1）中创建的自定义 View，修改后的代码如下。

```
01  <FrameLayout
02      xmlns:android="http://schemas.android.com/apk/res/android"
03      xmlns:tools="http://schemas.android.com/tools"
04      android:layout_width="match_parent"
05      android:layout_height="match_parent"
06      tools:context="com.mingrisoft.MainActivity">
07      <ImageView
08          android:id="@+id/background"
```

```
09        android:layout_width="wrap_content"
10        android:layout_height="wrap_content"
11        android:layout_gravity="center"
12        android:src="@drawable/background"
13        />
14  <!--添加自定义 View-->
15  <com.mingrisoft.PointerView
16        android:layout_width="wrap_content"
17        android:layout_height="wrap_content" />
18  </FrameLayout>
```

（3）打开 PointerView 类，在 PointerView 类的构造方法中，首先获取要绘制的指针位图与传感器管理器，然后为磁场传感器注册监听器，关键代码如下。

```
01  pointer = BitmapFactory.decodeResource(super.getResources(),
02          R.drawable.pointer);                              //获取要绘制的指针位图
03  //获取传感器管理器
04  sensorManager = (SensorManager) context
05          .getSystemService(Context.SENSOR_SERVICE);
06  //为磁场传感器注册监听器
07  sensorManager.registerListener(this,
08          sensorManager.getDefaultSensor(Sensor.TYPE_MAGNETIC_FIELD),
09          SensorManager.SENSOR_DELAY_GAME);
```

（4）重写 onSensorChanged()方法，在该方法中首先判断获取的是否是磁场传感器；然后获取磁场传感器 X、Y、Z 这 3 个轴的输出信息并保存信息，最后通过 super.postInvalidate()方法刷新界面，关键代码如下。

```
01  if (event.sensor.getType() == Sensor.TYPE_MAGNETIC_FIELD) {   //如果是磁场传感器
02      float value[] = event.values;                              //获取磁场传感器三轴的输出信息
03      allValue = value;                                          //保存输出信息
04      super.postInvalidate();                                    //刷新界面
05  }
```

（5）重写 onDraw()方法，在该方法中首先根据磁场传感器的坐标计算指针的角度，然后绘制指针。关键代码如下。

```
01  Paint p = new Paint();                                         //创建画笔
02  if (allValue != null) {                                        //传感器三轴输出信息不为空
03      float x = allValue[0];                                     //获取 x 轴坐标
04      float y = allValue[1];                                     //获取 y 轴坐标
05      canvas.save();                                             //保存 Canvas 的状态
06      canvas.restore();                                          //重置绘图对象
07      //以屏幕中心点作为旋转中心
08      canvas.translate(super.getWidth() / 2, super.getHeight() / 2);
09      //判断 y 轴为 0 时的旋转角度
10      if (y == 0 && x > 0) {
11          canvas.rotate(90);                                     //旋转角度为 90°
12      } else if (y == 0 && x < 0) {
13          canvas.rotate(270);                                    //旋转角度为 270°
14      } else {
```

```
15              //通过三角函数 tanh()方法计算旋转角度
16              if (y >= 0) {
17                  canvas.rotate((float) Math.tanh(x / y) * 90);
18              } else {
19                  canvas.rotate(180 + (float) Math.tanh(x / y) * 90);
20              }
21          }
22      }
23      //绘制指针
24      canvas.drawBitmap(this.pointer, -this.pointer.getWidth() / 2,
25              -this.pointer.getHeight() / 2, p);
```

（6）在 AndroidManifest.xml 文件的<activity>标记中添加 screenOrientation 属性，设置其竖屏显示，关键代码如下。

```
android:screenOrientation="portrait"
```

（7）在工具栏中找到 app 下拉列表框，选择要运行的应用（这里为 Compass），再单击右侧的▶按钮，运行效果如图 18.3 所示。

图 18.3　指南针

## 18.3　加速度传感器

加速度传感器是用于检测设备加速度的传感器。对于加速度传感器来说，SensorEvent 对象的 values 属性将返回 3 个值，分别代表 Android 设备在 X、Y、Z 这 3 个方向上的加速度，单位为 m/s²。当 Android 设备横向左右移动时，可能产生 X 轴上的加速度；当 Android 设备前后移动时，可能产生 Y 轴上的加速度；当 Android 设备垂直上下移动时，可能产生 Z 轴上的加速度。

通过使用加速度传感器，可以开发出类似微信摇一摇以及运动 App 的计步功能。

## 第 18 章 传 感 器

**【例 18.03】** 使用加速度传感器实现摇红包（**实例位置：资源包\源码\18\18.03**）

在 Android Studio 中创建 Module，名称为 Shake Red Packet。在该 Module 中实现本实例，具体步骤如下。

（1）修改布局文件 activity_main.xml，首先将默认添加的布局管理器修改为相对布局管理器，然后将 TextView 组件删除，再为布局管理器添加背景。

（2）创建一个名称为 packet.xml 的布局文件，在该布局文件中添加一个 ImageView 组件，用于显示红包图片。

（3）打开默认添加的 MainActivity，让 MainActivity 实现 SensorEventListener 接口，再重写相应的方法，最后在该类中定义所需的成员变量，关键代码如下。

```
01   private SensorManager sensorManager;                                  //定义传感器管理器
02   private Vibrator vibrator;                                            //定义振动器
```

（4）在 onCreate()方法中，获取传感器管理器与振动器服务，关键代码如下。

```
01   sensorManager = (SensorManager) getSystemService(SENSOR_SERVICE);     //获取传感器管理器
02   vibrator = (Vibrator) getSystemService(Service.VIBRATOR_SERVICE);     //获取振动器服务
```

（5）重写 onResume()方法，并在该方法中为传感器注册监听器，关键代码如下。

```
01   //为加速度传感器注册监听器
02   sensorManager.registerListener(this, sensorManager.getDefaultSensor
03           (Sensor.TYPE_ACCELEROMETER), SensorManager.SENSOR_DELAY_GAME);
```

（6）重写 onSensorChanged()方法，实现摇动手机，显示红包的功能，关键代码如下。

```
01   float[] values = event.values;                                        //获取传感器 X、Y、Z 这 3 个轴的输出信息
02   int sensorType = event.sensor.getType();                              //获取传感器类型
03   if (sensorType == Sensor.TYPE_ACCELEROMETER) {                        //如果是加速度传感器
04       //X 轴输出信息>15，Y 轴输出信息>15，Z 轴输出信息>20
05       if (values[0] > 15 || values[1] > 15 || values[2] > 20) {
06           Toast.makeText(MainActivity.this, "摇一摇", Toast.LENGTH_SHORT).show();
07           //创建 AlertDialog.Builder 对象
08           AlertDialog.Builder alertDialog = new AlertDialog.Builder(this);
09           alertDialog.setView(R.layout.packet);                         //添加布局文件
10           alertDialog.show();                                           //显示 alertDialog
11           vibrator.vibrate(500);                                        //设置振动器频率
12           sensorManager.unregisterListener(this);                       //取消注册的监听器
13       }
14   }
```

（7）在 AndroidManifest.xml 文件的<activity>标记中添加 screenOrientation 属性，设置其竖屏显示，关键代码如下。

```
android:screenOrientation="portrait"
```

（8）打开 AndroidManifest.xml 文件，在其中设置振动器的使用权限，具体代码如下。

```
<uses-permission android:name="android.permission.VIBRATE"></uses-permission>
```

（9）在工具栏中找到 app 下拉列表框，选择要运行的应用（这里为 Shake Red Packet），再单击右侧的 ▶ 按钮，将显示如图 18.4 所示的界面，摇动手机后显示如图 18.5 所示的红包。

图 18.4　摇一摇界面　　　　　　　　　　　图 18.5　显示红包

## 18.4　实　　战

### 18.4.1　通过重力传感器实现移动的小球

通过重力传感器 X 与 Y 轴值的变化实现一个在手机屏幕内移动的小球。（**实例位置：资源包\源码\18\实战\01**）

### 18.4.2　通过加速度传感器实现摇晃手机更换音乐

通过加速度传感器实现一个摇晃手机更换音乐的实例。（**实例位置：资源包\源码\18\实战\02**）

## 18.5　小　　结

本章重点讲解了传感器与定位服务，首先介绍了开发传感器的几个步骤及如何使用 SensorEventListener 监听传感器数据，另外还讲解了几种常见传感器的功能和用法。通过本章所介绍的内容可以开发出一些有趣的应用，希望读者能很好地理解并掌握。

# 第19章

## 网络编程的应用

（ 视频讲解：41分钟）

智能手机的一个主要功能就是可以访问互联网，大多数 App 都需要通过互联网执行某种网络通信，因此网络支持对于手机 App 来说是尤为重要的。本章将对 Android 中的网络编程相关知识进行详细介绍。

# 19.1 通过 HTTP 访问网络

在 Android 中也可以使用 HTTP 协议访问网络。例如，在使用应用宝 App 下载游戏时，或者刷新朋友圈时，都需要通过 HTTP 协议访问网络。

在 Android 中提供了两个用于 HTTP 通信的 API，即 HttpURLConnection 和 Apache 的 HttpClient。由于 Android 6.0 版本已经基本将 HttpClient 从 SDK 中移除了。所以这里主要介绍 HttpURLConnection。

HttpURLConnection 类位于 java.net 包中，用于发送 HTTP 请求和获取 HTTP 响应。由于该类是抽象类，不能直接实例化对象，因此需要使用 URL 的 openConnection()方法来获得。例如，要创建一个 http://www.mingribook.com 网站对应的 HttpURLConnection 对象，可以使用下面的代码。

```
01  URL url = new URL("http://www.mingribook.com/");
02  HttpURLConnection urlConnection = (HttpURLConnection) url.openConnection();
```

HttpURLConnection 是 URLConnection 的一个子类，它在 URLConnection 的基础上提供了如表 19.1 所示的方法，从而方便发送和响应 HTTP 请求。

表 19.1 HttpURLConnection 常用的方法

| 方 法 | 描 述 |
| --- | --- |
| int getResponseCode() | 获取服务器的响应代码 |
| String getResponseMessage() | 获取服务器的响应消息 |
| String getRequestMethod() | 获取发送请求的方法 |
| void setRequestMethod(String method) | 设置发送请求的方法 |

创建了 HttpURLConnection 对象后，即可使用该对象发送 HTTP 请求。

## 19.1.1 发送 GET 请求

使用 HttpURLConnection 对象发送请求时，默认发送的就是 GET 请求。因此，发送 GET 请求比较简单，只需要在指定连接地址时，先将要传递的参数通过 "?参数名=参数值" 的形式进行传递（多个参数间使用英文半角的&符号分隔。例如，要传递用户名和 E-mail 地址这两个参数，可以使用?user=wgh&email= wgh717@sohu.com 实现），然后获取流中的数据，并关闭连接即可。

> **说明**
> 使用 HTTP 协议访问网络就是客户端与服务器的通信，所以运行本章实例不仅需要创建客户端 app 实例，还需要创建简单的后台服务器。

> **注意**
> （1）永远不要在主线程上执行网络调用。
> （2）在 Service 而不是 Activity 中执行网络操作。

下面通过一个实例来说明如何使用 HttpURLConnection 发送 GET 请求。

**【例 19.01】** 使用 GET 方式发表并显示微博信息（**实例位置：资源包\源码\19\19.01**）

在 Android Studio 中创建项目，名称为 GET Request，然后在该项目中创建一个 Module，名称为 GET Request。在该 Module 中实现本实例，具体步骤如下。

（1）修改新建 Module 的 res\layout 目录下的布局文件 activity_main.xml，首先将默认添加的布局管理器修改为垂直线性布局管理器并为其设置背景图片，删除默认添加的 TextView 组件，然后添加一个编辑框（用于输入微博内容）以及一个"发表"按钮，再添加一个滚动视图，在该视图中添加一个文本框，用于显示从服务器上读取的微博内容。

（2）打开主活动 MainActivity，该类继承 Activity，定义所需的成员变量，具体代码如下。

```
01    private EditText content;                                //定义一个输入文本内容的编辑框对象
02    private Handler handler;                                 //定义一个 android.os.Handler 对象
03    private String result = "";                              //定义一个代表显示内容的字符串
```

（3）创建 base64() 方法，对传递的参数进行 Base64 编码，用于解决乱码问题。具体代码如下。

```
01    public String base64(String content) {
02        try {
03            //对字符串进行 Base64 编码
04            content = Base64.encodeToString(content.getBytes("utf-8"), Base64.DEFAULT);
05            content = URLEncoder.encode(content, "utf-8");   //对字符串进行 URL 编码
06        } catch (UnsupportedEncodingException e) {
07            e.printStackTrace();
08        }
09        return content;
10    }
```

> **说明**
> 要解决应用 GET 方法传递中文参数时产生乱码的问题，也可以使用 Java 提供的 URLEncoder 类来实现。

（4）创建 send() 方法，用于建立一个 HTTP 连接，并将输入的内容发送到 Web 服务器，再读取服务器的处理结果，具体代码如下。

```
01    public void send() {
02        String target = "";
03        target = "http://192.168.1.198:8080/example/get.jsp?content="
04                + base64(content.getText().toString().trim());        //要访问的 URL 地址
05        URL url;
06        try {
07            url = new URL(target);
08            HttpURLConnection urlConn = (HttpURLConnection) url
09                    .openConnection();                                  //创建一个 HTTP 连接
10            InputStreamReader in = new InputStreamReader(
```

```
11                    urlConn.getInputStream());                    //获得读取的内容
12           BufferedReader buffer = new BufferedReader(in);        //获取输入流对象
13           String inputLine = null;
14           //通过循环逐行读取输入流中的内容
15           while ((inputLine = buffer.readLine()) != null) {
16               result += inputLine + "\n";
17           }
18           in.close();                                             //关闭字符输入流对象
19           urlConn.disconnect();                                   //断开连接
20       } catch (MalformedURLException e) {
21           e.printStackTrace();
22       } catch (IOException e) {
23           e.printStackTrace();
24       }
25   }
```

> **说明**
>
> 根据当前计算机的 IP 和 Tomcat 服务器的端口号设置要访问的 URL 地址。上面代码中的 192.168.1.198 是当前计算机的 IP 地址；8080 是 Tomcat 服务器的端口号。

（5）在 onCreate()方法中，首先在"发表"按钮的单击事件中，判断输入内容是否为空；然后创建 Handler 对象并重写 handleMessage()方法，用于更新 UI 界面；最后创建新的线程，用于从服务器中获取相关数据，关键代码如下。

```
01   //获取输入文本内容的 EditText 组件
02   content = (EditText) findViewById(R.id.content);
03   //获取显示结果的 TextView 组件
04   final TextView resultTV = (TextView) findViewById(R.id.result);
05   Button button = (Button) findViewById(R.id.button);            //获取"发表"按钮组件
06   //单击"发表"按钮，实现读取服务器微博信息
07   button.setOnClickListener(new View.OnClickListener() {
08       @Override
09       public void onClick(View v) {
10           //判断输入内容是否为空，为空给出提示消息，否则访问服务器
11           if ("".equals(content.getText().toString())) {
12               Toast.makeText(MainActivity.this, "请输入要发表的内容！",
13                       Toast.LENGTH_SHORT).show();                 //显示消息提示
14               return;
15           }
16           handler = new Handler() {                               //将服务器中的数据显示在 UI 界面中
17               @Override
18               public void handleMessage(Message msg) {
19                   super.handleMessage(msg);
20               }
21           };
22           new Thread(new Runnable() {                             //创建一个新线程，用于发送并读取微博信息
```

```
23            public void run() {
24                send();                                   //调用 send()方法，用于发送文本内容到 Web 服务器
25                Message m = handler.obtainMessage();      //获取一个 Message
26                handler.sendMessage(m);                   //发送消息
27            }
28        }).start();                                        //开启线程
29    }
30 });
```

（6）重写 Handler 对象中的 handleMessage()方法，在该方法中实现将服务器中的数据显示在 UI 界面中，关键代码如下。

```
01 if (result != null) {                                    //如果服务器返回结果不为空
02     resultTV.setText(result);                            //显示获得的结果
03     content.setText("");                                 //清空文本框
04 }
```

（7）由于在本实例中需要访问网络资源，所以还需要在 AndroidManifest.xml 文件中指定允许访问网络资源的权限，具体代码如下。

```
<uses-permission android:name="android.permission.INTERNET"></uses-permission>
```

（8）创建 Web 应用，用于接收 Android 客户端发送的请求，并做出响应。这里在 Tomcat 安装路径下的 webapps 目录中创建一个名称为 example 的文件夹，再在该文件夹中创建一个名称为 get.jsp 的文件，用于获取参数 content 指定的微博信息，并输出转码后的 content 变量的值，具体代码如下。

```
01 <%@page contentType="text/html; charset=utf-8" language="java" import="sun.misc.BASE64Decoder"%>
02 <%
03 String content=request.getParameter("content");          //获取输入的微博信息
04   if(content!=null){
05   BASE64Decoder decoder=new BASE64Decoder();
06   content=new String(decoder.decodeBuffer(content),"utf-8");   //进行 Base64 解码
07 String date=new java.util.Date().toLocaleString();       //获取系统时间
08 %>
09 <%="[马 云]于 "+date+" 发表一条微博，内容如下："%>
10 <%=content%>
11 <% }%>
```

**说明**

也可以将资源包\源码\19\19.01\需要部署到 Tomcat 下的文件中的 example 文件夹放到 Tomcat 安装路径下的 webapps 目录中，并启动 Tomcat 服务器，然后运行本实例。

（9）在工具栏中找到 app 下拉列表框，选择要运行的应用（这里为 GET Request），再单击右侧的 ▶ 按钮，运行效果如图 19.1 所示。

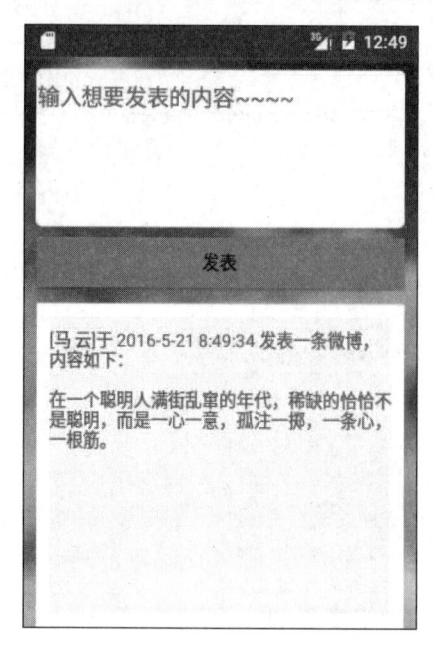

图 19.1 使用 GET 方式发表并显示微博信息

## 19.1.2 发送 POST 请求

在 Android 中,使用 HttpURLConnection 类发送请求时,默认采用的是 GET 请求,如果要发送 POST 请求,需要通过其 setRequestMethod()方法进行指定。例如,创建一个 HTTP 连接,并为该连接指定请求的发送方式为 POST,可以使用下面的代码。

```
01  HttpURLConnection urlConn = (HttpURLConnection) url.openConnection();    //创建一个 HTTP 连接
02  urlConn.setRequestMethod("POST");                                        //指定请求方式为 POST
```

发送 POST 请求要比发送 GET 请求复杂一些,它需要通过 HttpURLConnection 类及其父类 URLConnection 提供的方法设置相关内容,常用的方法如表 19.2 所示。

表 19.2 发送 POST 请求时常用的方法

| 方　　法 | 描　　述 |
| --- | --- |
| setDoInput(boolean newValue) | 用于设置是否向连接中写入数据,如果参数值为 true,表示写入数据;否则不写入数据 |
| setDoOutput(boolean newValue) | 用于设置是否从连接中读取数据,如果参数值为 true,表示读取数据;否则不读取数据 |
| setUseCaches(boolean newValue) | 用于设置是否缓存数据,如果参数值为 true,表示缓存数据;否则表示禁用缓存 |
| setInstanceFollowRedirects(boolean followRedirects) | 用于设置是否应该自动执行 HTTP 重定向,参数值为 true 时,表示自动执行;否则不自动执行 |
| setRequestProperty(String field, String newValue) | 用于设置一般请求属性,例如,要设置内容类型为表单数据,可以进行以下设置:setRequestProperty("Content-Type","application/x-www-form-urlencoded") |

下面通过一个具体的实例来介绍如何使用 HttpURLConnection 类发送 POST 请求。

【例 19.02】    使用 POST 方式登录 QQ（**实例位置：资源包\源码\19\19.02**）

在 Android Studio 中创建 Module，名称为 POST Request。在该 Module 中实现本实例，具体步骤如下。

> **说明**
> 
> 该实例布局代码与 15.1.3 小节中的实例 15.01 相同。

（1）打开主活动 MainActivity，该类继承 Activity，定义所需的成员变量，具体代码如下。

```
01  private EditText edit_Username;              //定义一个输入账号的编辑框组件
02  private EditText edit_Password;              //定义一个输入密码的编辑框组件
03  private Handler handler;                     //定义一个 android.os.Handler 对象
04  private String result = "";                  //定义一个代表显示内容的字符串
```

（2）创建 send()方法，用于建立一个 HTTP 连接，并将输入的内容发送到 Web 服务器，再读取服务器的处理结果，具体代码如下。

```
01  public void send() {
02      String target = "http://192.168.1.198:8080/example/post.jsp";  //要提交的服务器地址
03      URL url;
04      try {
05          url = new URL(target);                                      //创建 URL 对象
06          //创建一个 HTTP 连接
07          HttpURLConnection urlConn = (HttpURLConnection) url.openConnection();
08          urlConn.setRequestMethod("POST");                           //指定使用 POST 请求方式
09          urlConn.setDoInput(true);                                   //向连接中写入数据
10          urlConn.setDoOutput(true);                                  //从连接中读取数据
11          urlConn.setUseCaches(false);                                //禁止缓存
12          urlConn.setInstanceFollowRedirects(true);                   //自动执行 HTTP 重定向
13          urlConn.setRequestProperty("Content-Type",
14                  "application/x-www-form-urlencoded");               //设置内容类型
15          DataOutputStream out = new DataOutputStream(
16                  urlConn.getOutputStream());                         //获取输出流
17          //连接要提交的数据
18          String param = "username="
19                  + URLEncoder.encode(edit_Username.getText().toString(), "utf-8")
20                  + "&password="
21                  + URLEncoder.encode(edit_Password.getText().toString(), "utf-8");
22          out.writeBytes(param);                                      //将要传递的数据写入数据输出流
23          out.flush();                                                //输出缓存
24          out.close();                                                //关闭数据输出流
25          if (urlConn.getResponseCode() == HttpURLConnection.HTTP_OK) {  //判断是否响应成功
26              InputStreamReader in = new InputStreamReader(
```

```
27                urlConn.getInputStream()));                    //获得读取的内容
28            BufferedReader buffer = new BufferedReader(in);    //获取输入流对象
29            String inputLine = null;
30            //通过循环逐行读取输入流中的内容
31            while ((inputLine = buffer.readLine()) != null) {
32                result += inputLine;
33            }
34            in.close();                                         //关闭字符输入流
35        }
36        urlConn.disconnect();                                   //断开连接
37    } catch (MalformedURLException e) {
38        e.printStackTrace();
39    } catch (IOException e) {
40        e.printStackTrace();
41    }
42 }
```

（3）在 onCreate()方法中，首先在"登录"按钮的单击事件中，判断账号和密码是否为空，然后创建 Handler 对象并重写 handleMessage()方法，用于更新 UI 界面，最后创建新的线程，用于从服务器中获取相关数据，关键代码如下。

```
01 edit_Username = (EditText) findViewById(R.id.username);      //获取用于输入账号的编辑框组件
02 edit_Password = (EditText) findViewById(R.id.password);      //获取用于输入密码的编辑框组件
03 ImageButton btn_Login = (ImageButton) findViewById(R.id.login);  //获取用于登录的按钮控件
04 //单击"登录"按钮，发送信息与服务器交互
05 btn_Login.setOnClickListener(new View.OnClickListener() {
06     @Override
07     public void onClick(View v) {
08         //当用户名、密码为空时给出相应提示
09         if ("".equals(edit_Username.getText().toString())
10             || "".equals(edit_Password.getText().toString())) {
11             Toast.makeText(MainActivity.this, "请填写账号或密码！",
12                 Toast.LENGTH_SHORT).show();
13             return;
14         }
15         handler = new Handler() {
16             @Override
17             public void handleMessage(Message msg) {
18                 super.handleMessage(msg);
19             }
20         };
21         new Thread(new Runnable() {        //创建一个新线程，用于从网络上获取数据
22             public void run() {
23                 send();                    //调用 send()方法，用于将账号和密码发送到 Web 服务器
24                 Message m = handler.obtainMessage();  //获取一个 Message 对象
25                 handler.sendMessage(m);               //发送消息
26             }
```

```
27            }).start();                                        //开启线程
28        }
29   });
```

（4）重写 Handler 对象中的 handleMessage()方法，在该方法中实现通过服务器中返回的数据判断是否显示登录后的界面，关键代码如下。

```
01   if ("ok".equals(result)) {   //如果服务器返回值为 ok，则表示账号和密码输入正确
02       //跳转登录后界面
03       Intent in = new Intent(MainActivity.this, MessageActivity.class);
04       startActivity(in);
05   }else {
06       //账号、密码错误的提示信息
07       Toast.makeText(MainActivity.this, "请填写正确的账号和密码！",
08               Toast.LENGTH_SHORT).show();
09   }
```

（5）由于在本实例中需要访问网络资源，所以还需要在 AndroidManifest.xml 文件中指定允许访问网络资源的权限，具体代码如下。

```
<uses-permission android:name="android.permission.INTERNET"/>
```

（6）创建 Web 应用，用于接收 Android 客户端发送的请求，并做出响应。这里编写一个名称为 post.jsp 的文件。在该文件中首先获取客户端填写的账号和密码，然后判断账号和密码是否正确，如果账号和密码正确，则向客户端传递通过指令"ok"，具体代码如下。

```
01   <%@ page contentType="text/html; charset=utf-8" language="java" %>
02   <%String password=request.getParameter("password");           //获取输入的密码
03   String username=request.getParameter("username");             //获取输入的用户名
04   if(password!=null && username!=null){
05   username=new String(username.getBytes("iso-8859-1"),"utf-8");  //对用户名进行转码
06   password=new String(password.getBytes("iso-8859-1"),"utf-8");  //对密码进行转码
07   if("mr".equals(username)&&"mrsoft".equals(password)){
08   %>
09   <%="ok"%>
10   <%}%>
11   <%}%>
```

**说明**

将 post.jsp 文件放到 Tomcat 安装路径下的 webapps\example 目录中，并启动 Tomcat 服务器，然后运行本实例。

（7）在工具栏中找到 app 下拉列表框，选择要运行的应用（这里为 POST Request），再单击右侧的 ▶ 按钮，在显示的界面中输入账号 mr 与密码 mrsoft，如图 19.2 所示。单击"登录"按钮，通过服务器判断账号和密码正确后显示登录后的界面，如图 19.3 所示。

图 19.2　登录界面　　　　　　图 19.3　登录后的界面

## 19.2　解析 JSON 格式数据

### 19.2.1　JSON 简介

JSON（JavaScript Object Notation）是一种轻量级的数据交换格式。语法简洁，不仅易于阅读和编写，而且也易于机器的解析和生成。

JSON 通常由两种数据结构组成：一种是对象（"名称/值"形式的映射）；另一种是数组（值的有序列表）。JSON 没有变量或其他控制，只用于数据传输。

**1．对象**

在 JSON 中，可以使用下面的语法格式来定义对象。

{"属性 1":属性值 1,"属性 2":属性值 2…"属性 n":属性值 n}

- ☑ 属性 1～属性 n：用于指定对象拥有的属性名。
- ☑ 属性值 1～属性值 n：用于指定各属性对应的属性值，其值可以是字符串、数字、布尔值（true/false）、null、对象和数组。

例如，定义一个保存名人信息的对象，可以使用下面的代码。

```
01  {
02      "name":"扎克伯格",
03      "address":"United States New York",
04      "wellknownsaying":"当你有使命，它会让你更专注"
05  }
```

## 2. 数组

在 JSON 中，可以使用下面的语法格式来定义对象。

```
01  {"数组名":[
02      对象 1,对象 2……,对象 n
03  ]}
```

- ☑ 数组名：用于指定当前数组名。
- ☑ 对象 1~对象 n：用于指定各数组元素，它的值为合法的 JSON 对象。

例如，定义一个保存名人信息的数组，可以使用下面的代码。

```
01  {"famousPerson":[
02      {"name":"扎克伯格","address":" 美国 "," wellknownsaying ":"当你有使命，它会让你更专注"},
03      {"name":"马云","address":"中国"," wellknownsaying ":"心中无敌者，无敌于天下"}
04  ]}
```

### 19.2.2  解析 JSON 数据

在 Android 的官网中提供了解析 JSON 数据的 JSONObject 和 JSONArray 对象。其中，JSONObject 用于解析 JSON 对象；JSONArray 用于解析 JSON 数组。下面将通过一个具体的实例说明如何解析 JSON 数据。

【例 19.03】 获取 JSON 数据，显示计步器的个人信息（**实例位置：资源包\源码\19\19.03**）

在 Android Studio 中创建 Module，名称为 Analysis Of JSON Data。在 Module 中实现本实例，具体步骤如下。

（1）修改布局文件 activity_main.xml，首先将默认添加的布局管理器修改为垂直线性布局管理器，然后添加 8 个 TextView 组件，用于显示计步器的 8 个信息值。

（2）打开主活动 MainActivity，该类继承 Activity，定义所需的成员变量，关键代码如下。

```
01  private Handler handler;                        //定义一个 android.os.Handler 对象
02  private String result = "";                     //定义一个代表显示内容的字符串
```

（3）创建 send()方法，实现发送请求并获取 JSON 数据，关键代码如下。

```
01  public void send() {                            //创建 send()方法，实现发送请求并获取 JSON 数据
02      String target = "http://192.168.1.198:8080/example/index.json";  //要发送请求的服务器地址
03      URL url;
04      try {
05          url = new URL(target);                  //创建 URL 对象
06          //创建一个 HTTP 连接
07          HttpURLConnection urlConn = (HttpURLConnection) url.openConnection();
08          urlConn.setRequestMethod("POST");       //指定使用 POST 请求方式
09          urlConn.setDoOutput(true);              //从连接中读取数据
10          urlConn.setUseCaches(false);            //禁止缓存
11          urlConn.setInstanceFollowRedirects(true);  //自动执行 HTTP 重定向
```

```
12            InputStreamReader in = new InputStreamReader(
13                urlConn.getInputStream());                    //获得读取的内容
14            BufferedReader buffer = new BufferedReader(in);   //获取输入流对象
15            String inputLine = null;
16            while ((inputLine = buffer.readLine()) != null) { //通过循环逐行读取输入流中的内容
17                result += inputLine;
18            }
19            in.close();                                       //关闭输入流
20            urlConn.disconnect();                             //断开连接
21        } catch (MalformedURLException e) {
22            e.printStackTrace();
23        } catch (IOException e) {
24            e.printStackTrace();
25        }
26    }
```

（4）在 onCreate()方法中，首先创建 Handler 对象并重写 handleMessage()方法，用于更新 UI 界面，然后创建新的线程，用于从服务器中获取 JSON 数据，关键代码如下。

```
01  final TextView step = (TextView) findViewById(R.id.text1);   //获取 TextView 显示单日步数
02  final TextView time = (TextView) findViewById(R.id.text2);   //获取 TextView 显示单日时间
03  final TextView heat = (TextView) findViewById(R.id.text3);   //获取 TextView 显示单日热量
04  final TextView km = (TextView) findViewById(R.id.text4);     //获取 TextView 显示单日公里数
05  final TextView step1 = (TextView) findViewById(R.id.text5);  //获取 TextView 显示周步数
06  final TextView time1 = (TextView) findViewById(R.id.text6);  //获取 TextView 显示周时间
07  final TextView heat1 = (TextView) findViewById(R.id.text7);  //获取 TextView 显示周热量
08  final TextView km1 = (TextView) findViewById(R.id.text8);    //获取 TextView 显示周公里数
09  handler = new Handler() {                                    //解析返回的 JSON 串数据并显示
10      @Override
11      public void handleMessage(Message msg) {
12          super.handleMessage(msg);
13      }
14  };
15  new Thread(new Runnable() {                                  //创建一个新线程，用于从服务器中获取 JSON 数据
16      public void run() {
17          send();                                              //调用 send()方法，用于发送请求并获取 JSON 数据
18          Message m = handler.obtainMessage();                 //获取一个 Message 对象
19          handler.sendMessage(m);                              //发送消息
20      }
21  }).start();                                                  //开启线程
```

（5）重写 Handler 对象中的 handleMessage()方法，在该方法中实现解析返回的 JSON 串数据并显示，关键代码如下。

```
01  //创建 TextView 二维数组
02  TextView[][] tv = {{step, time, heat, km}, {step1, time1, heat1, km1}};
03  try {
04      JSONArray jsonArray = new JSONArray(result);             //将获取的数据保存在 JSONArray 数组中
05      for (int i = 0; i < jsonArray.length(); i++) {           //通过 for 循环遍历 JSON 数据
```

```
06              JSONObject jsonObject = jsonArray.getJSONObject(i);    //解析 JSON 数据
07              tv[i][0].setText(jsonObject.getString("step"));         //获取 JSON 中的步数值
08              tv[i][1].setText(jsonObject.getString("time"));         //获取 JSON 中的时间值
09              tv[i][2].setText(jsonObject.getString("heat"));         //获取 JSON 中的热量值
10              tv[i][3].setText(jsonObject.getString("km"));           //获取 JSON 中的公里数
11          }
12      } catch (JSONException e) {
13          e.printStackTrace();
14      }
```

（6）由于在本实例中需要访问网络资源，所以还需要在 AndroidManifest.xml 文件中指定允许访问网络资源的权限，具体代码如下。

`<uses-permission android:name="android.permission.INTERNET"/>`

（7）创建 Web 服务器，用于接收 Android 客户端发送的请求，并做出响应。这里编写一个名称为 index.json 的文件。在该文件中编写要返回的 JSON 数据，具体代码如下。

```
01  [{"step":"12,672","time":"1h 58m","heat":"306","km":"8.3"},
02   {"step":"73,885","time":"11h 41m","heat":"1,771","km":"48.7"}]
```

> **说明**
> 将 index.json 文件放到 Tomcat 安装路径下的 webapps\example 目录中，并启动 Tomcat 服务器，然后运行本实例。

（8）在工具栏中找到 app 下拉列表框，选择要运行的应用（这里为 Analysis Of JSON Data），再单击右侧的 ▶ 按钮，运行效果如图 19.4 所示。

图 19.4  显示计步器的个人信息

## 19.3 实 战

### 19.3.1 通过 POST 请求向服务器提交注册信息

通过 POST 请求的方式实现一个向服务器提交注册信息的功能。（**实例位置：资源包\源码\19\实战\01**）

### 19.3.2 通过解析 JSON 数据，模拟应用宝导航栏文字

通过解析 JSON 数据模拟实现一个应用宝 App 首页的顶部导航栏中的文字。（**实例位置：资源包\源码\19\实战\02**）

## 19.4 小 结

本章首先介绍了如何通过 HTTP 协议访问网络，主要是使用 java.net 包中的 HttpURLConnection 实现。然后介绍了如何解析网络中最常见的 JSON 格式数据，本章内容在实际开发中经常用到，希望读者加以练习，完全掌握本章所学习的内容。

# 第3篇

# 项目篇

▶▶ 第20章 静待花开

本篇通过一个完整的动画项目控制用户自己对手机的使用时间，用户不接触手机的时间越长，种的花就越多，当用户退出该界面，花就会枯萎。运用软件工程的设计思想，让读者学习如何进行软件项目的实践开发。书中按照"需求分析→功能结构→业务流程→公共类设计→项目主要功能模块的实现"的流程进行介绍，带领读者亲身体验开发项目的全过程。

# 第20章

## 静待花开

（ 视频讲解：5分钟）

静待花开是一款为了控制用户使用手机的时间而制作的软件。用户通过种花界面来控制自己对手机的使用时间，用户不接触手机的时间越长，种的花就越多，当用户退出该界面，花就会枯萎。如果用户种的花足够多，还可以将它们分享给微信好友。通过本章学习，你将学到如下知识点。

- ▶▶ 属性动画的基本使用
- ▶▶ 帧动画的基本使用
- ▶▶ Handler 传值
- ▶▶ SurfaceView 绘制动画
- ▶▶ Activity 的生命周期
- ▶▶ Canvas 的绘制操作
- ▶▶ 自定义控件的创建和使用

### 预备知识导图

预备知识导图
- 语言基础
  - if条件语句
  - switch分支语句
  - while循环语句
  - 基本数据类型
  - Java集合类
- 过程与方法
  - 多线程（Thread）
  - run方法
  - 自定义方法
- 对象与控件
  - SurfaceView控件
  - Canvas对象
  - Paint对象
  - TextView控件
  - Button控件
  - ListView控件
  - DrawerLayout控件
  - ImageView控件
  - EditText控件
  - ProgressBar控件

## 界面预览

(a) 主界面

(b) 种花界面

(c) 花圃界面

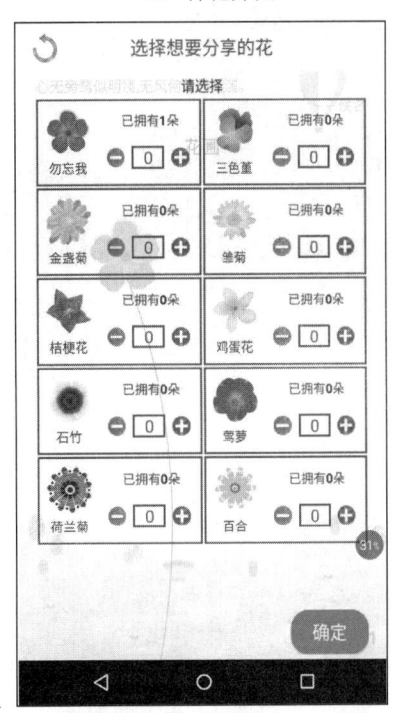

(d) 选择花数

## 项目功能应用技术预览

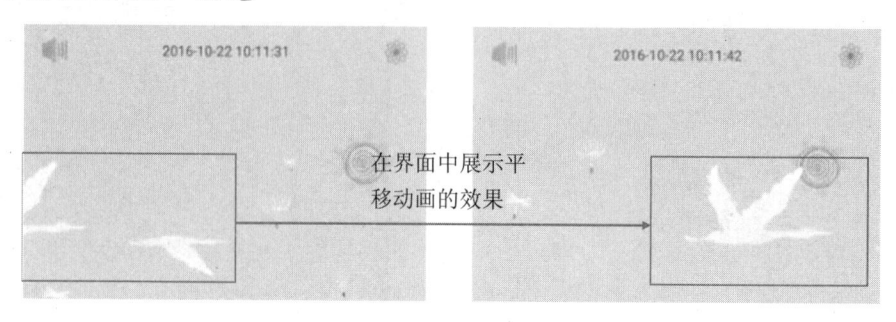

(a)使用属性动画实现平移动画的效果展示

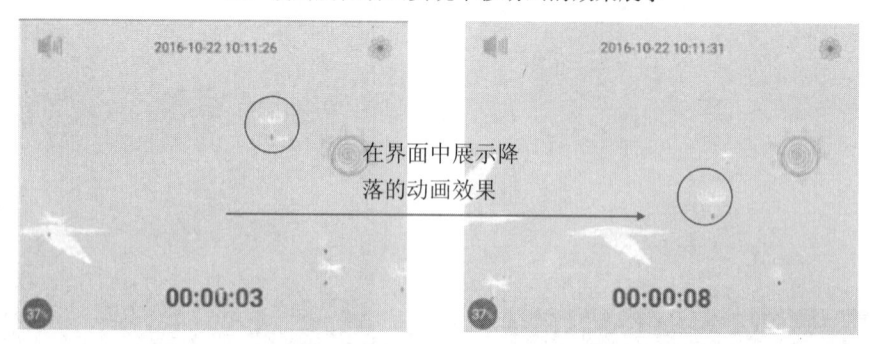

(b)使用 SurfaceView 绘制蒲公英降落的效果

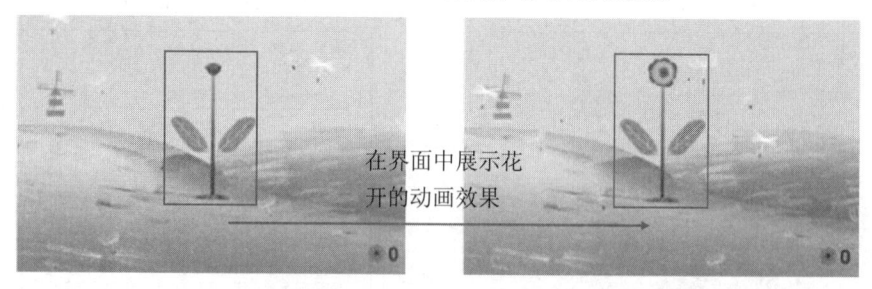

(c)使用多个属性动画组合实现的效果

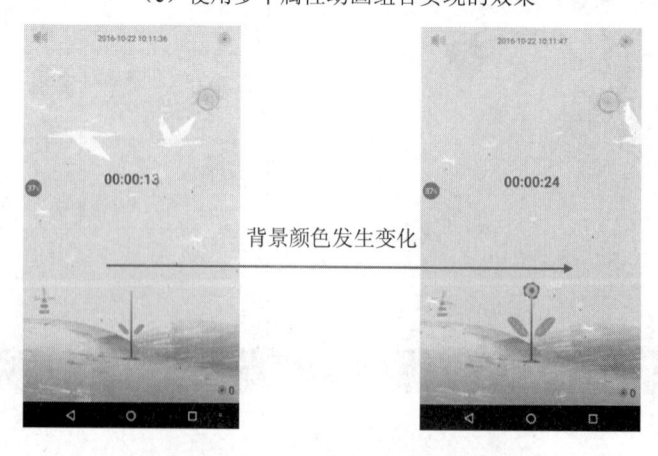

(d)使用属性动画实现背景渐变的效果

## 20.1 开发背景

随着智能手机的普及，手机硬件性能也随之不断提高，越来越多的功能都可以在手机中得以实现，人们的生活也越发地离不开手机，因此，手机 App 得到了快速发展。当人们将更多的时间消耗在玩手机时，却忽视了自己身体上的疲劳以及与家人的情感交流。为了解决这样的问题，便有了制作这个项目的想法。该项目的目的就是控制用户使用手机的时间。

## 20.2 系统功能设计

### 20.2.1 系统功能结构

静待花开主要分为 4 个部分：种花界面、花圃、名人名言和关于我们，其主要功能如图 20.1 所示。

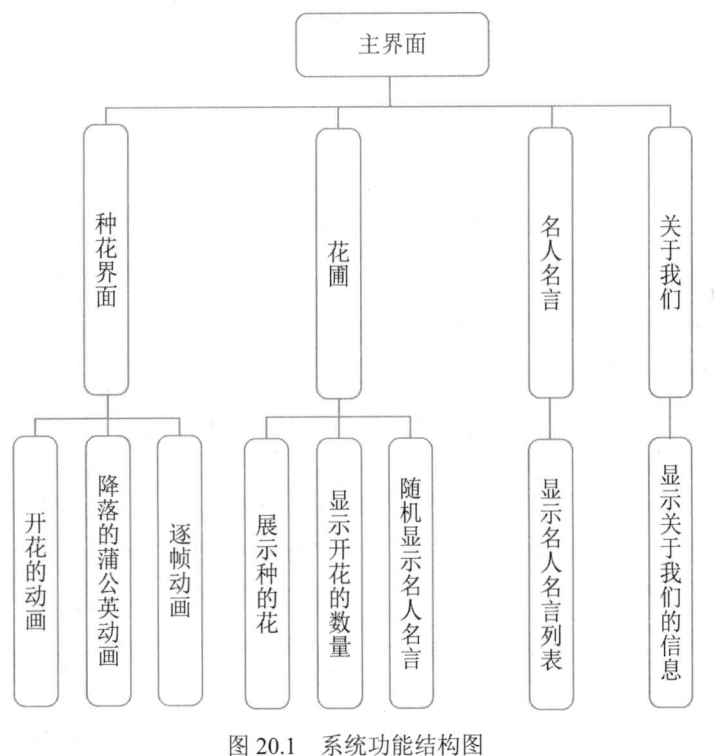

图 20.1 系统功能结构图

### 20.2.2 业务流程

静待花开 App 的业务流程如图 20.2 所示。

图 20.2　业务流程图

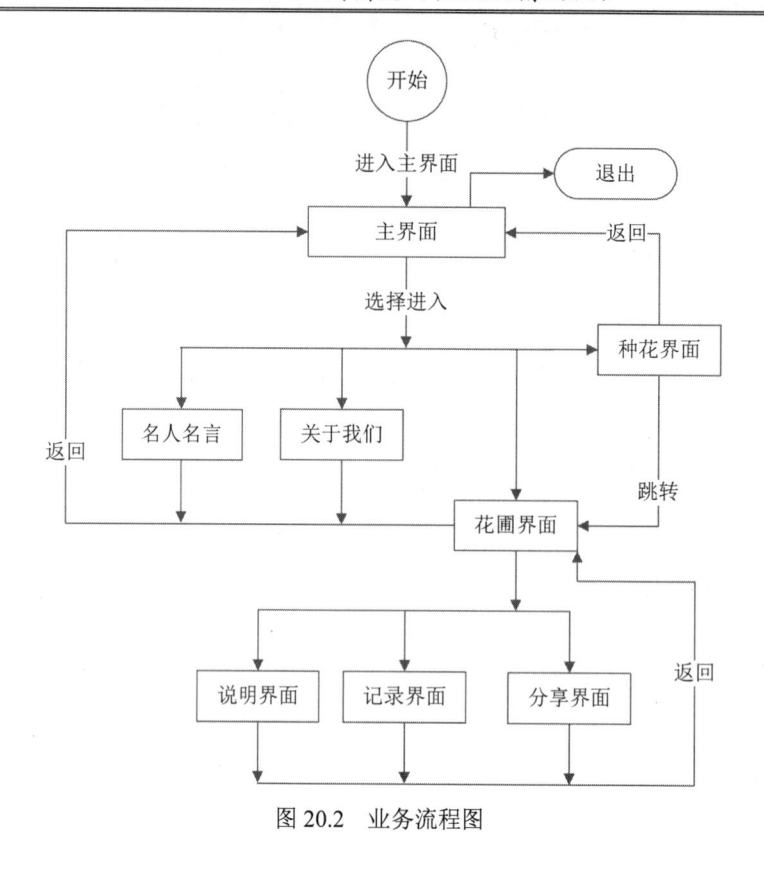

## 20.3　本章目标

由于篇幅有限，本章将会把主要的功能讲解出来。该项目的主要功能在"种花界面"都有所体现，所以接下来将以该界面中的部分效果作为实现的目标。首先看一下种花界面的运行效果，如图 20.3～图 20.6 所示。

将这 4 幅图组成一组动画过程，对比可以发现以下 4 个效果。

（1）从播种到开花。进入种花界面开始倒计时，5 秒后开始播种，种下种子，逐渐开花。

（2）大雁飞翔。白色的大雁从屏幕左侧飞进，从右侧飞出。

（3）蒲公英飘落。白色的蒲公英从屏幕上方向下降落。

（4）界面的背景颜色在不断变化。

本章的目标就是完成该界面中的这 4 个动画效果。由于源码中的代码比较多，不适合在文中讲解，所以本章将每个功能效果拆分来讲解（如果基础比较好，直接看源码效果会更好）。因此，本章讲解的不是整个界面，而是该界面中的主要功能。

图 20.3　进入界面后开始 5 秒倒计时

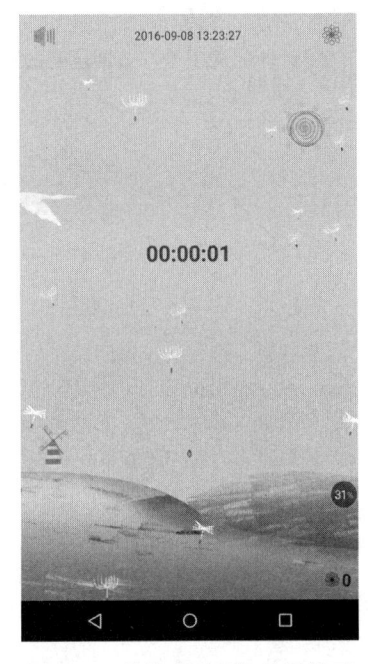

图 20.4　种花动画开始种子落下 　　　图 20.5　花即将开放 　　　图 20.6　开花

## 20.4　开发准备

### 20.4.1　导入工具类等资源文件

首先创建新项目，项目创建完成后，将资源包（路径为"资源包\源码\20\Src"）中的文件夹下的 utils 包复制到该项目中，utils 包中的工具类包括文件读取、获取时间和 Log 日志等功能。

### 20.4.2　创建 MyDataHelper 数据帮助类

使用 MyDataHelper 类设置一些将会频繁用到的数据。因为在项目中将会频繁地调用花的名称和花的图片（在 20.7 节中将会用到这个类），为了防止频繁地创建对象，这里则使用了单例模式，关键代码如下。

```
01    public class MyDataHelper {
02        private DatasDao datasDao;                                      //数据库操作类
03        private int[] bimmapID;                                         //花的图片资源 ID
04        private Bitmap[] flowers;                                       //花的图片
05        private String[] flowerName;                                    //花的名称
06        private ArrayList<Quotes> quotesList;                           //名言警句集合
07        private static class SingletonHolder {
08            private static final MyDataHelper INSTANCE = new MyDataHelper();  //创建对象
```

```
09        }
10        private MyDataHelper (){}                    //私有的构造方法，防止外部调用该方法创建新的对象
11        public static final MyDataHelper getInstance() {   //获取对象
12            return SingletonHolder.INSTANCE;         //返回对象
13        }
14        /**
15         * 返回图片资源 ID 数组
16         * @return
17         */
18        public int[] getBitmapID(){
19            if (bimmapID == null){                    //当该数组为空时创建对象，否则直接返回
20                bimmapID = new int[]{R.mipmap.mrkj_flower_01, R.mipmap.mrkj_flower_02
21                    ,R.mipmap.mrkj_flower_03,R.mipmap.mrkj_flower_04,R.mipmap.mrkj_flower_05
22                    ,R.mipmap.mrkj_flower_06,R.mipmap.mrkj_flower_07,R.mipmap.mrkj_flower_08
23                    ,R.mipmap.mrkj_flower_09,R.mipmap.mrkj_flower_10};
24            }
25            return bimmapID;                          //返回图片资源的数组
26        }
27        /**
28         * 花朵 bitmap 数组
29         * @param context
30         * @return
31         */
32        public Bitmap[] getBitmapArray(Context context){
33            int[] resID = getBitmapID();              //获取图片的资源数组
34            flowers = new Bitmap[10];                 //实例化数组并指定数组的长度为 10
35            for (int i = 0 ;i < flowers.length;i++){  //将资源文件转换成 Bitmmap 存到数组中
36                flowers[i] = BitmapFactory.decodeResource(context.getResources(),resID[i]);
37            }
38            return flowers;                           //返回图片的数组
39        }
40        /**
41         * 花的名称
42         */
43        public String[] getFlowerNames(){
44            if (flowerName == null){                  //当对象为空时创建 String 类型的数组来存放花的名字
45                flowerName = new String[]{"勿忘我","三色堇","金盏菊"
46                    ,"雏菊","桔梗花","鸡蛋花","石竹","莺萝","荷兰菊","百合"};
47            }
48            return flowerName;                        //返回花的名称的数组
49        }
50    }
```

这里以获取图片资源数组为例。当要调用 MyDataHelper 类中图片资源时，只需要使用 MyDataHepler.getInstance()方法获取 MyDataHelper 对象，再使用该对象调用 getBitmapArray()方法，用于获取图片数组，示例代码如下。

```
Bitmap[] bitmaps = MyDataHelper.getInstance().getBitmapArray(this);
```

> **注意**
> 将图片资源复制到项目中,同样 res 下 values 文件夹中的 style.xml、color.xml、dimen.xml 资源也需要复制到项目中,避免因为找不到资源文件而报错。

## 20.5 实现大雁飞翔的效果

所谓"大雁飞翔",指大雁在拍打翅膀,并从屏幕的左侧向屏幕的右侧移动,视觉上看,就是大雁飞翔的效果。实现这种效果很简单,主要是使用逐帧动画实现拍打翅膀的效果,同时配合属性动画实现横向位移,即可实现大雁飞翔的效果。

### 20.5.1 设置大雁的逐帧动画

设置逐帧动画是大雁拍打翅膀的关键。在 drawable 文件夹中创建名为 bird.xml 的资源文件,然后设置逐帧动画,每一帧的间隔时间为 500ms,并且循环播放,实现大雁翅膀拍打的效果。这样设置后,当运行动画时大雁不断地拍打翅膀的动画效果就会展示出来,设置逐帧动画的代码如下。

```xml
01  <?xml version="1.0" encoding="utf-8"?>
02  <animation-list xmlns:android="http://schemas.android.com/apk/res/android"
03      android:oneshot="false">
04      <item android:drawable="@mipmap/mrkj_plant_bird_01" android:duration="500"/>
05      <item android:drawable="@mipmap/mrkj_plant_bird_02" android:duration="500"/>
06  </animation-list>
```

在 bird.xml 的资源文件中设置完逐帧动画后,即可呈现图 20.7 所示的预览界面,此时在预览里看不到动画效果,接下来实现如何在布局文件中使用 bird.xml 文件,然后实现动画效果。

图 20.7 逐帧动画的预览效果

## 20.5.2 实现大雁飞翔的效果

创建名为 FlyActivity 的类，并创建名为 activity_fly.xml 的布局文件，在布局文件中添加一个 ImageView 组件，用于展示 bird.xml 的效果。这里通过使用 ImageView 的 android:src="@drawable/bird" 属性将 bird.xml 放入 ImageView 中，具体实现 activity_fly.xml 布局的代码如下。

```xml
01  <?xml version="1.0" encoding="utf-8"?>
02  <RelativeLayout
03      xmlns:android="http://schemas.android.com/apk/res/android"
04      android:layout_width="match_parent"
05      android:layout_height="match_parent"
06      android:background="#00ffff">
07      <ImageView
08          android:id="@+id/bird"
09          android:layout_centerVertical="true"
10          android:layout_width="wrap_content"
11          android:layout_height="wrap_content"
12          android:src="@drawable/bird"
13          />
14  </RelativeLayout>
```

当 activity_fly.xml 布局文件完成后，实现了如图 20.8 所示的布局效果。接下来在 FlyActivity 类中添加实现动画功能的代码。

在 FlyActivity 类中，使用逐帧动画与属性动画的组合，逐帧动画用于显示拍打翅膀，属性动画用于实现控件的平移的动画，通过两种动画的结合使用来实现大雁飞翔的效果。为了让大雁飞翔有飞进飞出的效果，这里在属性动画开始之前先对控件向左进行了一个屏幕长度的平移，当动画执行时就会有大雁从左侧飞进屏幕，再从屏幕右侧飞出的效果。实现大雁飞翔的动态效果，具体代码如下。

图 20.8　界面预览

```java
01  /**
02   * 让大雁飞翔
03   */
04  public class FlyActivity extends AppCompatActivity {
05      private int screenWidth;                              //获取屏幕宽度
06      private ImageView bird;                               //代表大雁的控件
07      private AnimationDrawable birdAnimation;              //帧动画
08      private AnimatorSet birdAnimatorset;                  //属性动画
09      @Override
10      protected void onCreate(Bundle savedInstanceState) {
11          super.onCreate(savedInstanceState);
```

```
12      setContentView(R.layout.activity_fly);
13      getWindowWidth();                                       //获取屏幕宽
14      bird = (ImageView) findViewById(R.id.bird);             //实例化控件
15      bird.setTranslationX(-screenWidth);                     //设置大雁摆放位置向左平移一个屏幕的宽
16      birdAnimation = (AnimationDrawable) bird.getDrawable(); //获取帧动画
17      //设置 bird 的动画
18      birdAnimatorset = new AnimatorSet();                    //设置逐帧动画
19      ObjectAnimator birdAnimatorR =
20              ObjectAnimator.ofFloat(bird,"translationX",screenWidth);//设置位移动画
21      birdAnimatorR.setDuration(30*1000);                     //设置运行时间
22      birdAnimatorR.setInterpolator(new LinearInterpolator());//设置插值器
23      birdAnimatorR.setRepeatCount(-1);                       //设置从头开始循环
24      birdAnimatorset.play(birdAnimatorR);                    //播放逐帧动画
25      birdAnimation.start();                                  //开启逐帧动画
26      birdAnimatorset.start();                                //开启属性动画
27   }
28   /**
29    * 获取屏幕的宽度和高度
30    */
31   private void getWindowWidth(){
32      DisplayMetrics dm = new DisplayMetrics();               //通过它来获取屏幕的宽度与高度
33      getWindowManager().getDefaultDisplay().getMetrics(dm);
34      screenWidth = dm.widthPixels;                           //获取屏幕的宽度
35   }
36 }
```

运行时请将 FlyActivity 设为启动页。当程序运行成功后，屏幕上开始显示的只有背景色，时间间隔几秒后，会从屏幕的左侧逐渐地飞出拍打着翅膀的大雁，如图 20.9 所示。当大雁飞到屏幕的右侧时，会逐渐地飞出屏幕，如图 20.10 所示。

图 20.9 飞进的效果　　　　　　　　　　图 20.10 飞出的效果

# 20.6 实现蒲公英飘落的效果

实现蒲公英动态飘落的原理就是在运行界面时,在屏幕中随机出现蒲公英,然后每隔150ms更改绘制图片的位置,并刷新画布,从而达到蒲公英飘落的动画效果。

## 20.6.1 创建数据模型DandelionModel类

DandelionModel类用于存放每一个绘制蒲公英图片的相应属性,当调用该类时,只需要通过setXXX()方法就可以将新的数据赋值给对应的属性来达到数据更新的目的;同样,当获取属性时,只需要通过getXXX()方法就可以获取对应的属性值。创建DandelionModel类的实现代码如下。

```
01  /**
02   * 数据模型
03   * @author Administrator
04   *
05   */
06  public class DandelionModel {
07      private int pointX;                                  //绘制图片的横坐标
08      private int pointY;                                  //绘制图片的纵坐标
09      private int portOffset;                              //降落的偏移量
10      private int landOffset;                              //水平的偏移量
11      /**
12       * 构造方法
13       */
14      public DandelionModel(int pointX, int pointY, int portOffset, int landOffset) {
15          super();
16          this.pointX = pointX;                            //给声明的pointX属性赋值
17          this.pointY = pointY;                            //给声明的pointY属性赋值
18          this.portOffset = portOffset;                    //给声明的portOffset属性赋值
19          this.landOffset = landOffset;                    //给声明的landOffset属性赋值
20      }
21      public int getPointX() {                             //获取pointX值
22          return pointX;                                   //返回pointX值
23      }
24      public void setPointX(int pointX) {                  //设置pointX值
25          this.pointX = pointX;
26      }
27      public int getPointY() {                             //获取pointY值
28          return pointY;                                   //返回pointY值
29      }
30      public void setPointY(int pointY) {                  //设置pointY值
31          this.pointY = pointY;
32      }
33      public int getPortOffset() {                         //获取portOffset值
34          return portOffset;                               //返回portOffset值
```

```
35      }
36      public void setPortOffset(int portOffset) {        //设置 portOffset 值
37          this.portOffset = portOffset;
38      }
39      public int getLandOffset() {                       //获取 landOffset 值
40          return landOffset;                             //返回 landOffset 值
41      }
42      public void setLandOffset(int landOffset) {        //设置 landOffset 值
43          this.landOffset = landOffset;
44      }
45  }
```

## 20.6.2 创建 DandelionView 类

创建 DandelionView 类，并让其继承 SurfaceView 类，同时实现 SurfaceHolder.Callback 和 Runnable 两个接口。蒲公英飘落的动画效果就是在 DandelionView 类中实现的。在该类中声明与绘制有关的变量，代码如下。

```
01  public class DandelionView extends SurfaceView
02          implements SurfaceHolder.Callback, Runnable {
03      private SurfaceHolder mHolder;                     //纹理控制器
04      private Thread mThread;                            //线程
05      private Canvas mCanvas;                            //画布
06      private boolean isRunning;                         //线程开关
07      private Bitmap[] bitmaps = new Bitmap[5];          //图片数组
08      private Random random = new Random();              //用于获取随机数
09      private int drawCounts = 3;                        //绘制的个数
10      //以下 5 个集合用于存放想要绘制图片的相关参数，如绘制的 X 坐标与 Y 坐标
11      private ArrayList<DandelionModel> dandelionModels_S = new ArrayList<DandelionModel>();
12      private ArrayList<DandelionModel> dandelionModels_M = new ArrayList<DandelionModel>();
13      private ArrayList<DandelionModel> dandelionModels_L = new ArrayList<DandelionModel>();
14      private ArrayList<DandelionModel> dandelionModels_X = new ArrayList<DandelionModel>();
15      private ArrayList<DandelionModel> dandelionModels_XX = new ArrayList<DandelionModel>();
16      private int screenWidth, screenHeight;             //屏幕宽高
```

## 20.6.3 初始化绘制数据

在 init() 初始化方法中主要对图片进行初始化，并将图片存储到 DandelionModel 类型的集合中，作为之后用于绘制图片的准备工作，具体实现代码如下。

```
01  /**
02   * 构造
03   *
04   * @param context
05   * @param attrs
```

```
06      * @param defStyleAttr
07      */
08     public DandelionView(Context context, AttributeSet attrs, int defStyleAttr) {
09         super(context, attrs, defStyleAttr);
10         init();                                                        //初始化
11     }
12     public DandelionView(Context context, AttributeSet attrs) {
13         super(context, attrs);
14         init();                                                        //初始化
15     }
16     public DandelionView(Context context) {
17         super(context);
18         init();                                                        //初始化
19     }
20     /**
21      * 初始化
22      */
23     private void init() {
24         screenWidth = getResources().getDisplayMetrics().widthPixels;   //获取屏幕的宽度
25         screenHeight = getResources().getDisplayMetrics().heightPixels; //获取屏幕的高度
26         mHolder = this.getHolder();                                     //获取纹理控制器
27         mHolder.addCallback(this);                                      //添加接口回调
28         setZOrderOnTop(true);                                           //设置该控件显示在屏幕的最上方
29         mHolder.setFormat(PixelFormat.TRANSPARENT);                     //设置背景透明
30         //获取 bitmap 位图
31         bitmaps[0] = BitmapFactory.decodeResource(getResources(), R.mipmap.mrkj_dandelion_30);
32         bitmaps[1] = BitmapFactory.decodeResource(getResources(), R.mipmap.mrkj_dandelion_40);
33         bitmaps[2] = BitmapFactory.decodeResource(getResources(), R.mipmap.mrkj_dandelion_50);
34         bitmaps[3] = BitmapFactory.decodeResource(getResources(), R.mipmap.mrkj_dandelion_60);
35         bitmaps[4] = BitmapFactory.decodeResource(getResources(), R.mipmap.mrkj_dandelion_70);
36         //添加模型
37         for (int i = 0; i < drawCounts; i++) {                          //添加想要绘制的图片
38             //向图片集合中添加图片
39             dandelionModels_S.add(new DandelionModel(
40                     random.nextInt(screenWidth) + (bitmaps[0].getWidth() >> 1),
41                     random.nextInt(screenHeight) + (bitmaps[0].getHeight() >> 1), 2, 4));
42             //向图片集合中添加图片
43             dandelionModels_M.add(new DandelionModel(
44                     random.nextInt(screenWidth) + (bitmaps[1].getWidth() >> 1),
45                     random.nextInt(screenHeight) + (bitmaps[1].getHeight() >> 1), 4, 4));
46             //向图片集合中添加图片
47             dandelionModels_L.add(new DandelionModel(
48                     random.nextInt(screenWidth) + (bitmaps[2].getWidth() >> 1),
49                     random.nextInt(screenHeight) + (bitmaps[2].getHeight() >> 1), 6, 4));
50             //向图片集合中添加图片
51             dandelionModels_X.add(new DandelionModel(
52                     random.nextInt(screenWidth) + (bitmaps[3].getWidth() >> 1),
53                     random.nextInt(screenHeight) + (bitmaps[3].getHeight() >> 1), 8, 4));
54             //向图片集合中添加图片
55             dandelionModels_XX.add(new DandelionModel(
```

```
56              random.nextInt(screenWidth) + (bitmaps[4].getWidth() >> 1),
57              random.nextInt(screenHeight) + (bitmaps[4].getHeight() >> 1), 10, 4));
58     }
59 }
```

## 20.6.4 重写 SurfaceHolder 的回调方法

重写 SurfaceHolder.CallBack 接口的方法，在 surfaceCreated()方法中将会开启线程，而在线程中将会实现蒲公英飘落的效果。同时通过 onVisibilityChanged()方法来控制线程的开启和关闭，代码如下所示。

```
01 /**
02  * 纹理
03  */
04 @Override
05 public void surfaceCreated(SurfaceHolder holder) {      //创建纹理
06     mThread = new Thread(this);                         //实例化线程对象
07     mThread.start();                                    //开启线程，该线程将会执行绘制图像
08 }
09 @Override
10 public void surfaceChanged(SurfaceHolder holder, int format,
11         int width,int height) {                         //改变纹理
12 }
13 @Override
14 public void surfaceDestroyed(SurfaceHolder holder) {    //销毁纹理
15 }
16 //显示发生改变
17 @Override
18 protected void onVisibilityChanged(View changedView, int visibility) {
19     super.onVisibilityChanged(changedView, visibility);
20     isRunning = (visibility == VISIBLE);                //通过判断来开启或关闭线程
21 }
```

## 20.6.5 绘制降落的蒲公英

在 Runnable 接口重写 run()方法中获取画布，通过设置 Thread.sleep(150)来实现每隔 150ms 循环刷新画布，从而达到刷新控件显示的效果，使用 offsetXY()方法来更新绘制蒲公英图片的位置，代码如下。

```
01     /**
02      * 线程
03      */
04     @Override
05     public void run() {
06         while (isRunning) {
07             try {
08                 mCanvas = mHolder.lockCanvas();         //锁定画布
09                 if (mCanvas != null) {
```

```
10          mCanvas.drawColor(Color.TRANSPARENT, Mode.CLEAR);   //绘制时清空画布
11          //绘制图形
12          for (int i = 0; i < drawCounts; i++) {
13              //绘制图片
14              mCanvas.drawBitmap(bitmaps[0], dandelionModels_S.get(i).getPointX(),
15                      dandelionModels_S.get(i).getPointY(), null);
16              //绘制图片
17              mCanvas.drawBitmap(bitmaps[1], dandelionModels_M.get(i).getPointX(),
18                      dandelionModels_M.get(i).getPointY(), null);
19              //绘制图片
20              mCanvas.drawBitmap(bitmaps[2], dandelionModels_L.get(i).getPointX(),
21                      dandelionModels_L.get(i).getPointY(), null);
22              //绘制图片
23              mCanvas.drawBitmap(bitmaps[3], dandelionModels_X.get(i).getPointX(),
24                      dandelionModels_X.get(i).getPointY(), null);
25              //绘制图片
26              mCanvas.drawBitmap(bitmaps[4], dandelionModels_XX.get(i).getPointX(),
27                      dandelionModels_XX.get(i).getPointY(), null);
28          }
29          //改变位置
30          for (int i = 0; i < drawCounts;i++){
31              offsetXY(dandelionModels_S.get(i),bitmaps[0]);          //更新图片的绘制中心
32              offsetXY(dandelionModels_M.get(i),bitmaps[1]);          //更新图片的绘制中心
33              offsetXY(dandelionModels_L.get(i),bitmaps[2]);          //更新图片的绘制中心
34              offsetXY(dandelionModels_X.get(i),bitmaps[3]);          //更新图片的绘制中心
35              offsetXY(dandelionModels_XX.get(i),bitmaps[4]);         //更新图片的绘制中心
36          }
37          Thread.sleep(150);                                          //让线程睡150ms
38      }
39      if (mCanvas != null) {
40          mHolder.unlockCanvasAndPost(mCanvas);                       //解除锁定画布
41      }
42  } catch (InterruptedException e) {
43      e.printStackTrace();
44  }
45  }
46 }
47 /**
48  * 偏移
49  * @param dandelionModel
50  * @param bitmap
51  */
52 private void offsetXY(DandelionModel dandelionModel, Bitmap bitmap) {
53     //降落
54     if (dandelionModel.getPointY() > screenHeight){                   //判断是否到屏幕的底部
55         dandelionModel.setPointY(bitmap.getHeight() >> 1);            //如果到底部则绘制位置从头开始
56     }
57     dandelionModel.setPointY(dandelionModel.getPointY()
58             + dandelionModel.getPortOffset());                        //设置新的纵坐标位置
59     //左右偏移，判断左右偏移是否超出屏幕
```

```
60      if (dandelionModel.getPointX() > screenWidth || dandelionModel.getPointX() < 0) {
61          dandelionModel.setPointX(bitmap.getWidth() >> 1);    //如果超出屏幕则绘制位置从头开始
62      }
63      dandelionModel.setPointX(dandelionModel.getPointX() +
64              ((random.nextInt(2)<<1) - 1)*dandelionModel.getLandOffset());//设置新的横坐标位置
65  }
```

### 20.6.6 实现飘落的效果

自定义控件 DandelionView 在前面已经创建，接下来测试自定义控件 DandelionView 的效果。首先创建一个名为 DownActivity 的类，然后创建 activity_down.xml 布局文件，布局代码如下。

```
01  <?xml version="1.0" encoding="utf-8"?>
02  <RelativeLayout
03      xmlns:android="http://schemas.android.com/apk/res/android"
04      android:layout_width="match_parent"
05      android:background="#2e90e1"
06      android:layout_height="match_parent">
07      <!--自定义控件 DandelionView-->
08      <mrkj.flowersdemo.view.DandelionView
09          android:layout_width="match_parent"
10          android:layout_height="match_parent" />
11  </RelativeLayout>
```

activity_down.xml 布局效果如图 20.11 所示。

将 DownActivity 设置为启动页，之后运行程序。程序运行起来后，屏幕中的蒲公英将会出现不断飘落的效果，如图 20.12 和图 20.13 所示，图中圈出的为相同的蒲公英。因为在 DandelionView 控件中绘制的蒲公英图片的位置不断地下降，所以呈现蒲公英飘落的效果，也正是使用 SurfaceView 绘制的动画效果。

图 20.11 DandelionView 布局的预览效果　　图 20.12 蒲公英动画开始　　图 20.13 蒲公英位置发生变化

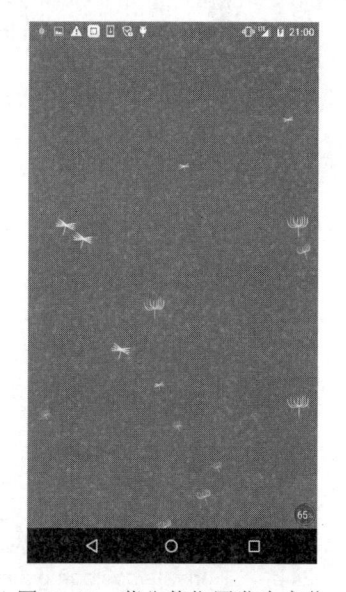

> **注意**
>
> 使用自定义控件的正确方式是类的包名加类名,例如本项目的类包名为 mrkj.flowersdemo.view,自定义控件的类名为 DandelionView,则在布局文件中应该使用 mrkj.flowersdemo.view.DandelionVisw。

## 20.7 实现花开的效果

从种子的降落到花开,是一组动画效果,通过对不同的控件设置动画并将其组合,从而实现动画效果。为了方便设置动画的显示效果,这里将创建 Plant 类,用来存放各个控件,然后再给各个控件设置动画,最后将它们组合到一起,从而实现静待花开的效果。本节将讲解自定义 ViewGroup 的创建和属性动画的组合使用。

### 20.7.1 创建 Plant 类

在 Plant 类中将会摆放"花开"用到的控件,所以 Plant 类就相当于一个容器,为了实现效果,让其继承 FrameLayout(其实继承 LinearLayout、RelativeLayout 和 ViewGroup 都是可以的,基本没有什么区别,因为都需要重新测量和重新摆放子控件)。创建 Plant 类并声明相关属性,代码如下。

```
01  public class Plant extends FrameLayout{
02      //常量
03      private final int DEFAULT_HEIGHT = DensityUtil.dip2px(getContext(),200);  //设置默认的高
04      private final int DEFAULT_WIDTH = DensityUtil.dip2px(getContext(),100);   //设置默认的宽
05      private final int WIDTH = 1;                                              //宽
06      private final int HEIGHT = 2;                                             //高
07      private Map<String,Integer> childViewValues = null;                       //存储一些宽度、高度值
08      //变量
09      private int parentWidth = 0;                                              //控件的宽
10      private int parentHeight = 0;                                             //控件的高
11      private int flowers_count;                                                //种出的花的个数
12      //控件
13      private ImageView seedImg = null;                                         //该控件代表种子
14      private ImageView leftLeafImg = null;                                     //该控件代表左侧叶子
15      private ImageView rightLeafImg = null;                                    //该控件代表右侧叶子
16      private ImageView budImg = null;                                          //该控件代表花朵
17      private ImageView branchImg = null;                                       //该控件代表根茎
18      private ImageView gapImg = null;                                          //该控件代表地缝
19      //动画
20      private AnimatorSet animatorSetGroup;                                     //动画集合
21      private boolean isCirculation;                                            //是否循环
22      private ArrayList<Integer> flower_list;                                   //花朵的集合
23      private int plant_flower_index;                                           //种的花的标记
24      private boolean getIndex = true;                                          //获取标记
```

## 20.7.2 添加子控件

添加的子控件相当于花的一部分，包括根、茎、叶（所谓的根茎叶都是使用 ImageView 实现的），通过在 Plant 这个容器中摆放几个子控件来显示所谓"花"的效果。在添加控件的同时，还需要设置每个 ImageView 显示的图片，实现代码如下。

```
01  /**
02   * 构造方法
03   * @ram context
04   */
05  public Plant(Context context) {
06      this(context,null);
07  }
08  public Plant(Context context, AttributeSet attrs) {
09      super(context, attrs);
10      //添加控件
11      addPlantChildView(context);                           //向 Plant 中添加子控件，Plant 相当于控件的容器
12      //默认
13      onlyShowGapImg();                                     //设置 Plant 最开始显示的效果
14  }
15  /**
16   * 添加控件
17   */
18  private void addPlantChildView(Context context) {
19      //种子-->ImageView
20      seedImg = new ImageView(context);                     //创建代表种子的 ImageView
21      seedImg.setImageResource(R.mipmap.mrkj_grow_seed);    //向控件中添加图片
22      //左侧叶子-->ImageView
23      leftLeafImg = new ImageView(context);                 //创建代表左侧叶子的 ImageView
24      leftLeafImg.setImageResource(R.mipmap.mrkj_plantflower_leaf_01);  //向控件中添加图片
25      //右侧叶子-->ImageView
26      rightLeafImg = new ImageView(context);                //创建代表右侧叶子的 ImageView
27      rightLeafImg.setImageResource(R.mipmap.mrkj_plantflower_leaf_02); //向控件中添加图片
28      //花朵-->ImageView
29      budImg = new ImageView(context);                      //创建代表花朵的 ImageView
30      budImg.setImageResource(R.mipmap.mrkj_grow_bud_1);    //向控件中添加图片
31      //根茎-->ImageView
32      branchImg = new ImageView(context);                   //创建代表根茎的 ImageView
33      branchImg.setScaleType(ImageView.ScaleType.FIT_XY);   //设置图片的显示样式
34      branchImg.setImageResource(R.mipmap.mrkj_plantflower_branch);     //向控件中添加图片
35      //地缝-->ImageView
36      gapImg = new ImageView(context);                      //创建代表地缝的 ImageView
37      gapImg.setImageResource(R.mipmap.mrkj_flowerplant_gap);           //向控件中添加图片
38      //添加子控件
39      addView(gapImg);                                      //地缝在容器中的索引值为 0
40      addView(branchImg);                                   //根茎在容器中的索引值为 1
41      addView(leftLeafImg);                                 //左侧叶子在容器中的索引值为 2
```

```
42        addView(rightLeafImg);                                      //右侧叶子在容器中的索引值为 3
43        addView(budImg);                                            //花朵在容器中的索引值为 4
44        addView(seedImg);                                           //种子在容器中的索引值为 5
45     }
46     /**
47      * 初始化后的显示效果
48      * 默认只显示地缝
49      */
50     private void onlyShowGapImg(){
51        branchImg.setVisibility(INVISIBLE);                          //隐藏代表根茎的控件
52        leftLeafImg.setVisibility(INVISIBLE);                        //隐藏代表左侧叶子的控件
53        rightLeafImg.setVisibility(INVISIBLE);                       //隐藏代表右侧叶子的控件
54        budImg.setVisibility(INVISIBLE);                             //隐藏代表花朵的控件
55        seedImg.setVisibility(INVISIBLE);                            //隐藏代表种子的控件
56        budImg.setImageResource(R.mipmap.mrkj_grow_bud_1);           //设置初始显示的图片
57        leftLeafImg.setImageResource(R.mipmap.mrkj_plantflower_leaf_01);   //设置初始显示的图片
58        rightLeafImg.setImageResource(R.mipmap.mrkj_plantflower_leaf_02);  //设置初始显示的图片
59     }
```

## 20.7.3 测量控件并设置宽高

Plant 控件作为容器没有固定宽度和高度，它的宽高跟随子控件宽高而变化，所以为了测量 Plant 控件的宽高，这里重写了 onMeasure()方法来设置 Plant 控件的宽度和高度，具体实现代码如下。

```
01     /**
02      * 测量-->设置大小
03      * @param widthMeasureSpec
04      * @param heightMeasureSpec
05      */
06     @Override
07     protected void onMeasure(int widthMeasureSpec, int heightMeasureSpec) {
08        super.onMeasure(widthMeasureSpec, heightMeasureSpec);
09        //获取测量模式
10        int width_mode = MeasureSpec.getMode(widthMeasureSpec);      //宽度的测量模式
11        int height_mode = MeasureSpec.getMode(heightMeasureSpec);    //高度的测量模式
12        //获取测量值
13        int width_size = MeasureSpec.getSize(widthMeasureSpec);      //宽度的测量值
14        int height_size = MeasureSpec.getSize(heightMeasureSpec);    //高度的测量值
15        //根据测量结果设置最终的宽度和高度
16        parentWidth = opinionWidthOrHeight(width_mode,width_size,WIDTH);     //宽度的最终结果
17        parentHeight =opinionWidthOrHeight(height_mode,height_size,HEIGHT);  //高度的最终结果
18        //设置子控件大小
19        setChildLayoutParams();
20        setMeasuredDimension(parentWidth,parentHeight);              //设置该控件的大小
21     }
22     /**
23      * 返回当前的测量值（宽）
24      * @return
```

```
25      */
26      public int plantWidth(){
27          return parentWidth;                                      //返回该控件的宽度
28      }
29      /**
30       * 返回当前的测量值（高）
31       * @return
32       */
33      public int plantHeight(){
34          return parentHeight;                                     //返回该控件的高度
35      }
36      /**
37       * 设置子控件的大小
38       */
39      private void setChildLayoutParams() {
40          //获取子控件的个数
41          int childCounts = getChildCount();                       //获取子控件的个数
42          //遍历所有子控件
43          for (int i = 0;i < childCounts; i++){
44              View childView = getChildAt(i);                      //根据索引获取对应的子控件
45              FrameLayout.LayoutParams params;                     //用于设置子控件的大小
46              if (i == 1){                       //当 i=1 时代表的是根茎，此处需要该子控件的高度填充父布局
47                  params= new LayoutParams(
48                          ViewGroup.LayoutParams.WRAP_CONTENT,
49                          ViewGroup.LayoutParams.MATCH_PARENT);    //设置子控件的大小
50              }else {                                              //除去 i=1 都这样去设置
51                  params= new LayoutParams(
52                          ViewGroup.LayoutParams.WRAP_CONTENT,
53                          ViewGroup.LayoutParams.WRAP_CONTENT);    //设置子控件的大小
54              }
55              childView.setLayoutParams(params);                   //向对应的子控件设置参数
56          }
57      }
58      /**
59       * 根据模式判断宽度或者高度
60       * @param mMode
61       * @param mSize
62       * @param what
63       * @return
64       */
65      private int opinionWidthOrHeight(int mMode, int mSize , int what) {
66          int result = 0;                                          //初始化返回值
67          if (mMode == MeasureSpec.EXACTLY) {            //根据测量模式来设置最终的控件宽度或高度
68              result = mSize;                                      //返回测量的结果
69          } else {
70              //设置默认宽度
71              int size = what == WIDTH ? DEFAULT_WIDTH : DEFAULT_HEIGHT;
72              if (mMode == MeasureSpec.AT_MOST) {
73                  result = Math.min(mSize, size);       //获取默认的值与测量的值中的最小值作为返回值
74              }
```

```
75        }
76        return result;                                        //返回最终的值
77    }
```

## 20.7.4 摆放 Plant 中的子控件

前面已经向 Plant 中添加了子控件，接下来需要对添加的子控件进行摆放。为什么要摆放 Plant 中的子控件呢？先来看个效果，如图 20.14 所示。

图 20.14 未摆放子控件的效果

从图 20.14 中可以看出，子控件未摆放之前，全部叠放在一起，完全看不出是一朵花的样子，所以要对子控件进行摆放。接下来对 Plant 中的子控件进行摆放，代码如下。

```
01   /**
02    * 布局-->摆放位置
03    * @param changed
04    * @param left
05    * @param top
06    * @param right
07    * @param bottom
08    */
09   @Override
10   protected void onLayout(boolean changed, int left, int top, int right, int bottom) {
11       super.onLayout(changed, left, top, right, bottom);
12       //储存子控件的宽度和高度信息
13       childViewValues = new HashMap<>();               //通过键值对去存储和获取想要的参数
14       //设置子控件的摆放位置
15       setGapImgPlace();                                //设置代表地缝的控件的摆放位置
16       setBranchPlace();                                //设置代表根茎的控件的摆放位置
```

```
17          setLeftLeafPlace();                                    //设置代表左侧叶子的控件的摆放位置
18          setRightLeafPlace();                                   //设置代表右侧叶子的控件的摆放位置
19          setBudOrSeedPlace(4);                                  //设置代表花朵的控件的摆放位置
20          setBudOrSeedPlace(5);                                  //设置代表种子的控件的摆放位置
21          startShowPlantFlower();                                //该方法是用来设置组合动画的,此处可以先忽略
22      }
23      /**
24       * 获取子控件的宽高属性
25       * @param child
26       * @return
27       */
28      private List<Integer> getChildValues(View child){
29          List<Integer> list = new ArrayList<>();                //此处用于存放对应的子控件的高度和宽度
30          list.add(child.getWidth());                            //宽度在集合中的索引值为 0
31          list.add(child.getHeight());                           //高度在集合中的索引值为 1
32          return list;                                           //返回包含子控件宽度和高度集合
33      }
34      /**
35       * 地缝
36       */
37      private void setGapImgPlace() {
38          View child = getChildAt(0);                            //获取在 Plant 中索引值为 0 的子控件
39          List<Integer> childValues = getChildValues(child);     //获取该子控件对应的宽度和高度的集合
40          //设置子控件的摆放位置
41          int l = parentWidth/2 - childValues.get(0)/2;          //设置该子控件的左侧边距的位置
42          int r = parentWidth/2 + childValues.get(0)/2;          //设置该子控件的右侧边距的位置
43          int t = parentHeight - childValues.get(1);             //设置该子控件的顶部边距的位置
44          int b = parentHeight;                                  //设置该子控件的底部边距的位置
45          child.layout(l,t,r,b);                                 //设置该子控件最新的摆放位置
46          //存放地缝的高度
47          childViewValues.put("GapHeight",childValues.get(1));   //存放子控件高度
48      }
49      /**
50       * 根茎
51       */
52      private void setBranchPlace() {
53          View child = getChildAt(1);                            //获取在 Plant 中索引值为 1 的子控件
54          List<Integer> childValues = getChildValues(child);     //获取该子控件对应的宽度和高度的集合
55          //设置子控件的摆放位置
56          int l = parentWidth/2 - childValues.get(0)/2;          //设置该子控件的左侧边距的位置
57          int r = parentWidth/2 + childValues.get(0)/2;          //设置该子控件的右侧边距的位置
58          int t = parentHeight/3;                                //设置该子控件的顶部边距的位置
59          int b = parentHeight - childViewValues.get("GapHeight")/2;//设置该子控件的底部边距的位置
60          child.layout(l,t,r,b);                                 //设置该子控件最新的摆放位置
61          //存放根茎的高度
62          childViewValues.put("BranchTopY",t);                   //距离顶部的高度
63          childViewValues.put("BranchWidth",childValues.get(0)); //代表根茎控件的宽度
64          childViewValues.put("BranchHeight",Math.abs(t - b));   //代表根茎控件的高度
65          childViewValues.put("BranchHeightHalf",Math.abs(t - b)/2);//存放该子控件高度的一半
```

```java
66     }
67     /**
68      * 叶子(左)
69      */
70     private void setLeftLeafPlace() {
71         View child = getChildAt(2);                                //获取在 Plant 中索引值为 2 的子控件
72         List<Integer> childValues = getChildValues(child);         //获取该子控件对应的宽度和高度的集合
73         //设置子控件的摆放位置
74         int l = parentWidth/2 - childValues.get(0)- childViewValues.get("BranchWidth");
75         int r = parentWidth/2 - childViewValues.get("BranchWidth");
76         int t = parentHeight - (childValues.get(1) + childViewValues.get("GapHeight")/2);
77         int b = parentHeight - childViewValues.get("GapHeight")/2;
78         child.layout(l,t,r,b);                                     //设置该子控件最新的摆放位置
79         childViewValues.put("LeftLeafWidth" ,childValues.get(0));  //存放该子控件的宽度
80         childViewValues.put("LeftLeafHeight" ,childValues.get(1)); //存放该子控件的高度
81     }
82     /**
83      * 叶子(右)
84      */
85     private void setRightLeafPlace() {
86         View child = getChildAt(3);                                //获取在 Plant 中索引值为 3 的子控件
87         List<Integer> childValues = getChildValues(child);         //获取该子控件对应的宽度和高度的集合
88         //设置子控件的摆放位置
89         int l = parentWidth/2 + childViewValues.get("BranchWidth");
90         int r = parentWidth/2 + childValues.get(0) + childViewValues.get("BranchWidth");
91         int t = parentHeight - (childValues.get(1) + childViewValues.get("GapHeight")/2);
92         int b = parentHeight - childViewValues.get("GapHeight")/2;
93         child.layout(l,t,r,b);                                     //设置该子控件最新的摆放位置
94     }
95     /**
96      * 花朵或种子
97      */
98     private void setBudOrSeedPlace(int index) {
99         View child = getChildAt(index);
100        List<Integer> childValues = getChildValues(child);
101        //设置子控件的摆放位置
102        int l = parentWidth/2 - childValues.get(0)/2;              //设置该子控件的左侧边距的位置
103        int r = parentWidth/2 + childValues.get(0)/2;              //设置该子控件的右侧边距的位置
104        int t = childViewValues.get("BranchTopY") - childValues.get(1)/2; //顶部边距的位置
105        int b = childViewValues.get("BranchTopY") + childValues.get(1)/2; //底部边距的位置
106        child.layout(l,t,r,b);                                     //设置该子控件最新的摆放位置
107        switch (index){
108            case 4:                                                //花朵不做任何处理
109                break;
110            case 5:                                                //种子获取控件高度
111                childViewValues.put("seedMoveLength",
112                    Math.abs(parentHeight - t - childViewValues.get("GapHeight")));
113                break;
114            default:
```

```
115                break;
116            }
117 }
```

在 onLayout()方法中摆放子控件，摆放后的效果如图 20.15 所示，摆放之后已经能明显地看出花朵的轮廓。

图 20.15　摆放子控件之后的效果

## 20.7.5　设置组合动画

之前都是在为设置动画进行准备，到这里将会对每个子控件设置属性动画，来达到开花的效果。这里先说明一下实现组合动画的思路。

种子的降落将会使用位移动画，当种子位移到容器的底部时，种子消失，花的茎、左叶和右叶将会显示出来；随后显示放大动画，当茎放大到容器的顶部时，茎、左叶和右叶停止放大动画，同时花骨朵出现，花骨朵继续显示放大动画，在花骨朵放大到指定比例后，代表花骨朵的控件隐藏，同时代表花朵的控件显示，然后显示花的放大动画，当开花动画执行完毕后，再重新开始这个组合动画的过程。组合动画的具体实现代码如下。

```
01  /**
02   * 设置动画
03   */
04  private void startShowPlantFlower(){
05      final Bitmap[] bitmaps = MyDataHelper.getInstance().getBitmapArray(getContext());
06      animatorSetGroup = new AnimatorSet();                    //动画集合
07      //1.种子平移动画
08      ObjectAnimator seedTranslation = ObjectAnimator.ofFloat(seedImg,"translationY",
09              0,childViewValues.get("seedMoveLength"));        //设置位移动画
```

```java
10      seedTranslation.setDuration(5*1000);                            //设置动画的时长
11      seedTranslation.addListener(new AnimatorListenerAdapter() {     //添加动画的接口回调
12          @Override
13          public void onAnimationEnd(Animator animation) {            //当动画运行结束后调用该方法
14              super.onAnimationEnd(animation);
15              otherView();                                            //显示代表根茎叶的控件
16              seedImg.setVisibility(INVISIBLE);                       //隐藏代表种子的控件
17          }
18      });
19      seedTranslation.addUpdateListener(new ValueAnimator.AnimatorUpdateListener() {
20          @Override
21          public void onAnimationUpdate(ValueAnimator animation) {
22              seedImg.setVisibility(VISIBLE);                         //显示代表种子的控件
23              seedImg.setPivotY(0);                                   //设置它的旋转中心Y坐标
24              seedImg.invalidate();                                   //重新绘制该子控件
25          }
26      });
27      //2.根茎缩放动画
28      ObjectAnimator branchAnimator = ObjectAnimator.ofFloat(branchImg,"scaleY",0f,1.0f);
29      branchAnimator.setDuration(10*1000);                            //设置动画的持续时间为10s
30      branchImg.setPivotY(childViewValues.get("BranchHeight"));       //设置缩放中心
31      branchImg.invalidate();                                         //重新绘制该控件
32      //3.叶子缩放和位移动画
33      //3.1 左叶
34      //设置缩放动画
35      PropertyValuesHolder leftLeafScaleX = PropertyValuesHolder.ofFloat("scaleX",0f,0.5f);
36      PropertyValuesHolder leftLeafScaleY = PropertyValuesHolder.ofFloat("scaleY",0f,0.5f);
37      //设置平移动画
38      leftLeafImg.setPivotX(childViewValues.get("LeftLeafWidth"));    //设置该子控件的中心X坐标
39      leftLeafImg.setPivotY(childViewValues.get("LeftLeafHeight"));   //设置该子控件的中心Y坐标
40      PropertyValuesHolder leftLeafTranslation = PropertyValuesHolder.ofFloat("translationY",
41          0,- childViewValues.get("BranchHeightHalf")*2/3);
42      ObjectAnimator leftAnimator = ObjectAnimator.ofPropertyValuesHolder(leftLeafImg,
43          leftLeafScaleX,leftLeafScaleY,leftLeafTranslation);         //设置同步动画
44      leftAnimator.setDuration(8*1000);                               //设置动画的持续时间为8s
45      //3.2 右叶
46      PropertyValuesHolder rightLeafScaleX = PropertyValuesHolder.ofFloat("scaleX",0f,0.5f);
47      PropertyValuesHolder rightLeafScaleY = PropertyValuesHolder.ofFloat("scaleY",0f,0.5f);
48      //设置平移动画
49      rightLeafImg.setPivotX(0);                                      //设置动画中心
50      rightLeafImg.setPivotY(childViewValues.get("LeftLeafHeight"));  //设置动画中心
51      PropertyValuesHolder rightLeafTranslation = PropertyValuesHolder.ofFloat("translationY",
52          0,- childViewValues.get("BranchHeightHalf")*2/3);
53      ObjectAnimator rightAnimator = ObjectAnimator.ofPropertyValuesHolder(rightLeafImg,
54          rightLeafScaleX,rightLeafScaleY,rightLeafTranslation);      //设置同步动画
55      rightAnimator.setDuration(8*1000);                              //设置动画的持续时间为8s
56      //4.花朵的显示缩放动画
57      PropertyValuesHolder budAnimatorScaleX =
58              PropertyValuesHolder.ofFloat("scaleX",0.1f,1.0f);
```

```
59      PropertyValuesHolder budAnimatorScaleY =
60                      PropertyValuesHolder.ofFloat("scaleY",0.1f,1.0f);
61      ObjectAnimator budAnimator = ObjectAnimator.ofPropertyValuesHolder(budImg,
62              budAnimatorScaleX,budAnimatorScaleY);                    //设置同步动画
63      budAnimator.setDuration(5*1000);                                 //设置动画的持续时间为5s
64      budAnimator.addUpdateListener(new ValueAnimator.AnimatorUpdateListener() {
65          @Override
66          public void onAnimationUpdate(ValueAnimator animation) {
67              budImg.setVisibility(VISIBLE);                           //显示控件
68          }
69      });
70      //5.叶子继续放大
71      PropertyValuesHolder leftLeafScaleXMore =
72                      PropertyValuesHolder.ofFloat("scaleX",0.5f,1.0f);
73      PropertyValuesHolder leftLeafScaleYMore =
74                      PropertyValuesHolder.ofFloat("scaleY",0.5f,1.0f);
75      ObjectAnimator leftLeafAnimatorMore = ObjectAnimator.ofPropertyValuesHolder(leftLeafImg,
76              leftLeafScaleXMore,leftLeafScaleYMore);                  //设置同步动画
77      leftLeafAnimatorMore.setDuration(5*1000);                        //设置动画的持续时间为5s
78      leftLeafAnimatorMore.addUpdateListener(new ValueAnimator.AnimatorUpdateListener() {
79          @Override
80          public void onAnimationUpdate(ValueAnimator animation) {
81              leftLeafImg.setImageResource(R.mipmap.mrkj_grow_leaf_2);  //更新显示的图片
82          }
83      });
84      PropertyValuesHolder rightLeafScaleXMore =
85                      PropertyValuesHolder.ofFloat("scaleX",0.5f,1.0f);
86      PropertyValuesHolder rightLeafScaleYMore =
87                      PropertyValuesHolder.ofFloat("scaleY",0.5f,1.0f);
88      ObjectAnimator rightLeafAnimatorMore =
89                      ObjectAnimator.ofPropertyValuesHolder(rightLeafImg,
90              rightLeafScaleXMore,rightLeafScaleYMore);                //设置同步缩放动画
91      rightLeafAnimatorMore.setDuration(5*1000);                       //设置动画的持续时间为5s
92      rightLeafAnimatorMore.addUpdateListener(new ValueAnimator.AnimatorUpdateListener() {
93          @Override
94          public void onAnimationUpdate(ValueAnimator animation) {
95              rightLeafImg.setImageResource(R.mipmap.mrkj_grow_leaf_1); //更新显示的图片
96          }
97      });
98      //开始长花缩放动画
99      PropertyValuesHolder budGroupToFlowerX = PropertyValuesHolder.ofFloat(
100             "scaleX",0.5f,1.0f);
101     PropertyValuesHolder budGroupToFlowerY = PropertyValuesHolder.ofFloat(
102             "scaleY",0.5f,1.0f);
103     ObjectAnimator budGroupAnimator = ObjectAnimator.ofPropertyValuesHolder(budImg,
104             budGroupToFlowerX,budGroupToFlowerY );                   //设置同步动画
105     budGroupAnimator.setDuration(5*1000);                            //设置动画的持续时间为5s
106     budGroupAnimator.addUpdateListener(new ValueAnimator.AnimatorUpdateListener() {
107         @Override
108         public void onAnimationUpdate(ValueAnimator animation) {
```

```
109            budImg.setImageResource(R.mipmap.mrkj_grow_bud_2);      //更新显示的图片
110         }
111     });
112     //最后开花
113     PropertyValuesHolder budGroupToFlowerXMore = PropertyValuesHolder.ofFloat(
114             "scaleX",0.5f,1.0f);
115     PropertyValuesHolder budGroupToFlowerYMore = PropertyValuesHolder.ofFloat(
116             "scaleY",0.5f,1.0f);
117     ObjectAnimator openFlowerAnimator = ObjectAnimator.ofPropertyValuesHolder(budImg,
118             budGroupToFlowerXMore,budGroupToFlowerYMore );
119     openFlowerAnimator.setDuration(5*1000);                         //设置动画的持续时间为 5s
120     openFlowerAnimator.addUpdateListener(new ValueAnimator.AnimatorUpdateListener() {
121         @Override
122         public void onAnimationUpdate(ValueAnimator animation) {
123             if (getIndex){
124                 if (flower_list != null){
125                     L.e("length",flower_list.size()+"");
126                     int length = flower_list.size();                //获取数据的长度
127                     plant_flower_index = flower_list.get(getIndex(length));  //获取索引值
128                     budImg.setImageBitmap(bitmaps[plant_flower_index]);      //根据索引值设置图片
129                 }else {
130                     plant_flower_index = 0;                         //默认索引值
131                     budImg.setImageResource(R.mipmap.mrkj_flower_01);        //设置默认图片
132                 }
133                 getIndex = false;
134             }
135         }
136     });
137     //播放动画集合
138     animatorSetGroup.play(branchAnimator).with(leftAnimator)
139             .with(rightAnimator).after(seedTranslation);            //播放动画
140     animatorSetGroup.play(rightLeafAnimatorMore)
141             .with(leftLeafAnimatorMore).after(leftAnimator);        //播放动画
142     animatorSetGroup.play(budAnimator).after(branchAnimator);       //播放动画
143     animatorSetGroup.play(budGroupAnimator).after(budAnimator);     //播放动画
144     animatorSetGroup.play(openFlowerAnimator).after(budGroupAnimator);  //播放动画
145     animatorSetGroup.addListener(new AnimatorListenerAdapter() {    //动画结束后的监听
146         @Override
147         public void onAnimationEnd(Animator animation) {
148             super.onAnimationEnd(animation);
149             if (isCirculation){                                     //是否开启循环动画
150                 onlyShowGapImg();                                   //初始化子控件
151                 getIndex = true;                                    //开启获取索引值
152                 animatorSetGroup.start();                           //开启动画
153                 flowers_count++;                                    //记数增加
154                 bloomFlowers();
155             }
156         }
157     });
158 }
```

```
159  /**
160   * 获取随机数
161   * @param length
162   * @return
163   */
164  private int getIndex(int length){
165      Random random = new Random();                              //用于获取随机数
166      plant_flower_index = random.nextInt(length);               //获取随机数
167      return plant_flower_index;                                 //返回随机数
168  }
```

定义一个 otherView()方法，用于设置一些子控件的显示，因为在初始化时将这几个控件隐藏了，所以在调用该方法的动画中需要将其显示出来。由于这 3 个子控件设置都一样，所以在这个方法中进行集体设置，关键代码如下。

```
01  /**
02   * 显示代表茎、叶的控件
03   */
04  private void otherView(){
05      branchImg.setVisibility(VISIBLE);                          //显示代表茎的控件
06      leftLeafImg.setVisibility(VISIBLE);                        //显示代表左叶的控件
07      rightLeafImg.setVisibility(VISIBLE);                       //显示代表右叶的控件
08  }
```

## 20.7.6 设置接口回调

设置接口回调，通过接口回调，即可及时获取控件中变化的数据。在类外可以通过调用接口并重写方法，来获取所种花的数量和花的种类，具体代码如下。

```
01  /**
02   * 回调函数
03   */
04  private onPlantFlowerCountsListener onPlantFlowerCountsListener;
05  public interface onPlantFlowerCountsListener{
06      void thePlantFlowerCounts(int counts);                     //花的个数
07      void theFlowerIndex(int index ,int count);                 //开出的花在数组中的索引值
08  }
09  public void setonPlantFlowerCountsListener(onPlantFlowerCountsListener listener){
10      this.onPlantFlowerCountsListener = listener;
11  }
12  /**
13   * 回调
14   */
15  private void bloomFlowers(){
16      if (onPlantFlowerCountsListener != null){
17          //返回记数
18          onPlantFlowerCountsListener.thePlantFlowerCounts(flowers_count);
```

```
19              //返回图片索引
20              onPlantFlowerCountsListener.theFlowerIndex(plant_flower_index,1);
21          }
22  }
```

### 20.7.7 设置用于控制动画效果的方法

创建使用public修饰的方法,用于在类外调用。这些方法是用来控制动画的播放类型、开启动画、暂停动画、取消动画用的,具体代码如下。

```
01  /**
02   * 设置是否循环
03   * @param isCirculation
04   */
05  public void setCirculation(boolean isCirculation){
06      this.isCirculation = isCirculation;
07  }
08  /**
09   * 设置花朵的集合
10   */
11  public void setFlowersList(ArrayList<Integer> list){
12      this.flower_list = list;
13  }
14  /**
15   * 设置动画的播放、暂停、运行、取消
16   */
17  /**
18   * 播放
19   */
20  public void plantAnimatorStart(){
21      animatorSetGroup.start();
22  }
23  /**
24   * 运行
25   */
26  @TargetApi(Build.VERSION_CODES.KITKAT)
27  public void plantAnimatorResume(){
28      animatorSetGroup.resume();
29  }
30  /**
31   * 暂停
32   */
33  @TargetApi(Build.VERSION_CODES.KITKAT)
34  public void plantAnimatorPause(){
35      animatorSetGroup.pause();
36  }
37  /**
38   * 取消
```

```
39     */
40    public void plantAnimatorCancel(){
41        animatorSetGroup.cancel();
42        onlyShowGapImg();
43    }
```

### 20.7.8 静待花开

创建完 Plant 控件，需要测试是否达到了想要的效果。首先创建 TestActivity 类，并创建名称为 activity_test.xml 的布局文件，布局效果如图 20.16 所示，布局代码如下。

```
01  <?xml version="1.0" encoding="utf-8"?>
02  <RelativeLayout
03      xmlns:android="http://schemas.android.com/apk/res/android"
04      android:layout_width="match_parent"
05      android:layout_height="match_parent">
06      <!--自定义控件，用于实现花开的动画效果-->
07      <mrkj.flowersdemo.view.Plant
08          android:id="@+id/plant2"
09          android:layout_width="wrap_content"
10          android:layout_height="wrap_content"
11          android:layout_centerInParent="true">
12      </mrkj.flowersdemo.view.Plant>
13      <!--按钮单击后开始动画-->
14      <Button
15          android:layout_width="wrap_content"
16          android:layout_height="wrap_content"
17          android:onClick="test2"
18          android:text="开始"/>
19  </RelativeLayout>
```

设置 TestActivity 为启动页，并向 TestActivity 中添加测试代码，实例化 Plant 类，并设置按钮的单击事件，具体测试代码如下。

```
01  public class TestActivity extends AppCompatActivity {
02      private Plant plant;                                    //控件
03      @Override
04      protected void onCreate(Bundle savedInstanceState) {
05          super.onCreate(savedInstanceState);
06          setContentView(R.layout.activity_test);
07          plant = (Plant) findViewById(R.id.plant2);          //初始化控件
08          plant.setCirculation(true);                         //设置循环
09      }
10      /**
11       * 按钮单击事件
12       * @param view
```

```
13        */
14    public void test2(View view){
15        plant.plantAnimatorStart();                //开启动画
16    }
17 }
```

实现花开的动画效果已经完成，运行程序后，将会呈现如图 20.17～图 20.20 所示的运行效果。

图 20.16　Plant 的布局预览　　　　　　　　图 20.17　种子落下

图 20.18　茎叶长出　　　　图 20.19　花骨朵出现　　　　图 20.20　开花

## 20.8 实现背景颜色渐变的效果

已经实现了花开的效果,但效果显示有些单调,本节将给背景颜色增加渐变的动画,让界面更丰富美观。

### 20.8.1 创建属性动画 xml 文件

创建属性动画 xml 文件之前,先要在 res 文件夹下创建名为 animator 的资源文件夹,在 animator 文件夹创建成功之后,再在 animator 文件夹中创建名为 background.xml 的文件。在 background.xml 文件中,设置属性动画的代码如下。

```
01  <?xml version="1.0" encoding="utf-8"?>
02  <objectAnimator xmlns:android="http://schemas.android.com/apk/res/android"
03      android:propertyName="backgroundColor"
04      android:duration="10000"
05      android:valueFrom="#25ffb300"
06      android:valueTo="#2500ff48"
07      android:repeatCount="infinite"
08      android:repeatMode="reverse"
09      android:valueType="intType">
10  </objectAnimator>
```

### 20.8.2 设置背景渐变动画

创建完动画之后,向 TestActivity 中添加背景渐变动画代码。布局不变,因为在设置布局时已经将对应控件的 id 设置完成。此处重点是在 setParentViewAnimation()方法中创建了背景颜色渐变的动画,更改之后的代码如下。

```
01  public class TestActivity extends AppCompatActivity {
02      private Plant plant;                                    //控件
03      private View background;                                //界面
04      private ObjectAnimator parentAnimator;                  //父布局动画
05      @Override
06      protected void onCreate(Bundle savedInstanceState) {
07          super.onCreate(savedInstanceState);
08          background = getLayoutInflater().inflate(R.layout.activity_test,null);
09          setContentView(background);
10          plant = (Plant) findViewById(R.id.plant2);          //初始化控件
11          plant.setCirculation(true);                         //设置循环
```

```
12            setParentViewAnimation();                        //设置背景颜色渐变的动画
13        }
14        /**
15         * 设置背景颜色渐变动画
16         */
17        private void setParentViewAnimation() {
18            parentAnimator= (ObjectAnimator) AnimatorInflater.
19                    loadAnimator(this, R.animator.background);     //创建属性动画
20            parentAnimator.setEvaluator(new ArgbEvaluator());      //颜色渐变
21            parentAnimator.setTarget(background);                  //添加要实现动画的控件
22        }
23        /**
24         * 按钮
25         * @param view
26         */
27        public void test2(View view){
28            plant.plantAnimatorStart();                            //播放开花的动画
29            parentAnimator.start();                                //播放背景颜色渐变动画
30        }
31    }
```

背景颜色渐变功能已经实现，运行效果如图20.21和图20.22所示。开花的同时，背景颜色也随之渐变。从图20.21所示背景颜色渐变到图20.22所示的背景颜色后，再从图20.22所示的背景颜色渐变到图20.21所示的背景颜色。

图20.21　颜色渐变动画效果起始　　　　图20.22　颜色渐变动画效果结束

## 20.9 其他主要功能的展示

除了上面详细讲解的功能模块之外，静待花开 App 中还有一些其他功能，由于篇幅限制，本节将主要展示本项目中其他主要功能的界面效果，具体实现代码请参考随书资源包中的源码文件。

### 20.9.1 名人名言列表

名人名言列表界面主要用于显示名人名言的列表，用户在该界面可以查看一些名人名言。该界面的实现方式非常简单，仅仅是 ListView 控件的基本使用，界面效果如图 20.23 所示。

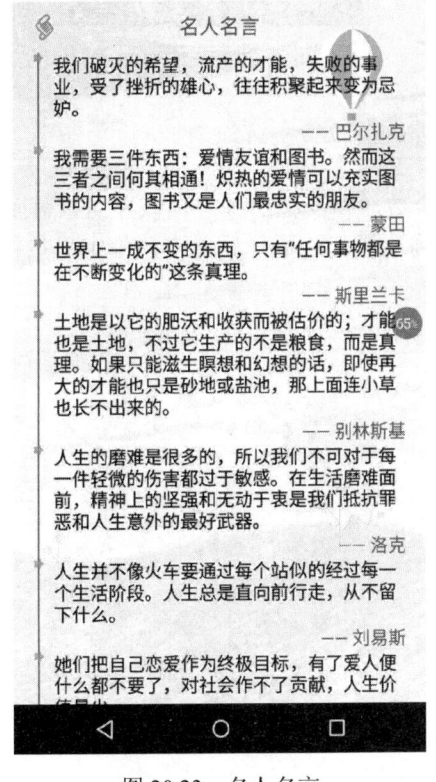

图 20.23 名人名言

### 20.9.2 说明界面

说明界面主要用于显示用户连续使用该程序的天数，当连续天数≥5 天时解锁一朵花，随着连续使用天数的增加，进度条也会随之变化，界面的效果如图 20.24 所示。

图 20.24  说明界面

## 20.9.3  选择要分享的花

在该界面选择想要分享花的个数，以及花的种类。该界面只可以选择花朵数不为 0 的花，如果选择错了则会提示选择不对；当正确选择花的数量后单击"确定"按钮，则会跳转到分享界面，选择分享花的界面如图 20.25 所示。

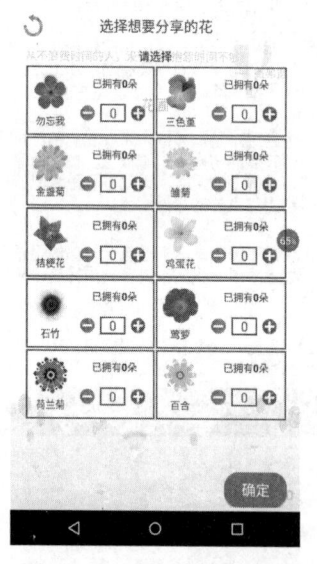

图 20.25  选择要分享的花

## 20.9.4  种花界面花枯萎的效果

种花界面中还有个效果，即花枯萎的效果。当按锁屏键或按 Home 键后重新回到界面时，计时将会停止，未长成的花将会枯萎，并提示花儿枯萎了，如图 20.26 所示，具体实现代码如下。

```java
01  @Override
02  protected void onRestart() {
03      super.onRestart();
04      if (isStart){
05          openBack = true;                                //退出该界面的开关
06          mChronometer.stop();                            //停止计时器
07          plant.setVisibility(View.INVISIBLE);            //隐藏长花的控件
08          Toast.makeText(this,"花儿枯萎了，点击返回键返回主界面！",Toast.LENGTH_SHORT).show();
09      }
10  }
```

图 20.26　提示花儿枯萎

## 20.10　本章总结

本章主要讲解了属性动画的使用、SurfaceView 的使用和一些自定义控件的创建。本章所涉及的功能及主要知识点的总结如图 20.27 所示。

图 20.27　本章总结